Ralf Heiligtag

Der Isettaschrauber

Band 1

Karosserie und Fahrwerk

2. Auflage, März 2021

Gewidmet den mutigen, treuen, zuversichtlichen und visionären Kunden, Mitarbeitern, Händlern, Investoren, Freunden und Förderern des Hauses BMW, die 1959 halfen, das Überleben des Unternehmens zu sichern ...

... und den Lesern der ersten Auflage, die wertvolle Anregungen zu Ergänzungen gegeben haben.

Ralf Heiligtag


# Der Isettaschrauber


Tips und Tricks aus der Werkstatt für BMW Isetta, 600 und 700


Band 1: Karosserie und Fahrwerk


Zweite, durchgesehene und erweiterte Auflage

März 2021

# Inhaltsverzeichnis

# Vorwort

Die Buchreihe *„Der Isettaschrauber"* wurde geschaffen für die Freunde, Liebhaber, Besitzer, Sammler und vor allem für die Fahrer der BMW Isetta, des BMW 600 und des BMW 700 aus den Baujahren 1955 bis 1965. Vor Ihnen liegt der erste Band in zweiter Auflage; er wurde aufgrund von Anregungen aus der Leserschaft gegenüber der Erstauflage etwas erweitert. Die Bände 2 und 3 sind 2020 erschienen, Band 4 im Jahr 2021.

Die lückenhafte Modellpolitik der Bayerischen Motoren Werke AG in den fünfziger Jahren ...

... die aus einem fehlenden Mittelklasseautomobil resultierende finanzielle Schieflage, welche 1959 ihren Höhepunkt fand und das Unternehmen beinahe zum Übernahmekandidaten werden ließ ...

... die Genialität des italienisch-unkonventionellen Isetta-Konzepts, der Mythos von der Kühlschranktür, die Skurrilität des BMW 600, die verlustreichen Achtzylindermodelle, der Erfolg des BMW 700 als „Rettungswagen" bis zum Erscheinen des BMW 1500 ...

... dieses vielstrophige Lied ist schon so oft gesungen worden, dass wir hier nicht auch noch darin einzustimmen brauchen. Die bereits auf dem Markt erhältlichen Bücher beschreiben hinreichend die Geschichte der angesprochenen Fahrzeuge und geben Auskunft über deren Entwicklungshistorie, Stückzahlen, Ausstattungsvarianten, Baujahre und Unterscheidungsmerkmale. Doch kaum eines dieser Werke  -  mit Ausnahme von John Jensens *Isetta Restoration* von 1991 / 2007, das es ausschließlich in englischer Sprache gibt, und von Dieter Weidenbrücks Motorreparaturanleitung von 1982 - schildert bisher Instandsetzungs- und Verbesserungsarbeiten, die über die seinerzeit vom Hersteller BMW herausgegebenen Reparaturanleitungen hinausgehen.

In diesem Buch geht es um Themen, die heutige Besitzer und Fahrer von Isetta & Co. kennen sollten, weil sie dadurch Ärger und Geld sparen können. Wir werden uns Tips und Tricks anschauen, die in langjähriger Fahr- und Reparaturpraxis erarbeitet wurden und helfen, die luftgekühlten BMW-Kleinwagen sachgemäß zu warten und fahrbereit zu halten. Darüber hinaus werden Sie sehen, wie dem damaligen Sparzwang geschuldete Konstruktionsdetails so verbessert werden können, dass Zuverlässigkeit und Fahrfreude steigen.

Dieses Buch und die inzwischen gefolgten Bände 2 bis 4 stellen Ihnen zahlreiche erprobte Ideen und Anregungen zu Problemlösungen vor. Nachdem seit der Markteinführung der hier behandelten Fahrzeuge mehr als sechs Jahrzehnte vergangen sind, bleibt es nicht aus, dass auch Teile, denen man seinerzeit fast das ewige Leben zugesprochen hätte, durch Langzeitverschleiß defekt werden - denken Sie beispielsweise an

Elektrik-Komponenten wie Blinker- und Abblendschalter. Dieser Not gehorchend werden wir uns mitunter an Baugruppen heranwagen, die ursprünglich nicht für eine Zerlegung und Instandsetzung gedacht waren. Sie ahnen sicher schon, dass dabei ein paar handwerkliche Fertigkeiten nützlich sind. Wer solide Grundkenntnisse der Metallbearbeitung hat, also beispielsweise messen, anreißen, körnen, bohren, Gewinde schneiden, feilen und ähnliches kann, ist im Vorteil, weil er dadurch viele der vorgestellten Lösungen selber in die Tat umzusetzen vermag. Erst recht gilt das für Leser, die über weitergehende Fertigkeiten wie Drehen und Fräsen verfügen.

Nun ist es ja heute nicht mehr so wie in der Anfangszeit der Oldtimerei, als sich vorwiegend in techniknahen Berufen tätige Enthusiasten an alten Fahrzeugen abarbeiteten, sei es freiwillig aus sentimentaler Zuneigung zu altmodischer Technik oder erzwungenermaßen aufgrund einer knappen Kasse. Gibt es doch immer eine Zeit etwa 10 bis 20 Jahre nach Produktionsende, in der heruntergerittene Gebrauchtwagen vor allem eines sind: Billig, weil verschlissen, verrostet, noch nicht wieder gefragt und unter versiegender Ersatzteilversorgung leidend. Diese Mauerblümchenzeit lag für BMW Isetta, 600 und 700 zwischen 1970 und 1980. Kein Wunder also, dass sich just am Tiefpunkt 1977 der Isetta-Club als Interessengemeinschaft von Fahrzeugbastlern und Ersatzteiljägern konstituierte.

Der Anteil in der Wolle gefärbter Schrauber an der Gesamtheit der Oldtimerliebhaber ist im Lauf der seither vergangenen Jahrzehnte geschrumpft. Das ist vollkommen logisch: Nachdem die Freizeitbeschäftigung mit alten Fahrzeugen zum Breitensport geworden ist, nehmen beruflich eher wenig technikaffine Besitzer klassischer Fahrzeuge professionelle Werkstatthilfe in Anspruch. Dagegen ist absolut nichts einzuwenden, weil es für alle drei Beteiligten besser ist: Für den Fahrzeugbesitzer, weil er, seine eigenen Grenzen weise respektierend, selbstverursachten Murks und daraus folgende Enttäuschungen vermeidet. Für den Werkstattbetreiber, weil er seine Fähigkeiten ebenso wie teure Profiwerkzeuge einsetzen und davon leben kann. Für das Fahrzeug, weil dessen Wert erhalten oder sogar erhöht, jedenfalls aber nicht durch irreparablen Pfusch gemindert wird.

Fragen der Kategorie „Wie löse ich festgerostete Schrauben", „welche Verfahren zur Oberflächenreinigung, zum temporären Rostschutz, zur galvanischen Beschichtung, zur Lackierung und zur Pulverbeschichtung gibt es", „woher bekomme ich Schrauben und Muttern in guter Qualität", "welche Werkzeuge sollte man mindestens haben", „welcher Unterbodenschutz ist empfehlenswert" werden im Rahmen dieses Buches nicht erörtert, weil es dazu zahlreiche Veröffentlichungen in einschlägigen Zeitschriften wie beispielsweise OLDTIMER MARKT gibt. Einen sinnvollen Grundstock von Werkzeugen hat Carl Hertweck 1959 in „Besser machen" (siehe Literaturverzeichnis) beschrieben. Gripzange und HeliCoil gab es damals schon. Seither sind als nützliche Werkzeuge für uns der Schlagschrauber und verschiedene Knipex-Spezialzangen hinzugekommen. Den Spezialwerkzeugen für das Arbeiten am Motor wird Band 2 ein eigenes Kapitel widmen.

Auch wer sich zum Selberschrauben nicht in der Lage fühlt, wird nach der Lektüre dieses Buches bei bestimmten heiklen oder gar ausweglos scheinenden Defekten nicht vorzeitig kapitulieren müssen, sondern der Werkstatt seines Vertrauens einen klar umrissenen Auftrag erteilen können. Vor allem wird er verstehen, worauf es bei bestimmten Arbeiten ankommt und warum gute und fachgerechte Arbeit einen angemessenen Preis erfordert.

Manchmal geht es in die Richtung, die man auf neudeutsch Tuning[1] nennt. Dabei sollte dem Leser bewusst sein, dass bauliche Veränderungen an Kraftfahrzeugen, mit denen er auf bundesrepublikanischen Straßen unterwegs sein will, der Begutachtungspflicht bei einer technischen Prüfstelle und der anschließenden Erteilung einer Betriebserlaubnis durch die zuständige Kraftfahrzeugzulassungsstelle unterliegen. Wer beispielsweise Appetit verspürt, sein Fahrzeug mit einem schnelleren Motor auszustatten, erkundige sich zuvor bei der technischen Prüfstelle seiner Wahl, wo deren Toleranzgrenzen liegen. Nach dem Ende des TÜV- und DEKRA-Monopols für Gutachten nach §21 StVZO dürfen seit dem 22. März 2019 auch andere amtlich anerkannte Überwachungsorganisationen wie GTÜ oder KÜS solche Einzelabnahmen durchführen. Den Einbau eines 700er Motors mit 40 PS in den BMW 600 hat BMW – traditionsgemäß dem Motorsport zugetan – dankenswerterweise gestattet. Darüber hört der Spaß gewöhnlich auf.

Diese Schrauberfibel ist das Ergebnis einer Vielzahl von Notizen und Fotos, die im Laufe einer jahrzehntelangen Fahr- und Werkstattpraxis mit BMW Isetta und BMW 600 entstanden sind. Anlass dazu war jeweils die Auseinandersetzung mit allerlei technischen Problemen, die beim Betrieb eines über 60 Jahre alten Fahrzeugs naturgemäß immer einmal auftreten. Erst recht dann, wenn das alte Schätzchen im Lauf der Jahre über 250.000 km zurückgelegt hat – eine Distanz, die seinerzeit sicher nicht im Lastenheft stand.

Einige der Beiträge sind in anderer Form bereits einmal im *Isetta-Journal* erschienen, der Mitgliederzeitschrift des Isetta-Clubs. Sie wurden für dieses Buch überarbeitet und, wo nötig und sinnvoll, auf den aktuellen Stand gebracht. Wer heute frisch in die Welt der luftgekühlten Kleinwagen aus dem für das Unternehmen BMW umwälzenden und denkwürdigen Jahrzehnt zwischen 1955 und 1965 eintaucht, dem erlaubt diese Bücherreihe, den bisher erarbeiteten Stoff vollständig zu erwerben, ohne nach alten Heften des Isetta-Journals fahnden zu müssen. Auch *alte Hasen* werden es zu schätzen wissen, nicht mehr lange nachschauen zu müssen, in welcher Ausgabe der gesuchte Artikel abgedruckt war. Zahlreiche weitere Beiträge sind neu und wurden bisher nicht veröffentlicht.

---

[1] Ältere Herrschaften nannten diese Tätigkeit einst *Frisieren*, doch wussten sie dabei durchaus, was sie tunen.

Hin und wieder werden wir etwas dickere Bretter bohren, aber immer so, dass es verständlich bleibt. Denn der Leser hat nur wenig davon, wenn er lediglich erfährt, *dass* etwas so ist. Viel mehr Nutzen erhält er, wenn er versteht, *warum* sich etwas auf eine bestimmte Weise verhält. Um es bildhaft auszudrücken: Dem Durstigen wird zu trinken gegeben. Darüber hinaus erhält er Hinweise, wo die Wasserquelle zu finden ist.

Wertvolle Leitfäden bei Arbeiten an den hier besprochenen Fahrzeugen sind die seinerzeit von BMW herausgegebenen Reparaturanleitungen. Jeder Besitzer eines historischen BMW-Kleinwagens ist gut beraten, sich die als Nachdruck erhältliche Reparaturanleitung zu seinem Fahrzeug ebenso zu beschaffen wie die passende Betriebsanleitung. Das Zusammenspiel der Einzelteile wird durch die Zeichnungen im Ersatzteilkatalog gut veranschaulicht. Ergänzende und mitunter sehr erhellende Informationen über konstruktive Änderungen in der Serienfertigung liefern die zeitgenössischen Kundendienstrundschreiben, die BMW damals regelmäßig an seine Vertragshändler aussandte und die heute dank der fleißigen Scanarbeit einzelner Mitglieder des Isetta-Clubs in dessen WIKIsetta-Datenbank archiviert und für Clubmitglieder zugänglich sind.

Der Detaillierungsgrad der Werks-Reparaturanleitungen ist durchaus unterschiedlich. Während die Anleitung für die Isetta kurz und knapp, buchstäblich dünn und mitunter missverständlich geriet, sind die Anleitungen für BMW 600 und 700 in ihrer Ausführlichkeit geradezu vorbildlich. Dies bringt den Nebeneffekt, dass gewisse Arbeiten etwa zum Einbau der Verglasung, zur Prüfung der Dynastartanlage oder zur sachgerechten Befüllung des Bremssystems, die man in der Isetta-Anleitung schmerzlich vermisst, in den Reparaturanleitungen für BMW 600 und 700 umso klarer beschrieben sind.

Diese Buchreihe ersetzt nicht diese Reparaturanleitungen, sondern ergänzt sie, indem Themen behandelt werden, die in den Werksunterlagen nur angedeutet oder gar nicht erwähnt worden sind. Dies soll dem Leser als zusätzliche Hilfe dienen, wenn er nach einem Leitfaden zum Umschiffen einer technischen Klippe sucht, die sich ihm beim Schlossern an seinem Fahrzeug in den Weg stellt. Die gegebenen Anregungen sind kein allein seligmachendes Evangelium; es sind durchaus andere Möglichkeiten und Vorgehensweisen möglich. Allerdings haben die beschriebenen Verfahren und Lösungen den Vorteil, erprobt worden zu sein und zu funktionieren.

Das vor Ihnen liegende Buch richtet sich vor allem an jene Fahrer von Isetta, 600 und 700, die an ihrem bereits restaurierten Fahrzeug teilweise exotische Störungen beheben und ihre Fahrzeuge zuverlässiger machen wollen. Lesern, die ganz am Anfang eines Isetta-Restaurierungsprojekts stehen, dafür einen Leitfaden suchen und mühelos englisch verstehen, sei John Jensens Buch *Isetta Restoration* empfohlen, das im Literaturverzeichnis zu finden ist.

Dem Hobbyschrauber, der dieses Buch erworben hat, dürfte klar sein, dass ein Werk wie dieses nicht sämtliche Aspekte einer Fahrzeugreparatur oder gar einer Vollrestaurierung behandeln kann. Denn dann würde es niemals fertig und so breit geraten wie ein vierundzwanzigbändiges Konversationslexikon. Die schiere Anzahl der im Lauf der Jahre herausgebrachten Sonderhefte der Zeitschrift OLDTIMER MARKT zu zahlreichen Spezialthemen und die vielfältigen Kurse der Schweinfurter Fahrzeugakademie zeigen anschaulich genug, dass es immer noch weiteren Stoff gibt, den zu kennen sich lohnt, der aber nicht zwischen zwei Buchdeckel passt. Wer in diesem Buch beispielsweise einen Leitfaden für Blecharbeiten an der Karosserie sucht, wird nicht fündig werden. Der Fokus in Band 1 liegt auf Arbeiten rund um die bereits restaurierte Karosserie und auf dem Fahrwerk. Band 2 widmet sich dem Motor und dem Antrieb. Band 3 behandelt die Themen Tuning und Elektrik, während Band 4 ergänzende Informationen, Ideen und Anregungen zu Motor, Vorderachse, Bremsen und Elektrik liefert.

Dass im Untertitel auch der BMW 700 genannt wird, ist vorwiegend der Tatsache geschuldet, dass er als Organspender für den BMW 600 dienen kann. Dies gilt primär für seinen Motor, doch auch Getriebe und Bremsen des 700 sind schon in den 600 verpflanzt worden. Für den von Anbeginn oder besser *von vorn herein* fronteinstiegsgewohnten Autor, dessen Garage eine BMW Isetta 300 und einen BMW 600, jedoch keinen BMW 700 beherbergt, konzentriert sich die erworbene und in dieser Buchreihe verwertete Schrauberpraxis auf den Zweivergasermotor des BMW 700 Sport, der ihm seit 20 Jahren gute Dienste im BMW 600 leistet. Eingefleischte Seiteneinsteiger mögen diese Zweckentfremdung bitte verzeihen. Sie kommen in den Bänden 2 und 3 auf ihre Kosten, wo wir uns dem Motor des BMW 700 intensiv widmen.

Ausbildung, Karriere, Familie und vier Umzüge ließen dank der besten Ehefrau von allen neben dem Beruf noch Zeit und Raum für zahlreiche reiz-, mitunter auch anspruchsvolle Edelbasteleien an Motorrädern, BMW Isetta und 600, seiner Eignung für den 600 wegen auch am Motor des BMW 700. Alte Fahrzeuge, Kleinwagen sowieso, sind nun einmal ideale *toys for big boys,* sie dienen der Entspannung. Als der Autor mit der Oldtimerei begann, war er keine 20 Jahre alt, heute ist er über 60. Nachdem er der beruflichen Verantwortung ein freundliches Lebewohl zugerufen hat, ist die Zeit gekommen, die angesammelten Erfahrungen im Umgang mit BMWs kleinen Luftgekühlten für die Gemeinde der Fans und jene, die es vielleicht werden wollen, zu einer Bücherreihe zu verarbeiten.

Nun, liebe Leser, hoffe ich, dass Sie daran Freude haben und Nutzen daraus ziehen werden. Wer alle in der Buchreihe beschriebenen Verbesserungen, die in der Freizeit von viereinhalb Jahrzehnten entstanden sind, für sich selbst verwirklichen und erproben möchte, gewinnt eine Vollzeitbeschäftigung für - konservativ geschätzt - mehrere Monate. Mancher Leser wird dieses BMW-lastige Kompendium der Oldtimerschrauberei vielleicht einfach als Lesebuch zur Hand nehmen und nicht erst, wenn irgendwo etwas an seinem antiken Automobilchen nicht funktioniert. Damit das unterhaltsam ist und das Buch nicht vor lauter trockener Technikverliebtheit zu Staub zerfällt, gibt es am Schluss als Bonusmaterial zwei Fahrgeschichten zum Schmunzeln dazu.

Eine allzeit gute und pannenfreie Fahrt wünscht Ihnen der frühkindlich geprägte Autor

Ralf Heiligtag

## Vorwort zur zweiten Auflage

Zahlreiche Isetta-Enthusiasten haben die erste Auflage dieses Buches dankbar und positiv aufgenommen. Die hier vorliegende zweite Auflage ist um einige Anregungen aus dem Leserkreis ergänzt worden, so zum Beispiel in den Kapiteln zur Instandsetzung des Verdecks, der Sitzbank und der Radbremszylinder. Dadurch hat das Buch vier Seiten hinzugewonnen.

## Haftungsausschluss

In Zeiten, als es vollkommen selbstverständlich war, dass jedermann für sein Handeln persönlich einzustehen hatte, wären die folgenden Hinweise überflüssig gewesen. Heute sind sie es nicht mehr. In einer von juristischen Spitzfindigkeiten durchseuchten Welt ist ein *Disclaimer* unvermeidlich. Darum werden nun ein paar Hinweise fällig.

### Eigenverantwortung des Lesers

Wer sein Fahrzeug selbst repariert, muss wissen, was er tut. Wenn jemand nicht absolut sicher ist, über alle notwendigen Werkzeuge und Kenntnisse zu verfügen, überlässt er Arbeiten an einer lebenswichtigen Baugruppe wie zum Beispiel der Bremse besser einem Fachmann. Um es klar und deutlich zu sagen: Die notwendigen Kenntnisse gehen über das, was in dieser Buchreihe beschrieben wird, hinaus. Ein Buch wie dieses ersetzt naturgemäß weder eine Ausbildung zum Automechaniker noch praktische Erfahrung und Denkvermögen. Beim Arbeiten an Kraftfahrzeugen kann man beliebig viel falsch machen. Das beginnt beim beschädigungsfreien Zerlegen, geht weiter über die Beurteilung, ob ein Bauteil noch reparabel ist oder nicht, und endet bei der sachgerechten Montage. Dazwischen lauern zahlreiche Fallen. Darum komme bitte niemand in zeitgeistiger Vollkaskomentalität mit der faulen Ausrede: *„Jetzt hab' ich das genau*

12

*so gemacht wie beschrieben, und hinterher hat die Bremse / der Motor / die Baugruppe xyz versagt. Schuld an meinem Missgeschick ist also der Verfasser dieses Buches."* So geht es natürlich nicht. Jeder ist für das, was er tut oder lässt, höchstselbst verantwortlich. Zahlreiche im Buch behandelten Baugruppen wie beispielsweise Bremsen- und Fahrwerkskomponenten beeinflussen die Verkehrssicherheit des Fahrzeugs und sind daher grundsätzlich für den Einbau durch Fachpersonal bestimmt. Wer bisher nicht viel mehr als *"ab und zu mal 'nen Ölwechsel"* selbst gemacht hat, sollte im eigenen Interesse nicht zu stolz sein, sich fachliche Hilfe zum Einbau eines Hauptbremszylinder-Reparatursatzes oder ähnlicher Teile zu holen.

## Gewährleistungsausschluss

Die in diesem Buch dargebotenen Informationen werden ohne Gewähr bereitgestellt. Der Verfasser schließt alle ausdrücklichen und stillschweigenden Gewährleistungen einschließlich der stillschweigenden Gewährleistung der Rechtsmängelfreiheit und Eignung für einen bestimmten Zweck aus. Er übernimmt keinerlei Verpflichtung im Zusammenhang mit den Inhalten dieses Buches. Er schließt jede Gewährleistung aus, dass die in diesem Buch dargebotenen Informationen die Anforderungen und Erwartungen der Leser erfüllen.

Der Autor übernimmt keinerlei Gewähr für die Aktualität, Richtigkeit, Vollständigkeit oder Qualität der bereitgestellten Informationen. Haftungsansprüche gegen den Autor, welche sich auf Schäden materieller oder ideeller Art beziehen, die durch die Nutzung oder Nichtnutzung der dargebotenen Informationen beziehungsweise durch die Nutzung fehlerhafter und unvollständiger Informationen verursacht wurden, sind ausgeschlossen. Alle Informationen sind unverbindlich. Der Autor behält sich vor, Teile des Buches oder das gesamte Buch ohne gesonderte Ankündigung zu verändern, zu ergänzen, zu löschen oder die Veröffentlichung zeitweise oder endgültig einzustellen. Kürzer: Wer Fehler findet, darf sie korrigieren. Wer selber welche macht, darf sie behalten. Oder in Computersprech: *Best viewed with open eyes and a human brain version 1.0 or above.*

## Maßeinheiten physikalischer Größen

Zweifellos ist den Lesern klar, dass physikalische Maßeinheiten wie PS[2], mkg oder mkp seit 1978 (in der verblichenen DDR bereits seit 1970) im geschäftlichen und amtlichen

---

[2] Wählen Sie im Mäusekino eines modernen BMWs vom Baujahr 2017 „Sportanzeigen" an, so sehen Sie PS, nicht kW. Wir dürfen annehmen, dass dies nicht aus Zufall geschah, sondern die Mehrheit der Kundschaft aus BMWs Sicht diese Maßeinheit bevorzugt.

Verkehr nicht mehr zulässig sind[3]. Stattdessen sind auf SI-Basisgrößen[4] zurückzuführende Einheiten wie kW und Nm zu verwenden. Da dieses Buch weder dem geschäftlichen noch dem amtlichen Verkehr zuzurechnen ist, sondern sich mit Liebhaberfahrzeugen beschäftigt, die vor 1970 gebaut wurden, sind an verschiedenen Stellen die alten Maßeinheiten benutzt worden, um den Leser nicht mit umgerechneten Werten zu irritieren. Falls jemand dennoch umrechnen möchte, gilt:

1 kW = 1,36 PS     1 PS = 0,735 kW     1 mkp = 9,81 Nm

Die Maßeinheit der Drehzahl *Umdrehungen je Minute* wird in diesem Buch mit dem altmodischen *U/min* abgekürzt, weil die normgerechten Maßeinheiten *1/min* oder gar *min$^{-1}$* für Mathematikmuffel nicht selbsterklärend sind und darüber hinaus mit der Kreisfrequenz $\omega = 2\pi n$ verwechselt werden können.

## Verweise und Links

Bei Verweisen auf fremde Internetseiten (Hyperlinks), die außerhalb des Verantwortungsbereiches des Autors liegen, würde eine Haftungsverpflichtung ausschließlich in einem Fall in Kraft treten, in dem der Autor von den Inhalten Kenntnis hatte und es ihm nachweislich technisch möglich und zumutbar war, die Nutzung im Fall rechtswidriger Inhalte zu verhindern. Der Autor erklärt hiermit, dass zum Zeitpunkt der Linkveröffentlichung keine illegalen Inhalte auf den genannten Seiten erkennbar waren. Auf die aktuelle und zukünftige Gestaltung, Inhalte oder Urheberschaft verlinkter, verknüpfter oder auch nur im Text erwähnter Seiten hat der Autor keinerlei Einfluss. Deshalb distanziert er sich hiermit ausdrücklich von sämtlichen Inhalten aller verlinkten, verknüpften oder im Text erwähnten Seiten, die nach der Linksetzung verändert wurden. Für illegale, fehlerhafte oder unvollständige Inhalte und insbesondere für Schäden, die aus der Nutzung oder Nichtnutzung solcherart dargebotener Informationen entstehen, haftet allein der Anbieter der Seite, auf welche verwiesen wurde, nicht aber derjenige, der über einen Link auf die jeweilige Veröffentlichung lediglich verwiesen hat.

---

[3] Obwohl die Pferdestärke [*PS*] durch die Richtlinie 80/181/EWG in Deutschland seit 1978 keine offizielle gesetzliche Einheit im Messwesen mehr ist, wird sie speziell bei Kraftfahrzeugen immer noch verwendet. Durch die Richtlinie 2009/3/EG ist die zusätzliche Verwendung der Maßeinheit *PS* weiterhin zulässig. Die alleinige Aufführung von *PS* und allen anderen Nicht-SI-Einheiten sind in der gesamten EU im geschäftlichen und amtlichen Verkehr (aber nur dort) nicht mehr zulässig. Die SI-Einheit (Watt oder seine dezimalen Vielfachen, hier kW) muss dort hervorgehoben werden. Im deutschen Recht wurde diese Vorgabe in § 3 der Einheitenverordnung umgesetzt.

[4] SI = *Système international d'unités*, internationales Einheitensystem

## Copyright, Urheber- und Kennzeichenrecht

Dieses Buch ist kein Druckerzeugnis der BMW AG oder einer ihrer Tochtergesellschaften. Alle Inhalte sind privater Natur. Das Buch richtet sich an nichtkommerzielle Freunde, Fans, Liebhaber und Fahrer der BMW Isetta, des BMW 600 und des BMW 700.

Dargestellte Firmenzeichen, Warenzeichen und Wortmarken unterliegen dem Copyright des jeweiligen Herstellers. Soweit Namen von Firmen, Marken oder Produkten genannt werden, dient dies ausschließlich der Beschreibung des Sachverhalts und bedeutet in keinem Fall eine direkte oder indirekte Verbindung zu den genannten Unternehmen, auch keine Kaufempfehlung. Alle innerhalb dieses Buches genannten und gegebenenfalls durch Dritte geschützten Marken- und Warenzeichen unterliegen uneingeschränkt den Bestimmungen des jeweils gültigen Kennzeichenrechts und den Besitzrechten der jeweiligen eingetragenen Eigentümer. Allein aus einer bloßen Nennung ist nicht der Schluss zu ziehen, Markenzeichen seien nicht durch Rechte Dritter geschützt.

Es werden überwiegend eigene, selbst angefertigte Bilder verwendet. Wo dies nicht der Fall ist, wird die Quelle genannt. Der Autor ist bestrebt, in seinen Publikationen die Urheberrechte der verwendeten Grafiken und Texte zu beachten, von ihm selbst erstellte Grafiken und Texte zu nutzen oder auf lizenzfreie Grafiken und Texte zurückzugreifen. Das Copyright für veröffentlichte, vom Autor selbst erstellte Werke bleibt allein beim Autor. Eine Vervielfältigung oder Verwendung solcher Grafiken oder Texte in anderen elektronischen oder gedruckten Publikationen ist ohne ausdrückliche Zustimmung des Autors nicht gestattet.

Der Autor strebt an, etwaige rechtlich nicht einwandfreie oder zweifelhafte Inhalte umgehend zu entfernen. Derartige Inhalte sind bitte umgehend an BMW-Isetta@kabelmail.de zu melden. Rechtliche Schritte gegen Versender sogenannter Spam-Mails bleiben ausdrücklich vorbehalten.

Die Rechte am hier bereitgestellten Buch und an den darin beschriebenen technischen Lösungen liegen beim Verfasser.

Es ist nicht gestattet, dieses Buch

- nachzudrucken (dies ist nur zum persönlichen Gebrauch erlaubt),
- als Download auf andere Internetseiten (auch Tauschbörsen) zu stellen,
- den Inhalt, auch auszugsweise, zu verkaufen.

Es ist gestattet, die in diesem Buch beschriebenen technischen Lösungen ausschließlich für persönliche Zwecke und nur für das eigene Fahrzeug zu nutzen. **Eine gewerbliche**

**Verwertung der im Buch dargestellten Konstruktionen ist nicht zulässig.** Wer eine solche in Erwägung zieht, nehme zuvor Kontakt mit dem Verfasser auf, um eine Lizenzvereinbarung abzuschließen und sein geplantes Tun dadurch zu legalisieren. Eine angemessene Lizenzgebühr lässt sich jederzeit im Verkaufspreis unterbringen und vermeidet einen kostspieligen Rechtsstreit. Nicht autorisierte Nachbauer, die dieses Angebot ignorieren und unlizensierte Plagiate mit Gewinnerzielungsabsicht auf den Markt zu bringen versuchen, haben mit juristischen Gegenmaßnahmen zu rechnen.

## Abmahnungen

Sollten Inhalte oder Gestaltung dieses Buches wider Erwarten die Rechte Dritter oder gesetzliche Bestimmungen verletzen oder anderweitig in irgendeiner Form wettbewerbsrechtliche Probleme hervorrufen, so ersucht der Verfasser unter Berufung auf §8 Abs. 4 UWG um eine angemessene, ausreichend erläuternde und rasche Nachricht ohne Kostennote. Er garantiert, dass zu Recht beanstandete Passagen innerhalb einer angemessenen Frist entfernt oder den rechtlichen Vorgaben angepasst werden, ohne dass seitens des Einsprechenden die Einschaltung eines Rechtsbeistandes erforderlich ist. Die Beauftragung eines Anwalts zu einer für den Autor dieses Buches kostenpflichtigen Abmahnung würde einen Verstoß gegen §13 Abs. 5 UWG wegen der Verfolgung sachfremder Ziele als beherrschendes Motiv der Verfahrenseinleitung, insbesondere einer Einkunftserzielungsabsicht sowie einen Verstoß gegen die Schadensminderungspflicht darstellen. Dennoch ohne vorherige Kontaktaufnahme ausgelöste Kostennoten werden vollumfänglich zurückgewiesen unter dem Vorbehalt, Gegenklage wegen der Verletzung vorgenannter Bestimmungen einzureichen.

### Rechtswirksamkeit dieses Haftungsausschlusses

Sollten Teile oder einzelne Formulierungen dieses Textes der geltenden Rechtslage nicht, nicht mehr oder nicht vollständig entsprechen, so bleiben die übrigen Teile des Dokumentes in ihrem Inhalt und ihrer Gültigkeit davon unberührt.

## Datenschutz

Um die Rechte im Buch erwähnter Personen auf informationelle Selbstbestimmung zu wahren, werden im Text dieses Buches lediglich Vornamen genannt und Nachnamen abgekürzt.

Soweit es weder mit vertretbarem Aufwand möglich noch zumutbar war, das schriftliche Einverständnis abgebildeter Personen einzuholen, wurden in Bildern, die einzelne Personen oder kleine Personengruppen zeigen, die Gesichter durch Schwärzung unkenntlich gemacht.

Für Bilder, die an einer Vereinsveranstaltung in der Öffentlichkeit teilnehmende Personen zeigen, gestattet § 23 Absatz 1 Nr. 3 des Kunsturhebergesetzes die Veröffentlichung von Aufnahmen ohne Einwilligung der abgebildeten Personen. Die genehmigungsfreie bildliche Darstellung von Versammlungen gilt für alle Ansammlungen von Menschen, solange sie den kollektiven Willen haben, etwas gemeinsam zu tun. Dies ist bei im öffentlichen Raum stattfindenden Oldtimertreffen unzweifelhaft der Fall.

## Rechtschreibkonventionen

In diesem Buch werden die in staatlichem Auftrag erfundenen und seit 2006 verordneten Rechtschreibkonventionen angewendet mit folgenden Ausnahmen:

Wortzusammensetzungen mit drei aufeinanderfolgenden gleichen Konsonanten wie *Passschraube, Bügelmessschraube, Schlossschraube, Verschlussschraube, Messschieber, Einlassseite, Auslassseite* und *Fressspuren* werden der besseren Lesbarkeit zuliebe altmodisch Paßschraube, Bügelmeßschraube, Schloßschraube, Verschlußschraube, Meßschieber, Einlaßseite, Auslaßseite und Freßspuren geschrieben, weil sss so aussieht, als spreche die Schlange Kaa aus Disneys Dschungelbuch: *„Sssag mal, hassst du kein Vertrauen sssu mir?"*

Sinnentstellende und missverständliche Auswüchse neudeutscher Getrennt- und Zusammenschreibung sowie Seltsamkeiten reformatorischer Groß- und Kleinschreibung wie beispielsweise *„zurück zu führen", „ernst zu nehmend", „allein erziehend", „Beifahrer-seitig", „kennen lernen", „warm fahren"*[5], *„weiter fahren", „mithilfe", „infrage", „aufseiten", „vonseiten", „zurzeit" „Kohle fördernd", „Gewinn bringend", „Video überwacht", „Trockner geeignet", „Spülmaschinen fest", „Epoche machend", „Aufsehen / Besorgnis erregend", „Berichten zu Folge", „Schadstoff geprüft", „Wert geschätzt", „beim Bier brauen", „wegen dem Öl durchströmten Filter"* und ähnliche zum Aufrollen von Fußnägeln geeignete Kreationen bleiben dem Leser erspart, weil der Autor nicht schreibt, um dem Leser Rätsel aufzugeben, sondern um einen Sinn möglichst unzweideutig zu vermitteln.

Der aus dem Englischen stammende Begriff *Tip* wird in diesem Buch nicht mit Doppelp geschrieben, obgleich die Rechtschreibgelehrten ihm ebenso wie dem Mop und dem

---

[5] Erich Kästners Wortspiel mit den sowohl *heißersehnten* als auch *heiß ersehnten* Bratkartoffeln aus „Notabene 45" wäre mit derart verarmter Getrenntschreibung nicht mehr möglich.

Stop[6] ein zweites p angehängt, doch dabei ebenso inkonsequent wie freundlich versäumt haben, *Trip, Top, Pep, Flip, Flop* und *Drops* gleichermaßen zu verschlimmbessern.[7]

Gendersprache mit Binnen-I, Sternchen, Klammern, Schrägstrich, Gendergap-Unterstrich, geschlechtsloser Endung *-ix* sowie krampfartig substantivierten Partizipien wie „*zu Fuß Gehende*"[8] werden im Interesse der Lesbarkeit nicht benutzt[9]. Nachdem der Verfasser Frauen stets mitdenkt, ist es überflüssig, ihnen durch die sklavische Befolgung paranoider Schreibregeln zu einem Recht zu verhelfen, das sie ohnehin haben. Das generische Maskulinum schließt jede beliebige Anzahl anderer Geschlechter ein. Daher wird Sie dieses Buch nicht mit Hirnblähungen wie *man / frau, jedermann / jedefrau, jemand / jefraud oder niemand / niefraud* quälen.[10]

Wer bis hierhin ohne innerliches Seufzen und Augenrollen durchgehalten hat, ist zu seinen guten Nerven zu beglückwünschen und soll zum Dank für den Rest des Buches von derart lästigen Formalien verschont bleiben. Endlich können wir ins Thema einsteigen, selbstverständlich von vorn.

## 1.1    Karosserie

In den Kapiteln 1.3.1 und 1.3.2 dieses Buches werden Sie sehen, dass der langjährige Besitz eines Kraftfahrzeuges sentimentale Bindungsgefühle im Menschen zu wecken vermag. Nicht zuletzt deshalb wenden wir uns jetzt der bejahrten Technik unserer Fahrzeuge zu, damit sie uns durch verständige Pflege noch lange erhalten bleiben mögen. Wir beginnen mit der Karosserie, an der sich während der Restaurierung hoffentlich nur Fachleute zu schaffen gemacht haben, die über die nötige Übung und das erforderliche Geschick im Umgang mit Blech und Schweißgerät verfügten.

---

[6] Inkonsequenterweise nicht auf dem achteckigen Verkehrszeichen 206.

[7] Für die Gnade der unterbliebenen p-Verdoppelung sind der *Mops,* der *Klops,* der *Klaps,* der *Schlips* und der *Straps* sicherlich ebenso dankbar wie der *Schnaps* mit dem zugehörigen *Schwips.*

[8] Seit 2013 in §25 der StVO zu finden, obgleich inkompatibel zur erhalten gebliebenen Überschrift „*Fußgänger".*

[9] Wer das nicht verstehen mag, verlange am Kiosk als Pausensnack *Studierendenfutter* und in der Buchhandlung Goethes Ballade „*Der in Zauberei Auszubildende".*

[10] Stellen Sie sich bitte das Gesicht Ihres Gemüsehändlers vor, wenn Sie von ihm *Fraugold* für Ihren grünen Smoothie verlangen.

Außer regelmäßiger Pflege des Lacks, der Chromteile und der blanken Aluleisten werden wir an einer professionell restaurierten Karosserie nicht viele Instandhaltungsarbeiten zu verrichten haben. Aber ab und zu geht etwas kaputt, zum Beispiel das Faltverdeck. Schauen wir uns das einmal näher an.

### 1.1.1    Faltverdeck der Export-Isetta erneuern

Verdeckte Ermittlungen

Wenn eine Isetta sich noch ihres Erstlacks und ihres Originalverdecks erfreut, ist die Verlockung groß, außer dem Lackkleid auch das ursprüngliche Verdeck zu erhalten und es irgendwie "sanft" zu restaurieren. Allerdings ist das bei einem brüchig und mürbe gewordenen Stoffgewebe vergebliche Liebesmüh, denn jahrzehntelange Angriffe von Sonnenlicht, Wind und Wetter hinterlassen irreparable Spuren. Das Textilmaterial wird spröde und scheuert durch, Nähte platzen auf, Risse bilden sich. Die Enden des mittleren Spriegels schauen ungeniert an den Seiten heraus und beginnen den Lack auf dem Dach zu verkratzen, während vorn die aufgeplatzten Stoffecken kaum noch in der Lage sind, den vorderen Spriegel gnädig zu verhüllen. Ist das Verdeck derart altersschwach geworden, hilft auch noch so geduldiges Nachnähen oder kunstreiches Kleben nicht viel. Also wird irgendwann doch ein neues Verdeck fällig. Was so eine Stoffhaut verdeckt, das ist - außer den Köpfen der Insassen - auch unser aller Gegner, der Rost. Wie sehr die stählerne Verdeckmechanik unter einer alten Textilplane vergammeln kann, wird erst dann offenkundig, wenn das antike Faltdach abgenommen wird.

Neue Verdecke gibt es zum Glück beim Isetta-Club und bei verschiedenen anderen Quellen wie beispielsweise Hackfort in Georgsmarienhütte. Sie sind schon zugeschnitten und fertig genäht, an den vorderen Ecken gar solider und haltbarer als das Originalverdeck. Wollen wir unserer Export-Isetta so etwas Gutes gönnen, muss zunächst einmal das alte Verdeck ausgebaut werden.

Wenn wir die beiden Lagerschrauben rechts und links innen über den Seitenfenstern herausgedreht haben, die dem vorderen Verdecksspriegel als Drehpunkt dienen, wird das Verdeck nur noch von elf Blindnieten am hinteren Ende des Dachausschnitts gehalten. Die Köpfe dieser Niete sind auf der Innenseite des Dachblechs sichtbar. Wir meißeln sie ab, was recht einfach geht, weil die Niete aus weichem Aluminium bestehen.

Mit behutsamen Hammerschlägen auf einen schlanken zylindrischen Dorn, dessen Durchmesser etwas kleiner ist als der Nietdurchmesser, also etwas unter 3 mm, treiben wir vom Innenraum her die Niete ein Stückchen nach oben, nur so weit, bis sie vom Dachblech freikommen. Sind alle Niete aus den Bohrungen im Dachblech gelöst, können wir den hinteren Verdecksspriegel - der nichts weiter ist als ein Stück Flachstahl mit abgekröpften Enden - mitsamt dem herumgefalteten Verdeck hochheben und von der Karosserie abnehmen. Wahrscheinlich finden wir dort, wo der soeben entfernte Flachstahl-Spriegel saß, Rost auf dem Dachblech. Diesen Rost bekämpfen wir mit Schleifpapier, Muskelschmalz, Grundierung, Lack und Künstlerpinsel - wenn die Karosserie nicht sowieso eine Ganzlackierung erhalten soll.

Mit dem abgenommenen Verdeck können wir uns nun frohgemut zur Werkbank begeben, wo wir besser und bequemer arbeiten können als direkt am Fahrzeug. Klappen wir den Verdeckstoff nach hinten über den soeben von der Karosserie getrennten Flachstahl-Spriegel, so werden die Köpfe der abgetrennten Blindniete sichtbar. Wir wickeln den Spriegel ganz aus dem Verdeckstoff aus und treiben die Reste der Blindniete mit dem Dorn aus den Bohrungen des Spriegels. Typischerweise ist auch der Spriegel selber angerostet. Wer über den Luxus einer Sandstrahlkabine verfügt, kann dem Rost damit am besten zeigen, wie schlecht er über ihn denkt. Sonst müssen die üblichen Schleif- und Drahtbürstverfahren herhalten.

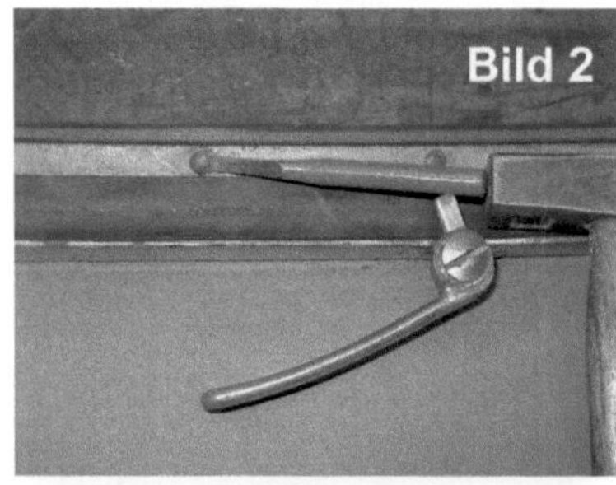


Der alte Verdeckstoff wird nun auch von seinen restlichen stählernen Innereien getrennt. Vorn sehen wir auf der Innenseite des Verdecks elf Nietköpfe, die hübsch hässlich verrostet sind. Unter den Nietköpfen liegt eine Leiste aus Flachstahl. Diese Nietverbindungen müssen wir lösen, um die Leiste abnehmen zu können. Auch hier können wir die Nietköpfe wieder wegmeißeln.

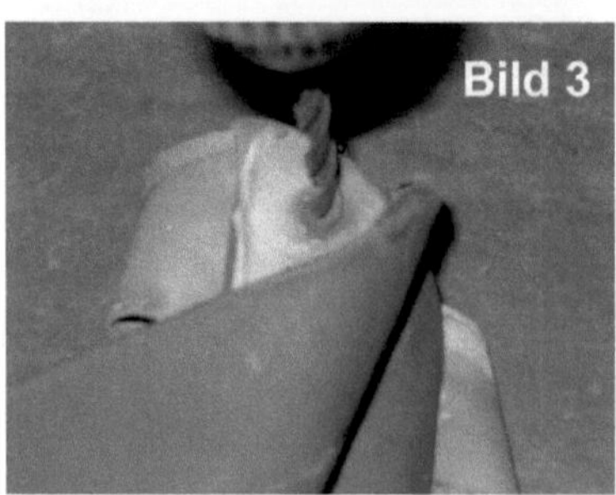


Darüber hinaus sitzt in den beiden Ecken noch jeweils ein Niet. Ist es ein Hohlniet, der eine schöne Zentrierung für einen Bohrer bietet, können wir den Kopf vorsichtig abbohren. Jeweils nach dem Abtrennen des Nietkopfes klopfen wir die Nietschäfte sachte aus den Spriegelbohrungen, so dass der Verdeckstoff freikommt. Insgesamt haben wir dort vorn also dreizehn Niete zu entfernen.

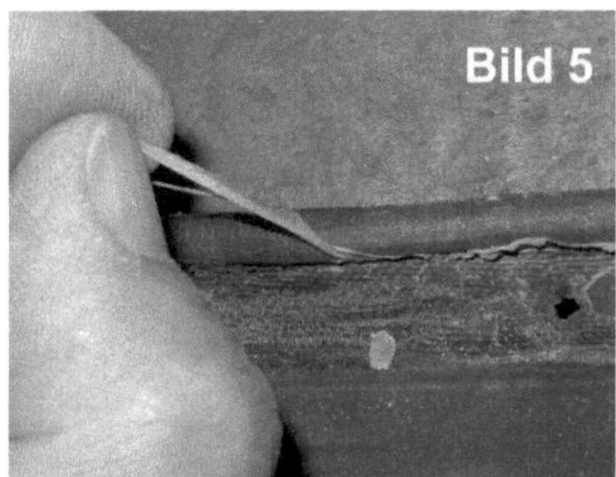

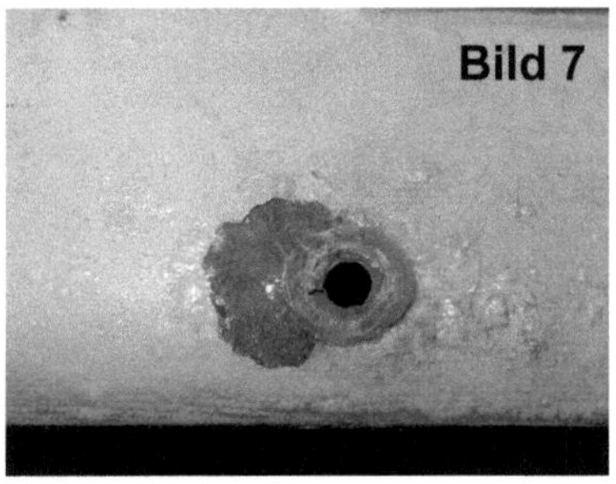



Die soeben abgenommene Flachstahl-Leiste verband nicht nur den vorderen Spriegel mit dem Verdecktuch, sondern sie hielt auch eine Gummidichtung, die das Verdeck gegen das Karosserieblech abdichten soll, damit der Fahrtwind kein Wasser und keine Zugluft hineintreibt. Wenn es gelingt, die Dichtung unversehrt vom Spriegel zu lösen, werden wir nachher keine Probleme mit der Beschaffung einer neuen Dichtung haben.

Denn bei dieser Dichtung handelt es sich nicht einfach um extrudierte Meterware, sondern um ein Formteil aus Moosgummi. Die Passform nachgefertigter Gummiformteile lässt mitunter zu wünschen übrig, so dass es Sinn hat, ein brauchbares Originalteil zu retten. Haben wir die Gummidichtung mit der gebotenen Vorsicht vom Spriegel gelöst, pulen wir mit spitzen Fingern und ausreichender Geduld die an der Dichtung anhaftenden Klebstoffreste ab. Sodann können wir die gereinigte Dichtung beiseite legen, um uns der Spriegelkosmetik zu widmen.

Zunächst nehmen wir den Verriegelungshebel ab - mmh, vernickeltes Messing, lecker, das wäre heute ein Entlassungsgrund für den verschwendungssüchtigen Konstrukteur. Falls die große Schlitzschraube widerspenstig ist und sich nicht losdrehen lassen will, sprühen wir sie mit Rostlöseröl ein, lassen es über Nacht in die Gewindegänge einsickern und bemühen erst am nächsten Tag den Schlagschrauber mit einem möglichst breiten Einsatz, um den Schraubenschlitz nicht zu verwürgen.

Der Rost auf dem nun freigelegten Spriegel lacht uns höhnisch an, denn unter dem Verdeckstoff konnte der nur dünn lackierte Stahl lange und ungestört vor sich hinkorrodieren.

Bild 8

Bild 9

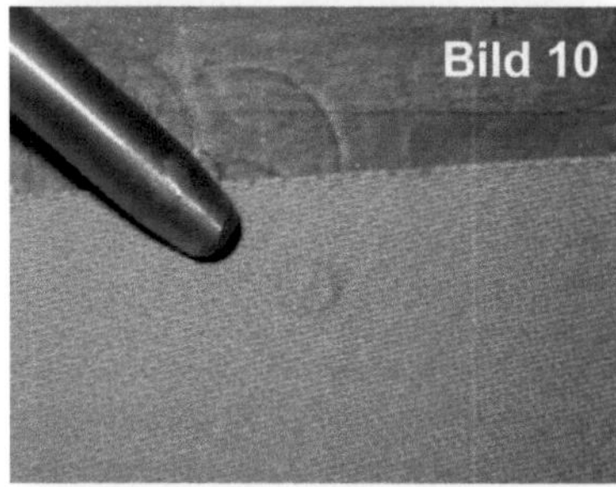

Bild 10

Bild 11


Ob dieser Rost nach alter Sitte mit Dreikantschaber, Schleifpapier und Vlies-Schleifscheibe entfernt wird oder durch Sandstrahlen, bleibt den verfügbaren Mitteln und Werkzeugen überlassen.

Anschließend bauen wir eine Schutzschicht für die Oberfläche auf, damit sie nicht erneut rosten kann. Anstreichen, spritzlackieren oder pulverbeschichten ist eine Frage des persönlichen Anspruchs. Da diese Teile nicht an prominenten Stellen sitzen, genügt ein Anstrich mit Haftgrund-Primer und zwei Schichten Decklack.

Den mittleren Spriegel, der beidseitig in Schlitzen des Verdeckstoffes steckte, können wir dank den meist aufgeplatzten Nähten problemlos herausziehen. Auch er wird wohl nach frischem Lack schreien. Dennoch legen wir ihn erst einmal zur Seite, denn eine Neulackierung zu diesem Zeitpunkt wäre Arbeitszeitverschwendung, wie wir bald sehen werden.

Ist der neue Lack auf dem vorderen Spriegel gut durchgetrocknet, können wir daran gehen, den Spriegel mit dem neuen Verdeckstoff zu verbinden.

Fertig genähte Verdecke zeigen manchmal Bleistiftkringelchen, die andeuten, wo die Nietlöcher hingehören. Die Löcher stanzen wir mit einem 4 mm-Locheisen und legen dabei ein Stück Hartholz unter.

Selbstverständlich brauchen wir auch neue Niete, möglichst solche, die nicht so gern rosten wie die serienmäßig verwendeten. Dazu bieten sich Bremsbelagniete 4 x 8 aus Kupfer an, die bei gut sortierten Autoteilehändlern erhältlich sind, etwa bei einer Jurid-Vertretung wie z.B. Profi-Parts.

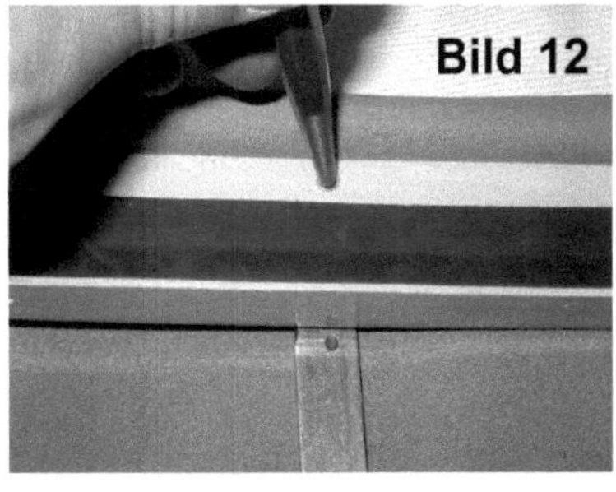

Bild 12

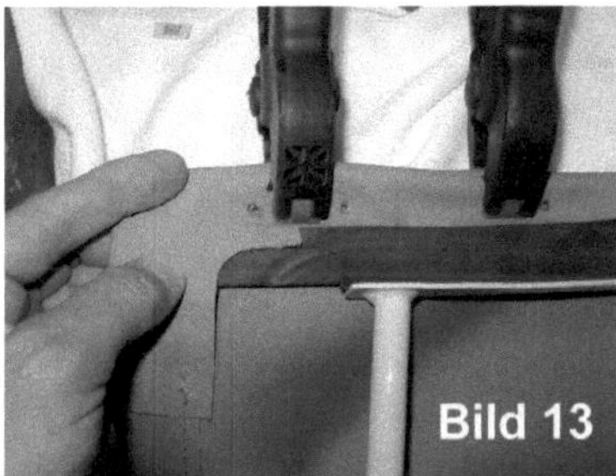

Bild 13

Bild 14

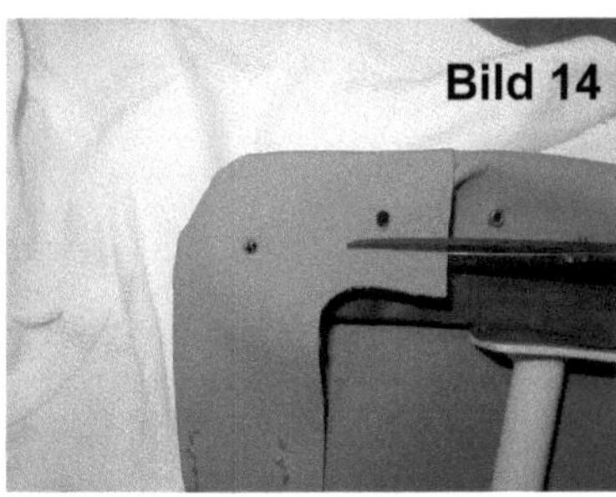

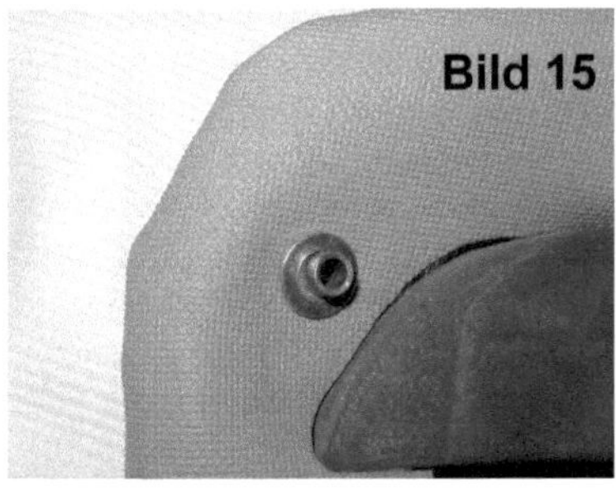

Bild 15

Diese Niete haben den erforderlichen flachen Kopf, der nötig ist, um in den Senkungen des Spriegels zu verschwinden und um zu vermeiden, dass sich nachher die Nietköpfe durch den Verdeckstoff nach außen abzeichnen. Deshalb erliegen wir auch nicht der Versuchung, hier Blindniete zu verwenden, deren Knubbeln sich später deutlich sichtbar unter dem Verdeckstoff abzeichnen würden. Wir sind hier nicht beim Wet-T-Shirt-Contest, darum bevorzugen wir einen außen völlig glatten Stoff.

Das Nieten ist etwas knifflig und erfordert vier Hände: Zwei, um den durch Spriegel, Verdeckstoff, Gummidichtung und Flachstahl-Leiste gesteckten Niet in Position zu halten und zwei weitere Hände, um den Niet mit einem Rohrstück "anzuziehen", damit er anschließend mit einem Körner und sanften Hammerschlägen vernietet werden kann. Dabei muss der Nietkopf gestützt werden, damit er sich nicht in den bereits darunter liegenden neuen Verdeckstoff eindrückt.

Weil man mit klobigen Werkzeugen an den Nietkopf in diesem Stadium nicht mehr herankommt, ist ein flaches Metallstück (eine ca. 4 bis 5 mm dicke Flachstahl- oder Messingleiste) zwischen Spriegel und Verdeckstoff einzuschieben, um dem Nietkopf eine feste Auflage zu bieten. Federnde Leimzwingen leisten gute Dienste beim Ausrichten und beim provisorischen Festhalten der Einzelteile.

Es ist gut möglich, dass wir an den Ecken die Kontur des Verdeckstoffs mit der Schere noch etwas an die Form der Gummidichtung anpassen müssen.

23

Bild 16

In den Ecken, wo die Niete nicht durch die Flachstahl-Leiste gehen, sondern direkt durch den Verdeckstoff lugen, legen wir zur Schonung des Gewebes eine Scheibe unter, bevor wir nieten.

Wenn alle Niete richtig sitzen, streichen wir sie zum Schutz vor Korrosion mit dem gleichen Lack wie den Spriegel.

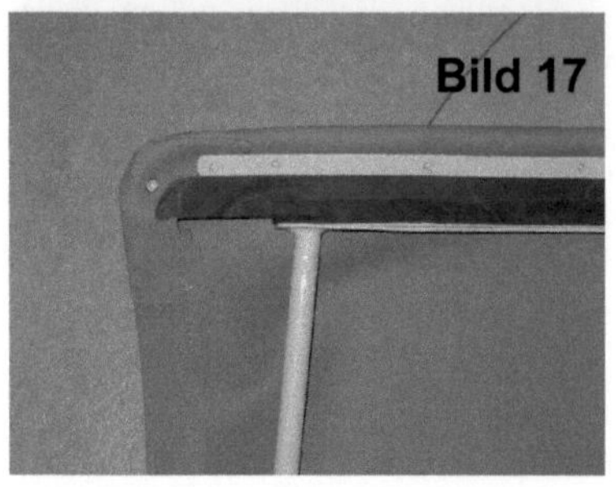

Bild 17

Wir können auch M4-Senkschrauben anstelle der Kupferniete verwenden, wenn wir uns nicht daran stören, dass dann bei aufgeklapptem Verdeck später Sechskantmuttern anstelle von Nietköpfen zu sehen sein werden und wenn es gelingt, die kaum zugänglichen, weil bereits unter dem Verdeckstoff liegenden Schraubenköpfe beim Anziehen der Muttern gegenzuhalten. Wenn die Senkschrauben einen Innensechskant haben, ist dieser mit einem gekürzten Innensechskantschlüssel erreichbar. Ästheten haben dann sogar die Möglichkeit, Schrauben, Muttern und Unterlegscheiben aus rostfreiem Stahl zu wählen.

Der vordere Spriegel samt Dichtung sitzt jetzt an Ort und Stelle.

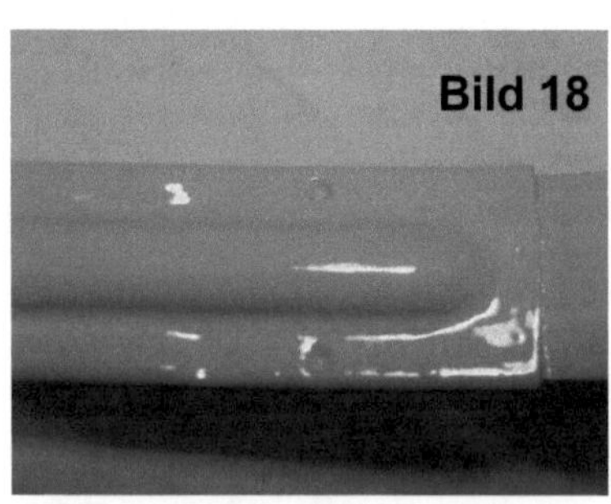

Bild 18

Wenden wir uns nun dem mittleren Spriegel zu, der dem Verdeck die nach oben gewölbte Form und federnde Spannung nach außen geben soll. Hier erleben wir eine böse Überraschung: Der Spriegel lässt sich in das neue Verdeck nicht einfädeln! Zwar ist das nachgefertigte Verdeck genauso breit wie das alte, doch der alte Verdeckstoff war ähnlich wie ein Gummituch dehnbar, der neue ist es infolge seiner Gewebeeinlage nicht. Der neue Stoff ist auch dicker als der alte: 1 mm statt 0,7 mm. Schon das Sehnenmaß des gebogenen, der rundlichen Dachkontur folgenden Spriegels ist ebenso groß wie die Breite des Verdecks. Kaum vorstellbar, dass der Verdeckstoff dann auch noch der Rundung des Spriegels folgen könnte - dazu ist der Spriegel viel zu lang.

Das Einfädeln der an beiden Enden des Spriegels herausschauenden Blechzungen in die Schlitze des Verdeckstoffes ist schlicht unmöglich, müssten da doch mehrere Zentimeter Weg durch extremes Spannen des Stoffes überwunden werden. Auf einer Seite geht es natürlich, nicht aber auf der anderen, zumal der Verdeckstoff kaum einen Millimeter Dehnung hergibt.

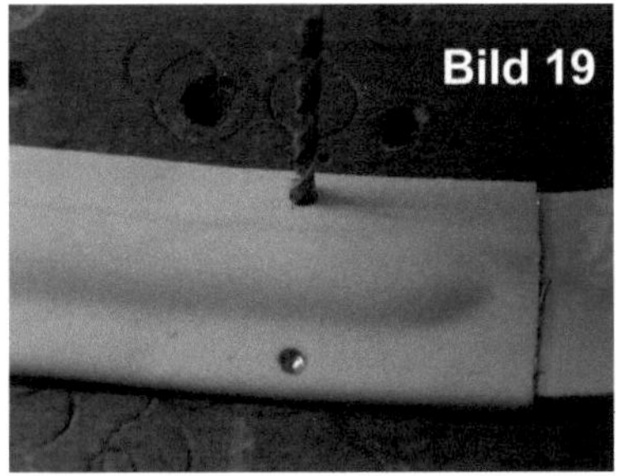


Statt zu verzweifeln, fragen wir an dieser Stelle lieber jemanden, der diese Arbeit schon erfolgreich bewältigt hat. Danke an Thorsten S. für den Tip, die Blechzungen im Spriegel verschiebbar und klemmbar zu machen. Dazu müssen die Blechzungen aber erst einmal aus dem Spriegel heraus. Meine waren angestemmt, doch soll es auch punktgeschweißte geben. Wie dem auch sei: Die vier Vertiefungen im Spriegel, zwei an jedem Ende, sind die Stellen, die vorsichtig ausgebohrt werden müssen. Durchbohren ist nicht nötig. Es genügt, mit 2,5 bis 3 mm Bohrerdurchmesser nur so tief zu bohren, dass die Bohrerspitze gerade eben durch die Blechzunge geht.

Die Blechzunge nun aus dem Blechprofil des Spriegels zu ziehen, ist eine Übung, die lebhaft an die Sage von König Artus und dessen Schwert Excalibur erinnert, das unverrückbar fest im Amboss steckte: "*Wer diese Blechzunge aus dem Isettenspriegel zieht, soll sein der rechtmäßige König von Bayern*". Die Zungen sitzen bombenfest; es scheint nichts Festeres zu geben als eine in Jahrzehnten gereifte Korrosionsverbindung.

Spannt man die Blechzunge zart, also gerade eben noch verschiebbar im Schraubstock ein, stützt das Ende des Spriegel-Blechprofils oben auf den Schraubstockbacken ab und schlägt dann unter Zwischenlage eines Stücks Flachstahl auf das Ende der Blechzunge, so löst sie sich schließlich doch … und gibt ein weiteres Rostnest frei. Deshalb war es witzlos, vorher Lackkosmetik zu betreiben.

Bevor wir erneut im Farbtopf rühren, müssen wir dafür sorgen, dass die Blechzungen verschiebbar und klemmbar werden. Verschiebbar, damit wir den Spriegel zum Einfädeln in den Verdeckstoff vorübergehend kürzen können. Klemmbar, damit nach erfolgtem Einfädeln die Zungen wieder auf die ursprüngliche Länge herausgezogen und dort zuverlässig fixiert werden können.

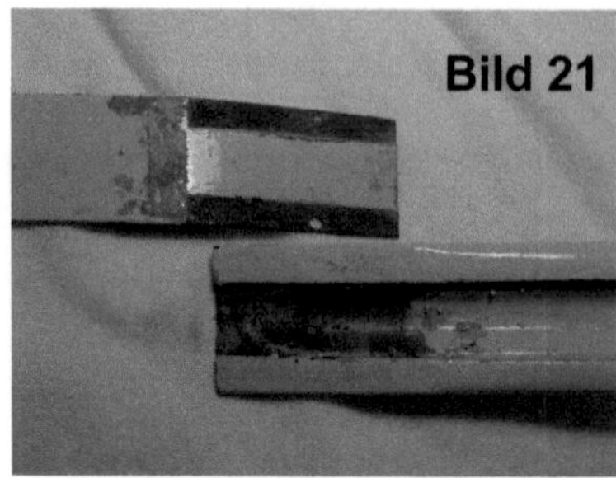

**Bild 21**

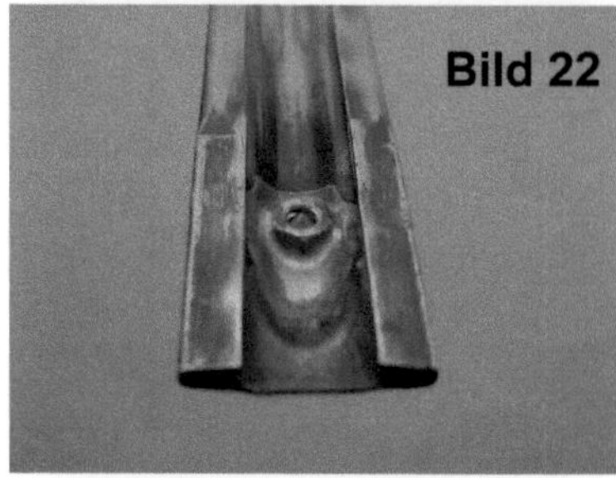

**Bild 22**

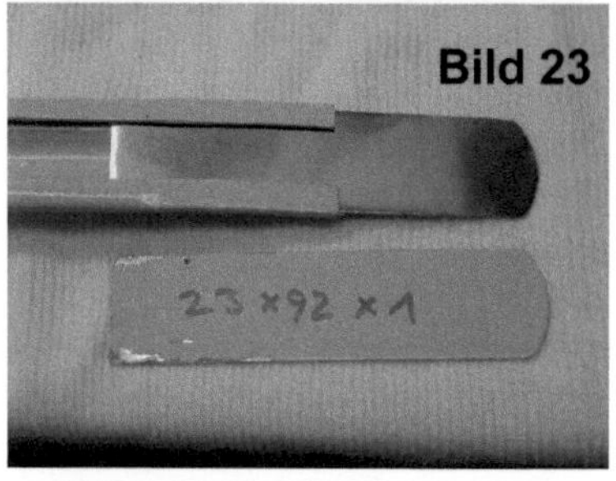


**Bild 23**

Hier geht Thorstens Tip weiter: In die runde Sicke in der Mitte des Spriegelprofils wird eine Sechskantmutter eingelötet, etwa an der Stelle, wo vorher die beiden Stemm- bzw. Schweißpunkte saßen. Als Gewindegröße kommt M4 oder M5 in Frage; eine Auflagefläche der Mutter ist zweckmäßig mit der Feile an den Radius der Blechsicke anzupassen. Der Festigkeit zuliebe löten wir die Mutter mit Hartlot in die Spriegelsicke, wobei die Mutter mit einer Schraube im bereits zuvor mittig in die Sicke gebohrten Loch festgehalten wird. Dabei gut aufpassen, dass kein Lot zwischen Mutter und Blech hindurchläuft und dadurch gleich die Schraube, die ja nur als Positionierhilfe dienen soll, im Gewinde mit der Mutter verlötet. Ist die Mutter eingelötet, sieht das so aus wie das nebenstehende Bild es zeigt.

Richtige Freude will mit den originalen Blechzungen freilich nicht aufkommen: Sie sind nicht leicht genug im Blechprofil des Spriegels verschiebbar, denn schließlich saßen sie vorher dort sehr fest. Außerdem sind sie rostig, Lackfarbe auf ihrer Oberfläche würde sie dicker und damit noch schlechter verschiebbar machen. Man könnte die Zungen galvanisch verzinken lassen, so dass sie eine dünne Korrosionsschutzschicht erhalten, die nicht nennenswert aufträgt. Das lohnt aber die Mühe kaum. Eleganter ist es, gleich zwei neue Zungen aus rostfreiem Edelstahlblech anzufertigen.

Verwendet man dazu Blech von 0,7 statt 1 mm Dicke, so werden die Zungen genügend leicht verschiebbar sein. Ebenso kann man es bei 1 mm Blechdicke belassen und das Profil des Spriegels an den Führungsbahnen etwas aufbiegen, damit die Blechzunge sich leichter verschieben lässt. Das Ergebnis ist ein völlig problemlos montierbarer Spriegel.

Als Klemmschrauben bieten sich Gewindestifte mit Schlitz oder mit Innensechskant an. Hier in diesem Beispiel sind es welche mit Spitze, aber solche mit stumpfem Ende (oder mit "Ringschneide") werden die Blechzunge auch ausreichend sicher klemmen können. Die einzige Abweichung vom Originalzustand: Man sieht, wenn man eine scharfe Brille

Bild 24

aufsetzt, von innen zwei winzige Gewindestifte im Verdeckspriegel. Eine lässliche Sünde, oder?

Um das Verdeck am hinteren Ende wieder mit dem Karosseriedach zu verbinden, muss der Verdeckstoff um den hinteren Spriegel herumgefaltet werden, so dass der Stoff nachher zwischen der Karosserieaußenhaut und dem aufgenieteten Spriegel einge-klemmt wird. Leider ist schlichtes Einklemmen eine unsichere Sache, besonders dann, wenn der Verdeckstoff - so wie an dem hier erwischten Exemplar - nicht nur schief, sondern auf einer Seite zu kurz zugeschnitten wurde. In einem solchen Fall wird die Verbindung zwischen Verdeckstoff und Spriegel deutlich zuverlässiger, wenn man bei-des miteinander verklebt. Da die Niete, die den Spriegel nachher halten werden, auch

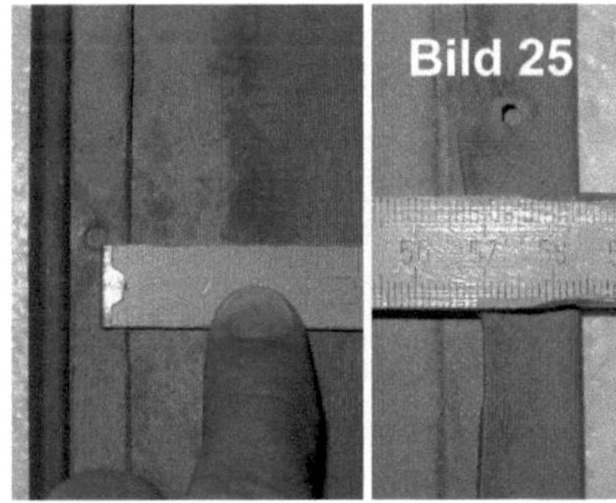
Bild 25

durch den Verdeckstoff gehen müssen, sollte man noch vor dem Verkleben die notwendi-gen Löcher anzeichnen und mit einem 4 mm-Locheisen in den Stoff einstanzen. Die Lochabstände kann man zwar von vorn nach hinten am alten Verdeckstoff abmessen und die Maße auf den neuen Stoff übertragen, man geht dabei aber das Risiko ein, dass das Dehnungsverhalten des neuen Stoffes an-ders ist als das des alten.

Klüger ist deshalb eine provisorische Montage des hinteren Verdeckspriegels mitsamt dem Verdeckstoff am Isettadach ohne Kleberei mit Hilfe einiger Senkschrauben M3, um dann durch probeweises Schließen des Verdecks zu prüfen, ob es straff genug sitzt. Muss doch geklebt werden, weil der Verdeckstoff zu knapp zugeschnitten ist, reicht die Klebekraft üblicher Baumarktkleber kaum aus. Fragen Sie dann besser einen Autosatt-ler, welchen Kleber der Meister für Verdeckstoffe verwendet. Das wird ein wie verrückt klebendes, stark lösemittelhaltiges Produkt aus der Dose sein, das Spezialfabriken in

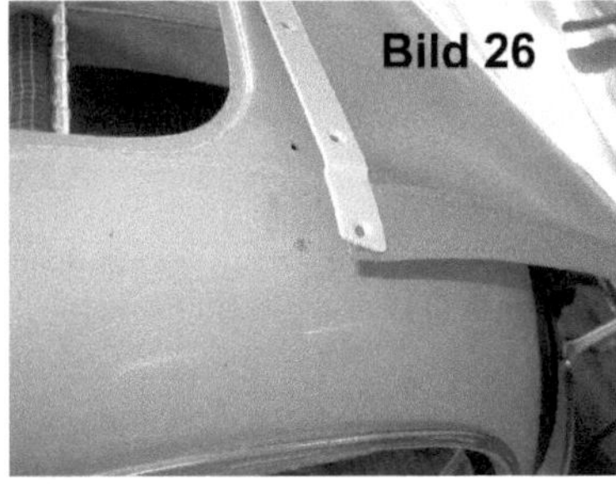
Bild 26

für unsere Zwecke viel zu großen Ver-packungseinheiten an Handwerksbetriebe verkaufen. Wenn wir Glück haben, verkauft uns der Autosattler ein geeignetes Produkt in der Tube, z. B. den ausgezeichneten Kleber in der grünen Verpackung mit dem sinnfälligen Namen "*Kleb damit*", der auch sehr gut für die Verklebung von Gummiprofilen für Tür-dichtungen und ähnliches geeignet ist. Obwohl im Jahr 2005 für eine 90 Gramm-Tube dieses Klebers stattliche 9 Euro verlangt wurden, ist sie ein sinnvoller Kauf, denn es gibt bei Sattlerarbeiten kaum etwas Ärgerlicheres als schlecht haltende Klebeverbindungen. Hersteller: Sika Tivoli GmbH, Reichsbahnstraße 99, 22525 Hamburg, Telefon 040-54002-0.

Beim Befestigen des hinteren Spriegels hat jeder Isettafan für sich zu entscheiden, ob er dem Originalzustand frönen will - dann braucht er Blindniete 3x6 mm und die dazugehörige Spezialzange.

Oder er gibt einer leichter lösbaren Verbindung den Vorzug - dann genügen Senkschrauben M3x6, deren M3-Muttern auf der Innenseite des Dachblechs sichtbar bleiben. Wählen Sie hier zweckmäßig abgerundete Hutmuttern, damit Sie sich nicht die Hand verletzen, wenn Sie mal nach hinten greifen, um die beschlagene Heckscheibe zu putzen. Diese Hutmütterchen dürften sogar dem gestrengen Blick kritischer Ästheten standhalten, denn hässlicher als die serienmäßigen Popnietknubbel sind sie keineswegs. Anschrauben statt Nieten bringt zudem den Vorteil, dass man später, falls das Verdeck nicht straff genug sitzt, den hinteren Spriegel noch einmal lösen und den Verdeckstoff dort nachspannen kann. Die Löcher im Stoff für die M3-Schräubchen müssen dann allerdings Langlöcher werden.

Mehr Spannung In Querrichtung und nach oben können wir dem Verdeck in gewissen Grenzen durch Verlängern der Zungen in den Enden des mittleren Spriegels geben. Das ist ein weiterer Vorteil des Klemmschraubentricks.

Fazit: So eine Verdeck-Erneuerung in Eigenregie ist zwar ein bisschen knifflig, doch durchaus machbar. Am Ende geht das Verdeck sogar wieder zu, und es verdeckt nur noch das, was es soll - aber keinen Rost mehr. Ob das Erfrischungstuch auf dem Dach wohl für die nächsten 50 Jahre reicht?

Nachdem wir von den wenigen Öffnungen der Isetta-Karosserie die obere jetzt verarztet haben, gehen wir zur vorderen und widmen uns dem Türschloss. Was dort gezeigt wird, gilt in gleicher Weise für den BMW 600.


## 1.1.2      Schloss an der Fronttür reparieren

Vorübergehend geschlossen ...

... sollte die Tür einer Isetta sein, wenn sich ihr Fahrer außer Sichtweite aufhält. Doch manchmal streikt das Türschloss: Beim Aufschließen kommt es vor, dass der gesamte Schließzylinder am Schlüssel hängenbleibt und komplett mit diesem herausgezogen werden kann. Wie kommt's?

Am anderen Ende des Schließzylinders sieht man eine Nut. Da taucht die Frage auf: Gehört in diese Nut etwa irgend ein Sicherungsring, der verlorengegangen ist?

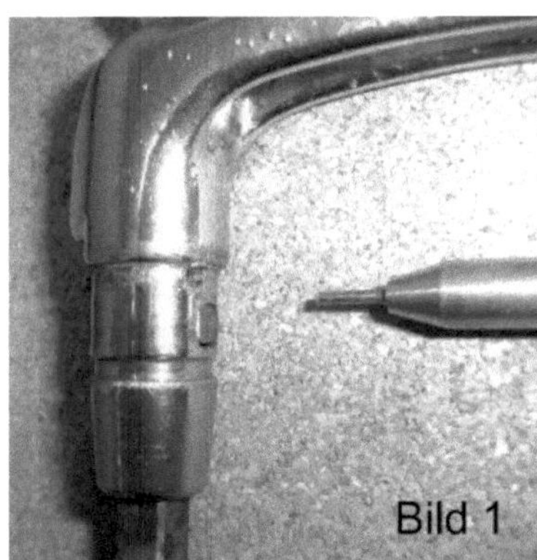


Nein. In die Nut greift kein Ring, sondern ein Stift. Dieser Stahlstift ist in das Gehäuse des Türgriffs eingepresst, er geht auf einer Seite tangential durch die Nut des Schließzylinders und sorgt normalerweise dafür, dass der Schließzylinder nicht herausgezogen werden kann.

Lässt sich der Schließzylinder dennoch herausziehen, ist also entweder mit diesem Stift oder mit der zugehörigen Nut etwas nicht in Ordnung. Der Schließzylinder besteht aus Zinkdruckguss. Zink ist relativ weich und verschleißt schneller als Stahl. Eine verschlissene Nut ist deshalb wahrscheinlicher als ein zu dünn gewordener Stift.

In diesen beiden Bildern ist ein selbstgefertigter Dorn zum Austreiben des Stifts zu sehen. Nur ist leider die Stelle, an welcher sich der Stift verbirgt, nicht immer leicht zu finden.

Bild 3

Um der Sache auf den Grund zu gehen, bauen wir den Türgriff aus und entfernen dann den stählernen Drahtsprengring, der in einer Nut am Konus des Türgriffs sitzt. Wir nehmen die Wellscheibe(n) ab und ziehen die verchromte Rosette vom Türgriff. Nun reinigen wir das Ganze und sehen genau hin: Haben wir Glück, werden wir eine Bohrung erkennen. Darin sitzt normalerweise der Stahlstift, der den Schließzylinder am Herausziehen hindert. Wenn sich also aus unserem Türgriff der Schließzylinder herausziehen lässt, ist der Stift entweder schon nicht mehr drin oder er ist lose - oder der Rand der Nut am Schließzylinder ist so sehr verschlissen, dass sie sich am Stift vorbeimogeln kann. Der Stift ist ziemlich klein, er hat nur 2 mm Durchmesser und ist 10 mm lang. Wir brauchen also zum Austreiben des Stiftes einen Dorn, der etwas dünner als 2 mm ist und der zweckmäßig in einem dickeren Rundstab gefasst ist, damit wir etwas Solides zum Draufklopfen haben. Haben wir keinen passenden Treibdorn, müssen wir uns zuerst einen bauen.

Bild 4

Der Treibdorn besteht aus einem Stück 8 mm-Rundstahl, das bleistiftähnlich angespitzt wurde. An seinem Ende ist ein 2 mm dicker Stahlstift eingepresst. Ist der Stift willig, tritt er durch sanfte Schläge an der anderen Seite aus. Er kann sodann mit einer Zange ganz herausgezogen werden.

Bild 5 verdeutlicht die Funktion des Stiftes. Er greift in die Nut des Schließzylinders ein und verhindert, dass dieser herausgezogen werden kann.

Oft genug ist vom Stiftloch im Gehäuse des Türgriffs gar nichts zu sehen. Manchmal hilft es, nach dem Abnehmen der Chromrosette den zylindrischen Zapfen des Türgriffs mit etwas Schleifpapier zu säubern, um den Stift erkennen zu können.

Bild 5

Der Vierkantriegel im Bild 5 ist sichtbar etwas verbogen, was nicht im Sinn des Erfinders war. Mit der gebotenen Vorsicht lässt sich der Riegel im Schraubstock richten, so dass er wieder gerade wird. Die ganz selbstbewussten Zeitgenossen erledigen das nach Augenmaß, während notorische Zweifler lieber einen Anschlagwinkel dranhalten. Wenn Sie mich fragen: Falls er griffbereit liegt, bevorzuge ich den Anschlagwinkel. Wer seine Werkzeuge parat hält, liefert bessere Arbeitsergebnisse.

Ist der Stift auch durch Sauberschleifen des Gehäuses nicht auffindbar, bleibt die Möglichkeit, ebenso wagemutig wie vorsichtig mit einem 2 mm-Bohrer an der Stelle zu bohren, wo sich mutmaßlich der Stift befindet. Das ist dort, wo Bild 6 es zeigt. Um die Stelle deutlich sehen zu können, ist der Stift bereits entfernt worden.

Die Bohrung muss dort liegen, wo der zylindrische Teil des Türgriffes beginnt, und zwar unter der linken unteren Ecke des Vierkantloches.

Ein neuer Stift lässt sich aus einem 2 mm dicken Nagel anfertigen. Vornehme Herrschaften werden vielleicht ein 10 mm langes Stück einer nichtrostenden Fahrradspeiche bevorzugen. Will der Stift nicht fest sitzen, können wir ihn mit Uhu-Plus einkleben, natürlich nur an seinen Enden. Das Festkleben ist nicht unbedingt nötig, denn sobald die Chromrosette darübergeschoben ist, kann der Stift nirgendwo hinwandern.

Alternativ besteht die Möglichkeit, anstelle eines Stiftes eine Schraube zu verwenden. Wenn wir diese Lösung wählen, bietet sich die Gewindegröße M2,5 an, für die jedoch nur die wenigsten Hobbyschrauber passende Gewindebohrer besitzen. M3, die kleinste Größe in handelsüblichen Gewindebohrer-sortimenten, tut es ebenso gut.

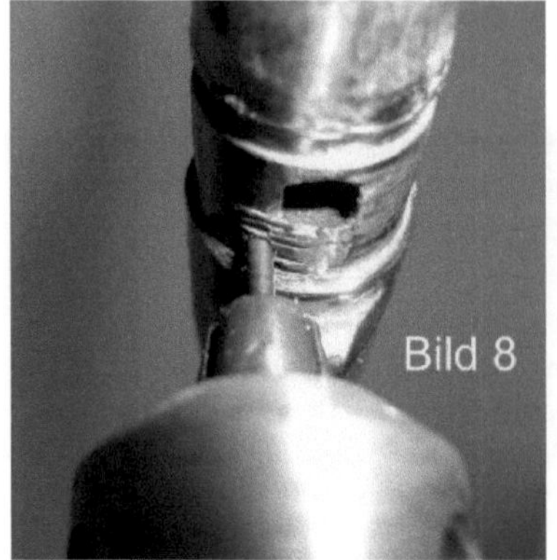


Dazu bohren wir mit einem 2,5 mm - Bohrer ein Kernloch für M3. Anschließend schneiden wir mit einem M3-Gewindebohrer ein M3-Gewinde. Dort hinein schrauben wir entweder einen 10 mm langen Gewindestift M3 mit Schlitz, den wir uns aus einem Stück M3-Gewindestange fertigen können, indem wir ein 10 mm langes Stück von einer M3-Gewindestange (die es in jedem Baumarkt gibt) absägen und in eines ihrer Enden mit einer Puksäge einen Schlitz für den Schraubendreher hineinsägen.

Oder wir verwenden eine Senkkopfschraube M3x10, für deren Kopf wir die Bohrung mit einem 90°-Kegelsenker ansenken, so dass der Schraubenkopf vollständig versenkt liegt und nicht übersteht. Mit etwas Glück gleicht der größere Durchmesser der M3-Schraube (3 statt 2 mm) den Verschleiß an der Nut hinreichend aus, so dass das Schloss nach dem Zusammenbau so funktioniert, wie es soll: Der Schließzylinder bleibt jetzt beim Herausziehen des Schlüssels wieder brav drin.

Reicht das nicht aus, weil die Nut des Schließzylinders stärker verschlissen ist, bleibt die Sache einfach, solange wir irgendwo einen neuen Schließzylinder samt Schlüssel ergattern können. Dann bauen wir eben den neuen Zylinder ein.

Unangenehmer wird es, wenn die Nut mitsamt dem kleinen Exzenter vom Schließzylinder abgeschert ist, was zum Beispiel durch gewaltsames Öffnen geschehen sein kann. Eigentlich ist der Schließzylinder dann wegwerfreif. Das ist besonders schade, wenn seine Zuhaltungen vollzählig vorhanden und beweglich sind, so dass er eigentlich noch funktionieren könnte. Doppelt schade ist es, wenn sein Schlüssel zugleich ins Zündschloss passt. Denn durch den Neukauf eines Türschlosses oder auch nur eines Schließzylinders mit zugehörigem Schlüssel ist man dann das elegante Einschlüsselsystem (so man es bei Isetten ab 1959 hatte) wieder los. Deshalb wäre es gut, wenn es eine Möglichkeit gäbe, den Schließzylinder zu retten, indem man ihm einen neuen Exzenter samt Nut verpasst.

Das ist durchaus möglich, wenn auch etwas knifflig. Hierzu spannen wir den Schließzylinder mit seinem dicken Ende (also mit dem Rand, wo der Schlüssel eingesteckt wird) in die Spannzange einer Drehbank und richten ihn möglichst schlagfrei aus. Zuvor holen wir die Zuhaltungen (Messingbleche) und deren Druckfederchen heraus, damit sie uns beim Drehen nicht infolge der Fliehkraft um die Ohren fliegen.

Bild 9

Dann drehen wir an das Ende des Schließzylinders, an dem die Nut fehlt, ganz vooorsichtig (weil wir so knapp einspannen mussten) einen zylindrischen Zapfen an, dessen Durchmesser je nachdem gewählt wird, wieviel Material da an der Bruchstelle noch steht. So etwa 3 bis 4 mm Zapfendurchmesser können es werden, mehr nicht. Dieser Zapfen hat den Zweck, eine Prothese zu zentrieren und zu befestigen. Diese ist ein Drehteil aus Messing, das verschleißfester als Zink ist. Es verkörpert die Nut und den daran befindlichen Exzenter. Die Prothese müssen wir individuell auf der Drehmaschine anfertigen, wenn wir unseren Schließzylinder retten wollen. Zum Schließzylinder hin erhält das Drehteil eine Bohrung, in die der angedrehte Zapfen eingepresst wird, erforderlichenfalls durch einen Tropfen *Loctite hochfest* gesichert. Im Bild 9 sehen Sie das Resultat, im Bild 10 eine Maßskizze.

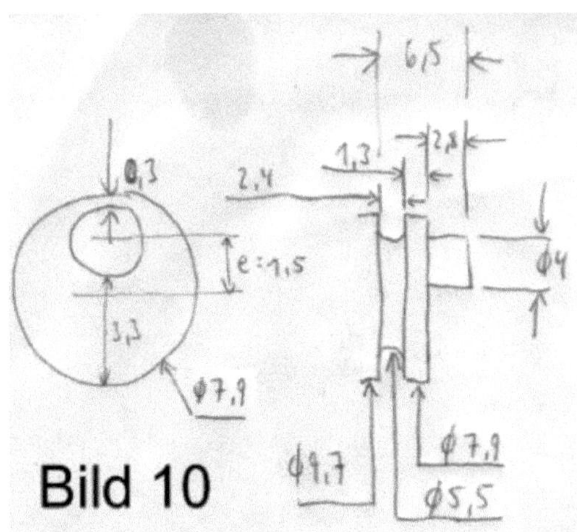
Bild 10

Die Maße veranschaulichen, dass wir uns hier im Bereich der Feinmechanik bewegen. Da es einfacher ist, einen Zapfen nach einer bereits vorhandenen Bohrung genau auf Maß herzustellen, drehen wir zweckmäßig zuerst die Prothese und erst dann den Zapfen an den Schließzylinder. Die beiden Teile müssen, nachdem sie einmal zusammengepresst sind, verdrehfest zueinander sitzen. Da ist es vorteilhaft, wenn wir uns beim Drehen langsam „von dick nach dünn" an das Bohrungsmaß herantasten, indem wir die Bohrung im Messingteil als Lehre benutzen.

Fehlt der Exzenter des Schließzylinders, so fehlt üblicherweise auch der Riegel, denn ihn hält dann nichts mehr: Er fällt schlicht heraus, sobald die Chromrosette abgenommen wird. Der Riegel, der in Bild 5 ganz unten zu sehen war, lässt sich aus einem Stück

Vierkantstahl 5 mm x 5 mm recht einfach mit Säge und Feile anfertigen. Seine Gesamtlänge beträgt 17 mm. Die linke Partie bis zum Beginn der Aussparung ist 5,3 mm lang,
die Aussparung selbst ist 4,2 mm lang und 3 mm tief, die rechte Partie ist 7,5 mm lang.
Der Exzenter des Schließzylinders greift in die Aussparung ein, so dass beim Drehen des
Schlüssels der Riegel verschoben wird, seitlich aus dem Gehäuse austritt und in eine
Aussparung der Chromrosette hineinfährt. Bei dieser Gelegenheit lässt sich die Funktion des Türschlosses gut verstehen.

Ein Kniff für den Zusammenbau: Wesentlich einfacher und angenehmer als der

serienmäßige Sprengring aus rundem Draht
lässt sich ein Sicherungsring für
Wellendurchmesser 16 bis 17 mm
handhaben. Da kann man bequem mit einer
Seegerringzange in die zwei Löcher fassen
und braucht nicht verletzungsträchtig mit
irgendwelchen Schraubendreherklingen
herumzuwürgen. Darunter liegt ein
passender Abstandsring, den wir aus einem
Stück Aluminiumrohr drehen. Nun kehren
wir nur noch die Späne auf, und schon ist
auch diese Operation erfolgreich ...
abgeschlossen.

Da wir gerade beim Türschloss waren, bietet es sich an, auch der Seitentür des BMW
600 etwas Aufmerksamkeit zu schenken.


### 1.1.3  Feder für den Seitentürgriff am BMW 600

Für Seiteneinsteiger

Die Seitentür des BMW 600 ist durch einen
verchromten Außengriff aus Zinkdruckguss
geadelt, der häufig etwas müde in
unbestimmter Richtung nach unten hängt,
statt stramm waagerecht zu stehen. Denn die
Feder im Türschloss schafft es kaum, gegen
das Eigengewicht des relativ schweren
Metallgriffs anzukommen.

Leider hat der Konstrukteur diesem Außen-
griff keine eigene Feder mitgegeben, die ihn zuverlässig in seine Ruhelage ziehen

34

könnte. Im Innern des schmalen Türchens ist der verfügbare Bauraum nicht gerade üppig; auch erfordert die schlechte Zugänglichkeit der Schließmechanik eigentlich eine Kombination aus Spinnenfingern und einem zusätzlichen Ellenbogengelenk. Doch auch ohne zirkusreife Verrenkungen sollte da nachträglich eine Feder reinzufummeln sein.

Der Anlass, dem Seitentürgriff etwas Zuwendung zu gönnen, war übrigens die wundersame Auflösung der nachgefertigten schwarzen Elastomer-Unterlage, die einige Jahre lang so getan hatte, als bestehe sie aus Gummi, in Wirklichkeit aber bestand sie aus gegossenem 2K-Polyurethan (*Devcon Flexane*). Wie sich nach einem Aufenthalt des BMW 600 in sehr sonnigem Wetter zeigte, hält dieser PU-Werkstoff tagelanger Bestrahlung durch unser Zentralgestirn nicht stand. Er reversiert dann, die Vernetzungsbrücken lösen sich. Was elastisch war, wird plastisch, pastös, fast flüssig. Das ehemals gummiähnliche Polyurethan verwandelt sich in eine klebrige Masse. Sie fließt buchstäblich weg und gewinnt dabei die bemerkenswerte Fähigkeit, helle Sommerbekleidung gründlich zu schwärzen.

Dies ist keine Ausnahme, sondern die Regel, wie andere Teile aus demselben Werkstoff beweisen. Wie die Fotos zeigen, gibt dieser innovative Polymerwerkstoff der Schwerkraft in übertriebenem Maße nach. Man sollte daraus einen langen, schwarzen, klebrigen Faden rollen und ihn dem Lieferanten, dessen Initialen mit dem Nationalitätskennzeichen eines südosteuropäischen Landes identisch sind, aus purer Dankbarkeit für die Qualität seiner Ware ins Haupthaar flechten. Wiederholen Sie, lieber Leser, diese Negativerfahrung nicht und wählen Sie anständige Teile aus richtigem Gummi.

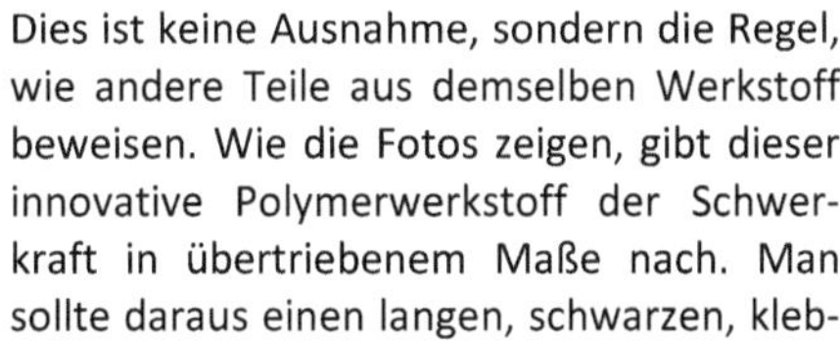

Aber nun zurück zum schlaffen Türgriff: Um mit Hilfe einer Zugfeder ein Drehmoment auf den Türgriff wirken zu lassen, brauchen wir einen Hebelarm. Die Feder muss also ein Stückchen von der Drehachse entfernt angreifen. Den Hebelarm – es ist eher nur ein Ärmchen – können wir schaffen, indem wir zunächst in eine große Unterlegscheibe (Karosseriescheibe für M6) ein Vierkantloch einfeilen, durch das der 8 mm - Vierkant des Türgriffs passt. Neben eine Ecke des Vierkantlochs bohren wir sodann ein rundes Löchlein, in das die Feder eingehängt werden kann. Je weiter dieses Löchelchen vom Vierkant weg sitzt, desto größer wird das Drehmoment, das die Feder erzeugen kann.

Der Scheibendurchmesser findet freilich seine natürliche Grenze in der Montageöffnung für den Türgriff, denn dort muss die Scheibe durchpassen, wenn man sich beim Zusammenbau nicht die Finger brechen will.

Der alkoholgetränkte Putzlappen im Bild entfernt die letzten Reste des klebrigen Polyurethans. Ist die Feder stark genug, reicht durchaus ein Scheibendurchmesser, der bequem durch die Öffnung in der Türaußenhaut passt. Damit die Feder den Griff in die richtige Richtung dreht, muss sie von außen gesehen rechts unten in die Vierkantscheibe eingehängt werden, wie das Bild es zeigt. Um den Sitz der Scheibe auf dem Vierkant nicht dem Zufall zu überlassen, stecken wir ein Stück Rohr passender Länge darauf, das genau bis zum Schlosskasten reicht.

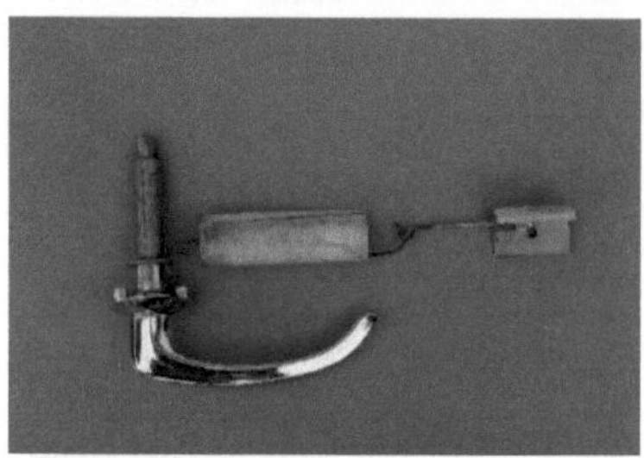

Die Zugfeder darf nicht zu schwach sein. 1 mm Drahtstärke sollte sie schon haben, möglichst viele Windungen sind vorteilhaft. Beidseitig endet die Feder mit einem halbrunden Haken. Damit sie nicht scheuert oder klappert, stecken wir sie in einen Gummischlauch oder in ein Stück Kunstleder, das wir zu einem Schlauch zusammennähen.

Nun müssen wir das andere Ende der Feder an einem festen Punkt im Innern der Tür

einhängen, doch drängt sich dort kein Einhängepunkt auf. Wir können die Befestigung nutzen, an welcher der hintere Winkel für die Schiene zur Halterung der Glasscheibe sitzt. In diesen Winkel gehen zwei M6-Schrauben: Die senkrechte Schraube hält den Winkel an der in der Tür eingeschweißten Schiene, die waagerechte Schraube hält die U-Schiene, welche die Glasscheibe stützt.

Statt am serienmäßigen Blechwinkel etwas anzuschweißen, bauen wir lieber aus Winkelstahl einen neuen, in dessen Ecke wir eine kleine Stahlhülse mit einer Bohrung von ca. 3 mm einschweißen oder hart einlöten. Durch diese Bohrung fädeln wir eine Fahrradspeiche und sichern sie darin durch Aufschrauben eines passenden Speichennippels. Dann knipsen wir die Speiche ab, biegen eine Öse dran und löten den Stoß der Öse – erst ganz zum Schluss, nach dem Anpassen der Länge - mit Hartlot zu. In diese Öse hängen wir das freie Ende der Zugfeder ein. Die Länge der Speiche bemessen wir so, dass die Zugfeder genügend Vorspannung erhält.

Wieviel Vorspannung man geben muss, hängt von der verwendeten Feder ab und ist auszuprobieren. Ein Anhaltspunkt kann sein, dass der Winkel von der Innenseite der Tür gesehen sich etwa 20 mm rechts von seinem Befestigungspunkt befinden sollte, wenn die Feder völlig entspannt, also ganz zusammengezogen ist.

Ziehen wir den Winkel nach links in Richtung zu seinem Befestigungspunkt, spannen wir die Feder. Draußen können wir nun probieren, ob das Drehmoment, das am Türgriff ankommt, unseren Erwartungen genügt. Mit der linken Hand gegen die Zugkraft der Feder den Winkel über seinem Schraubenloch zu positionieren und gleichzeitig mit der rechten Hand von unten die Schraube einzufädeln, ist eine Herausforderung, es geht aber. Notfalls ruft man eine bezaubernde Assistentin zu Hilfe.

Unter dem Kopf der von unten in den Winkel gehenden M6-Schraube sollte zweckmäßig ein Stückchen Flachstahl liegen, um die Spannkraft der Schraube gleichmäßiger zu verteilen und um zu vermeiden, dass der Schraubenkopf in das Langloch kippt und dessen Rand verformt.

Der Lohn der Mühe ist ein Türgriff, der steht wie eine Eins.

Nachdem nun beide Türgriffe zu Bett gebracht sind, kümmern wir uns ein wenig um die Innereien der Karosserie, und zwar der Bequemlichkeit zuliebe zuerst um die Sitzgelegenheit.

### 1.1.4    Sitzbank aufpolstern



… konnte Altkanzler Helmut Kohl sehr gut, dafür war er bekannt. Genügend viele seiner Politikerkollegen beherrschen diese Kunst bis heute virtuos. Zu bezweifeln ist allerdings, dass sie es immer noch könnten, wenn sie ihren bequemen Parlamentssessel mit einer Isettasitzbank tauschen müssten. Man darf annehmen, dass politische Sitzungen dann wesentlich rascher beendet würden. Denn auf dieser Bank sechs bis sieben Stunden an einem einzigen Tag auszusitzen, ist eine wahre Herausforderung sowohl für den Bobbes als auch für den Rücken. Zumindest galt das für die Sitzgelegenheit meiner Isetta, bevor mein malträtiertes Sitzfleisch mich veranlasste, der Folterbank endlich einmal etwas Aufmerksamkeit zu widmen.

Als ich Isettchens Sitzbank um 2002 mit neuem Bezugsstoff aufhübschen ließ, bat ich den betagten Motorradsammler und Meister des Polstererhandwerks Artur W. aus B., er möge bei dieser Gelegenheit, wenn schon mal alles auseinandergenommen sei, doch bitte versuchen, die Federung etwas straffer zu gestalten. Denn ich hatte den Eindruck, die Sitzbank sei speziell auf der Fahrerseite arg durchgesessen und viel zu weich.

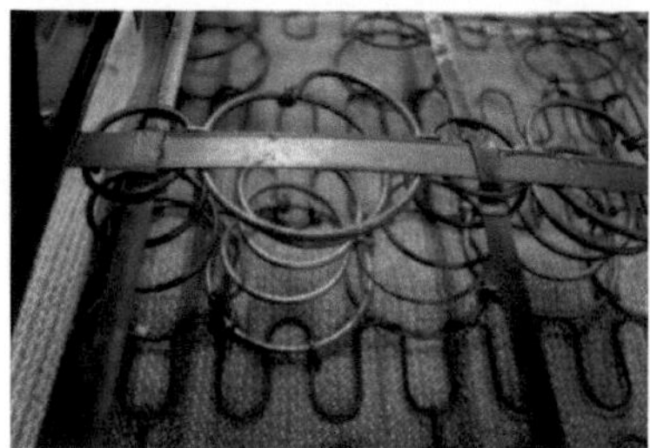

Daraufhin setzte der stets mit einem erkalteten Zigarrenstummel im Mundwinkel anzutreffende Meister Artur vier zusätzliche Druckfedern ein, die aus deutlich dickerem Draht bestanden und obendrein länger waren als die serienmäßigen. Die Folgen dieser Tat bestätigten, dass *gut gemeint* nicht immer dasselbe bedeutet wie *gut gemacht*.

Denn trotz der Gummihaarauflage über dem Federgestell bohrten sich diese vier harten Zusatzfedern bei jeder Fahrt nachdrücklich in mein Hinterteil. Zwei Federn in jede Backe, um genau zu sein. Gleichwohl war das Federgestell der Sitzbank nach wie vor viel zu weich geblieben und sackte zentimeterweise nach unten, sobald sich jemand draufsetzte.

Da lag also etwas im Argen. Zwar mag ich im Laufe von mehr als dreißig Ehejahren dank der Kochkünste meiner Frau etwas Körpermasse hinzugewonnen haben, aber sooo schwer bin ich nun auch wieder nicht, dass die Sitzbank eines seriös konstruierten *Kabinenfahrzeugs in gedrungener Tropfenform* (Zitat aus einem ARAL-Tankwart-Merkblatt) unter dieser doch überschaubaren Last kollabieren könnte.

Seit ich vor ein paar Jahren anlässlich eines Treffens bei Willi H. eine höchst befriedigende Proberunde mit der fabelhaft laufenden und akribisch verarbeiteten Isetta von

Jürgen B. drehen durfte (Ex-VW-Wiko hätte das sicherlich anerkennend mit *„Da scheppert nix"* kommentiert), wusste ich erst, welchen Sitzkomfort man aus einer Isettabank herauskitzeln kann. Unter dem Eindruck akuter Nachwehen meines überbeanspruchten Sitzfleisches befragte ich Jürgen nach den Tricks, mit denen er seiner Sitzbank Manieren beigebracht hatte. Seine Antwort leuchtete ein: *„Wenn du sieben Flacheisen in das Sitzbankgestell so einschweißt, dass sie die sieben Reihen Druckfedern unterstützen, wirst du sehen, dass das viel bringt. Denn dann können die dünnen Blechstreifchen des Federgestells nicht mehr ungehindert nach unten ausweichen."*

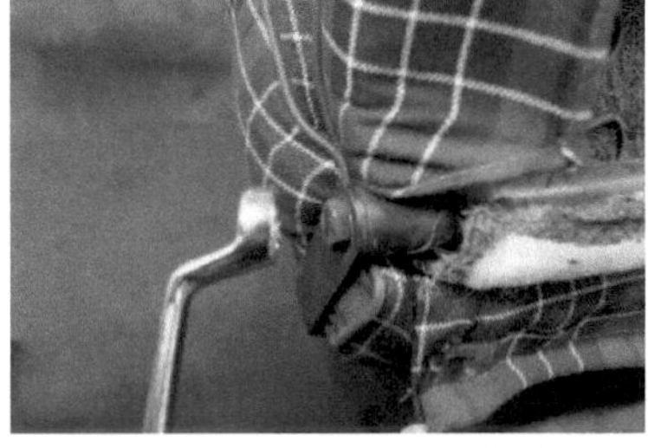

Gesagt, getan. Sofort nach dem Ende der Saison wurde die Folterbank der Isetta entnommen und wanderte in die Werkstatt. Das Trennen der Rückenlehne vom Sitz ist die einfachste Übung: Zwei M8-Schrauben an den Scharnieren herausdrehen, das war's. Nun galt es, den Bezugsstoff beschädigungsfrei vom Sitz abzunehmen.

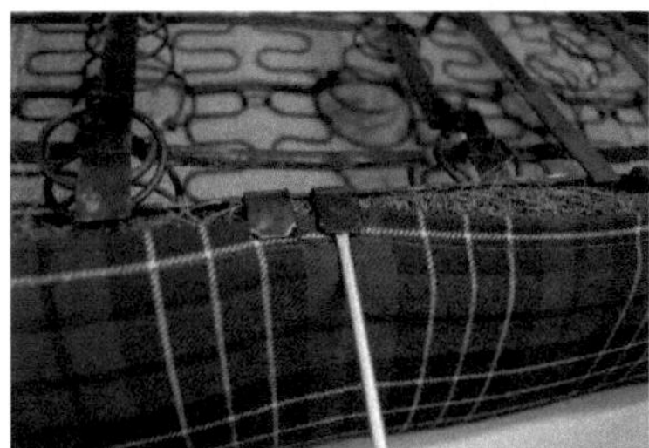

Rund um das Grundgestell der Sitzbank hat der Hersteller punktgeschweißte Blechlaschen angeordnet. Deren innere Schenkel sind um die umlaufende Blechleiste des Federrahmens gebogen und arretieren diese im Grundgestell. Die äußeren Schenkel derselben Blechlaschen haben jeweils zwei angebogene Haken, die sich in den Bezugsstoff bohren, um ihn festzuhalten.

Diese äußeren Blechlaschen muss man ein wenig zurückbiegen, um den Stoff zu befreien. Wenn nun – wie hier – die inneren Enden zweier nebeneinanderliegender Blechlaschen abgebrochen sind, ist nichts mehr da, was die umlaufende Rahmenleiste des Federrahmens daran hindern könnte, das ihr als Auflagefläche zugedachte Grundgestell zu verlassen. Nicht nur gerät dann die umlaufende Leiste des Federrahmens buchstäblich aus der Fassung, sondern auch die Punktschweißung des in Fahrzeuglängsrichtung verlaufenden Blechstreifens, der die Federn stützen soll, wird überlastet und löst sich. Der von oben

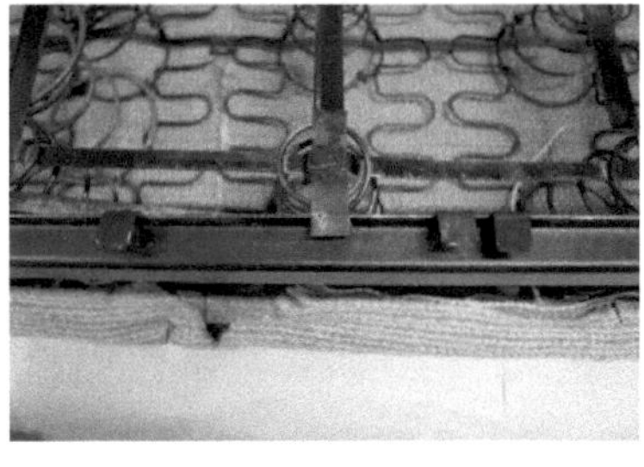

durch den Popo des Insassen belastete Blechstreifen springt dann unter das Grundgestell, wo er nichts zu suchen hat. Dort fehlt ihm jegliche Stütze.

Daher das seltsame Sitzgefühl: Hart durch die Zusatzfedern und zugleich nachgiebig infolge des herausgerutschten Federrahmens. Die ganze Bescherung sieht man erst, wenn die Sitzbank zerlegt ist. Ach Artur, hättest du doch damals bloß ein Wort gesagt, dann hätt' ich das Sitzbankgestell vor dem Neubeziehen repariert und 4000 km Hinterteilschinderei wären mir erspart geblieben. Aber wenn Hättich kommt, ist Habich weg. Außerdem kann Artur mich nicht mehr hören. Ihn deckt längst der kühle Rasen.

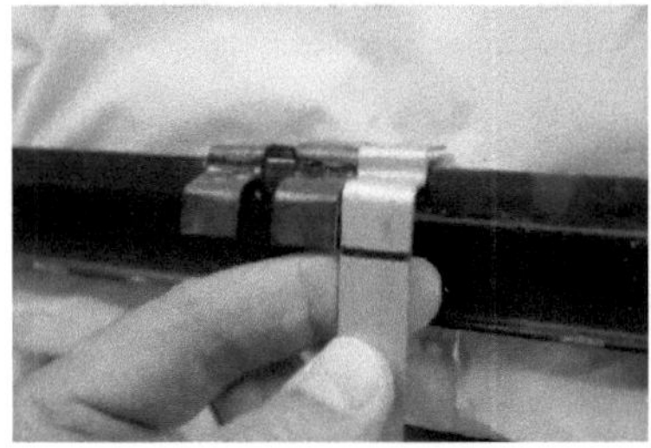

Eine dritte, an einer der Schmalseiten sitzende Blechlasche war im Herstellerwerk von vornherein in falscher Position angeschweißt worden, und zwar genau dort, wo einer der Blechstreifen in Querrichtung verläuft, statt zwischen zwei solcher Streifen, wie das hätte sein sollen. Im Bild ist diese Blechlasche der besseren Erkennbarkeit zuliebe bereits aufgerichtet. Die beiden schwarzen Striche zeigen, wo sie sitzen sollte. Darum hatte im wirtschaftswunderlichen Jahr 1957 ein deutscher Wertarbeiter, dem solche Kleinigkeiten an jenem Körperteil vorbeigingen, für das die Sitzbank gedacht ist, diese falsch sitzende Lasche kurzerhand plattgeklopft und den Federrahmen draufgelegt, dann eben ohne Befestigung an dieser Stelle. Offenbar gingen Stückzahlen in Zeiten der Vollbeschäftigung vor Akkuratesse. Das Aufrichten der plattgeklopften Lasche führte sogleich zum Einreißen, so dass nun insgesamt drei Haltelaschen neu anzufertigen waren.

Sie entstanden nach den intakten Mustern aus 1 mm dickem, 15 mm breitem Stahlblech.

Zum einfacheren Punktschweißen erhielten sie zwei 2,5 mm-Bohrungen. Weil die Reste der alten Laschen zum Abmeißeln zu widerspenstig waren, wurden sie mit dem Winkelschleifer entfernt.

Um ausreichenden Sicherheitsabstand zur Batterie zu bieten, weisen zwei Blechstreifen des Federgestells in der Mitte eine Kröpfung auf. Die unterstützenden

Leisten sollten diese Kröpfung ebenfalls haben, um nicht in Konflikt mit der Batterie zu geraten und um das Federgestell unter allen acht Blechstreifen zu unterstützen. Acht? Ja. Es gibt an diesem Federgestell sieben Reihen Federn, aber acht Blechstreifen.

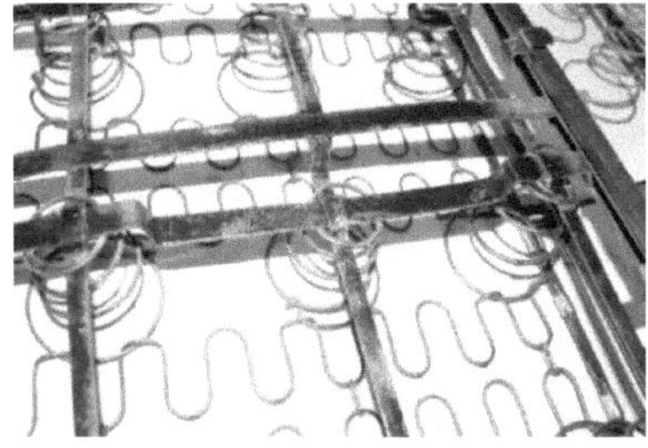

Die Oberkante der acht Stützleisten muss bündig mit der Oberkante der umlaufenden Auflagefläche am Rand des Grundgestells liegen. Für die Leisten wurde Flachstahl 20 mm x 5 mm verwendet. Selbstverständlich erhielten die eingeschweißten Stützleisten eine schwarze Lackdusche.

Auf ihrer Oberseite wurden sie mit Streifen aus 1 mm dickem, schwarzem thermoplastischen Vulkanisat (EPDM-X-PP) beklebt, damit nachher nichts scheuert oder quietscht. Dieses Material ist gummiähnlich elastisch, hat aber keinen Eigengeruch, was für Innenraumanwendungen sehr willkommen ist. In der Kabine soll es nicht nach Gummi müffeln, denn was Neuwagen recht ist – dort nennt man unerwünschte Ausdünstungen aus Gummi- und Kunststoffteilen auf gut denglisch *Fogging* – ist unserer Isetta billig. Es muss nicht unbedingt ein Polymerwerkstoff sein, ein Filzstreifen tut's an dieser Stelle auch. Das aufgelegte Federgestell soll sich nur ruhig verhalten und nicht klappern, scheuern, quietschen oder knarzen.

Arturs harte Backenpiekser wurden herausoperiert. Allein das Entfernen der Zusatzfedern, die Reparaturschweißung des Federrahmens und der Einbau der acht Stützleisten ergab bereits bei einer ersten Probe mit lose aufgelegter Polsterung ein deutlich angenehmeres Sitzgefühl. Bevor ich mich entschließen konnte, den alten Polsterunterbau wieder zu montieren, wollte ich aber noch sehen, ob ein gelernter Autosattler das Ganze mit neuem Material noch besser hinbekommen würde. Dazu befragte ich einen erfahrenen Vertreter dieser Zunft, den mir Vater und Sohn K. aus O. empfohlen hatten und der eine Probe seines Könnens bereits an Thomas K.s Isetta geliefert hatte.

Er besah sich die Sache und empfahl, den Gummihaarunterbau weiter zu verwenden, ihn durch eine zusätzliche Lage aus gleichem Material etwas aufzudicken und das unter

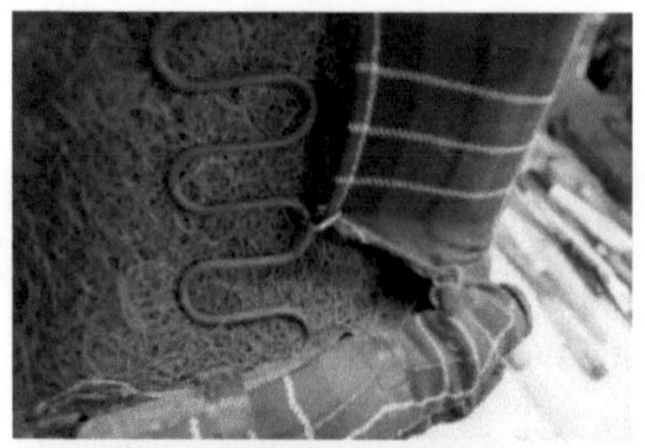

dem Bezugstoff vorgefundene Spinnvlies durch ein neues, dickeres aus Diolen zu ersetzen, auch an der Sitzbanklehne. Bei diesem Mann, so sagte mir mein Sitzflächengefühl, ist meine Bank in guten Händen.

Schon nach vier Wochen konnte ich sie wieder in Empfang nehmen. Da der Bezugsstoff weiterverwendet werden sollte, wurde er an seinen Enden durch einen angenähten Streifen aus schwarzem Sonnenland-Verdeckstoff verlängert, denn infolge der nun dickeren Polsterung hatte die Aufbauhöhe sowohl der Sitzfläche als auch der Rückenlehne zugenommen. Damit der Bezug nachher noch passte, musste er also etwas länger werden. Die stabilen, reißfesten Streifen aus Verdeckstoff bringen nebenbei den Vorteil, den Bezug mit Hilfe der dreieckigen Drahtösen ordentlich spannen zu können, ohne Einrisse im Bezugstoff befürchten zu müssen.

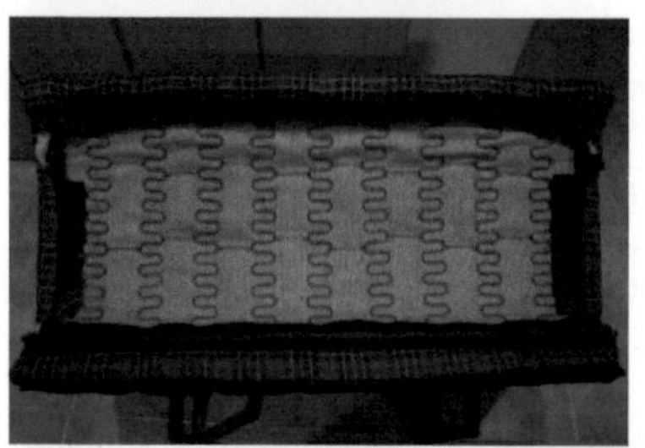

Das Bild ganz oben zeigt den alten Zustand der Lehnenrückseite vor dem Zerlegen. Das offenliegende alte Gummihaar war versprödet und neigte daher zum Absondern einzelner abgebrochener Fasern.

Im zweiten Bild sieht man die Rückseite der Lehne nach der Verjüngungskur durch des Sattlers kundige Hand. Das braune Gummihaar liegt nun nicht mehr offen wie zuvor. Der Autosattler hat es durch neues ersetzt und mit einer Lage Spezialleinen abgedeckt.

Auch die Unterseite der Sitzbank erhielt eine Leinenunterlage. Die fachmännisch aufgebaute Polsterung ergibt ein völlig neues Sitzgefühl, geradezu komfortabel. Kein Vergleich mehr mit dem früheren qualvollen Ritt auf Arturs knallharten vier Sprungfedern. Eine sichere Bank sozusagen.

Die Batterie hat gut Platz. Dank der über ihr nach oben gekröpften Stahlleisten besteht keinerlei Gefahr, dass die Sitzbankfedern die Batteriepole kurzschließen. Selbst dann nicht, wenn man zwei Dickerchen hineinsetzt und durch ein Schlagloch bügelt.

Woraus zu erkennen ist: Nichts ist so gut, dass es nicht verbessert werden könnte. Was erst recht gilt, wenn ein jahrzehntelang benutztes Gebilde innerlich verschlissen ist. Weil es auch bei Sitzbänken nichts umsonst gibt, muss das Isettchen jetzt ein wenig Gewicht mehr mit sich herumschleppen. Nämlich das der stabilisierenden Stahlleisten, die hinzugekommen sind. Wenn das kein Motiv für den Fahrer ist, zum Ausgleich ein paar Kilogramme zu verlieren? Ein guter Vorsatz fürs nächste Jahr. Oder fürs übernächste.

Eine bewährte Alternative zu den eingeschweißten Flachstahlleisten ist eine Holzplatte. Sie wird in den Sitzbankrahmen eingelegt und braucht keine weiteren Streben. Die Platte ist geteilt, da die beiden Hälften unterschiedlich lang sind. Sie werden jeweils von der Mitte aus in den Sitzbankrahmen eingeschoben. Zur Herstellung einer solchen Platte ist eine 9 mm dicke Siebdruckplatte gut geeignet, die Sie in der Holzabteilung eines Baumarkts erhalten können.

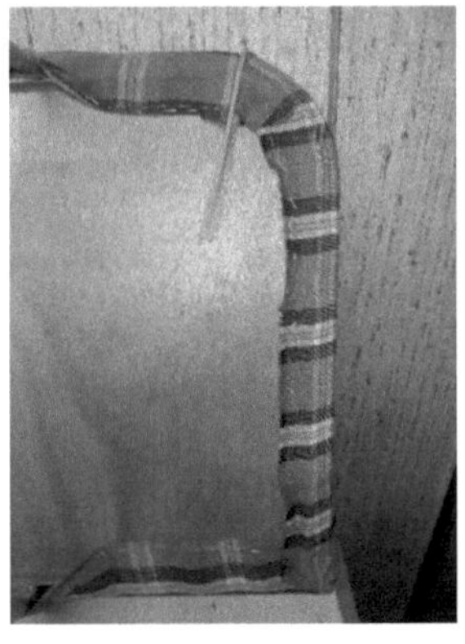

Auf dieser Holzplatte befestigen Sie eine Lage Filz oder einen dünnen Teppich. Darauf wird der Federkern gelegt. Der neue Sitzbankbezug sollte dann seitlich etwas größer sein als der alte, damit er unten gut gespannt werden kann. Er wird auf der Unterseite der Holzplatte festgetackert. Dadurch erhält man eine größere Anzahl von Befestigungspunkten für den Bezugsstoff. So lässt sich eine gleichmäßige Spannung des Bezuges erzielen. Geeignete Klammern für die Befestigung des Bezugstoffs gibt es bei www.limora.com unter den Bestellnummern 3675, 3964 und 347994. Nebenbei schützt die Holzplatte die Batteriepole zuverlässig vor den Federn der Sitzbank.

Sollten sich die Federn an der Rückenlehne als zu schwach erweisen, gibt es z. B. bei www.moto-klassik.de einen verstärkten Satz Wellenfedern für die Sitzbanklehne, die etwas enger eingesetzt werden, so dass danach neun Reihen Wellfedern zur Verfügung stehen. Zwischen die Wellfedern können Sie versetzt drei Verbindungsdrähte spannen, um die Federung straffer zu machen. Achten Sie darauf, die Rückenlehne nicht zu dick zu polstern, denn eine dicke Polsterung der Rückenlehne verringert den Abstand zum

Lenkrad. Das führt schon für einen nicht allzu beleibten Fahrer zum Bauchkontakt mit dem Lenkradkranz ... die Isetta ist nun einmal recht kurz.

Uns genussvoll auf der nun komfortabel gefederten Sitzbank räkelnd, nehmen wir das Lenkrad in beide Hände. Doch wie helfen wir uns, wenn wir es von der Lenksäule trennen müssen? Da muss es doch was geben ...


## 1.1.5    Isetta-Lenkrad abziehen

Fingerhakeln

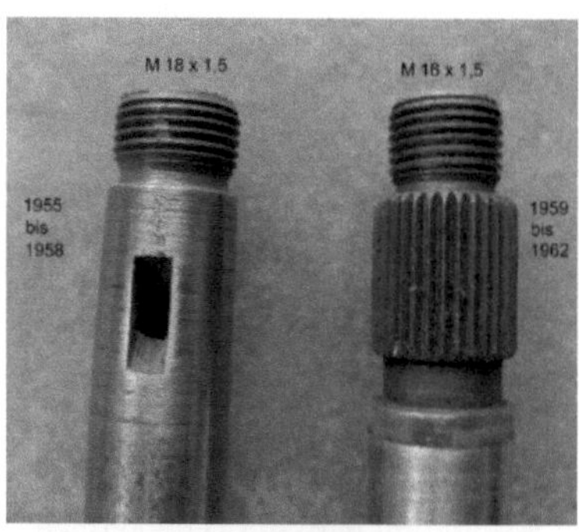


Die Dreispeichenlenkräder der Standard-Isetta und der Export-Isetta bis 1958 sind auf einem schlanken Konus befestigt, während das Zweispeichenlenkrad der Isetten ab 1959 auf einer zylindrischen Kerbverzahnung sitzt. Dies hat zur Folge, dass das modernere Zweispeichenlenkrad nach dem Lösen der Befestigungsmutter anstandslos von Hand abgezogen werden kann, wie das auch am BMW 600 der Fall ist. Zum Abziehen des älteren Dreispeichenlenkrades braucht man dagegen eine Abziehvorrichtung, weil die Konusverbindung ziemlich fest sitzen kann.

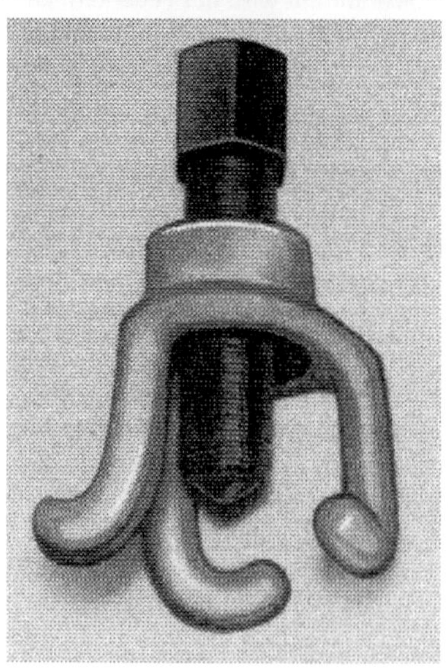

Denn der Kegel hat einen geringen Winkel und mit dem Gewinde M18x1,5 lassen sich große Anpresskräfte erzeugen. Die Lenkradnabe besteht aus Zinkdruckguss, das gleiche Material, aus dem man Vergasergehäuse herstellt – mechanisch nicht besonders widerstandsfähig. Die dünnen Lenkradspeichen sind aus Stahl, der Kranz aus Duroplast. Am gesamten Lenkrad lässt sich durch Gewaltanwendung schnell etwas verderben.

Ein seriöses Abziehwerkzeug muss her. Den Lenkradabzieher finden wir in der Isetta-Reparaturanleitung als MATRA-Werkzeug Nr. 532. Er hat drei gekrümmte Finger, die ein wenig    an    das    Fingerhakeln

lederhosentragender Mannsbilder in bayerischen Bierzelten erinnern. Die Finger sollen dicht an der Lenkradnabe unter die drei leicht kegeligen Stutzen der Lenkradspeichen greifen.

Wer nicht zufällig stolzer Besitzer eines derart edlen MATRA-Abziehers oder etwas Ähnlichem ist, muss wohl oder übel ein Werkzeug bauen, um das Lenkrad beschädigungsfrei von der Lenksäule abzuziehen. Die Finger müssen hinreichend stabil, also etwa 12 mm dick und aus Stahl sein. Da sie um einen engen Radius gebogen werden müssen, geht das nur, wenn man den Stahl mit der Flamme auf Dunkelrotglut bringt.

Außer den stählernen Fingern braucht man eine runde Stahlscheibe von etwa 110 mm Durchmesser mit drei 12 mm - Bohrungen auf einem Lochkreis von etwa 88 mm, in welche die geraden Enden der Finger eingeschweißt werden. Ins Zentrum der Stahlscheibe kommt ein genügend langes Gewinde, etwa M 16 x 1,5 oder M 18 x 1,5 und eine dazu passende Gewindespindel. Die Anfertigung eines solchen Werkzeugs frisst einige Arbeit. Geht's nicht auch einfacher? Aber ja doch.

Treibt sich ein für andere Zwecke verwendeter Abzieher mit Dreierteilung wie zum Beispiel dieser hier in der Werkstatt herum, drängt sich dem von Natur aus faulen Menschen sofort die Frage auf, ob er dieses Werkzeug nicht irgendwie verwenden kann. Platte und Spindel sind bereits da, es müssten also nur die drei gekrümmten Finger angefertigt werden. Wenn der Abzieher nicht zum Einzweckgerät werden soll, wird man die Finger nicht einschweißen, sondern sie lösbar befestigen. Wir könnten aus 12 mm-Rundstahl drei Finger anfertigen mit einem M12-Gewinde an einem Ende. Das steckt man durch die Platte und schraubt eine M12-Mutter darauf. Das andere Ende wird erhitzt und zu einem Bogen von ungefähr 120° um einen Dorn geklopft. Immer noch viel zu viel Aktion.

Es geht deutlich simpler: Wir beschaffen uns drei Ringschrauben M12 DIN 580, die für eine Kleinigkeit von rund 1,20 Euronen je Stück zu haben sind, sägen in den Ring eine Lücke von etwa 18 mm Breite und sind fertig. Schon kann das Lenkrad mühelos abgezogen werden. Perfektionisten überziehen den geöffneten Ring mit einem Stück

Schrumpfschlauch, damit an einem neu lackierten Lenkrad der Lack nicht verkratzt wird.

Wenn er seinen Daumen mit genügend dicker Hornhaut auf das Ende der Lenksäule stützt, gelingt es Josef Utzschneider (das ist der bayerische, deutsche und alpenländische Meister im Fingerhakeln) möglicherweise sogar, das Dreispeichenlenkrad ganz ohne Werkzeug abzuziehen. Für uns Flachlandgermanen ist ein Abziehwerkzeug wie das hier Beschriebene fraglos komfortabler.

Ein kurzes Stück unter dem Lenkrad finden wir den Tacho. Haben wir Zweifel, dass er richtig anzeigt? Dann können wir ihn mit einfachen Mitteln prüfen. Wir brauchen lediglich eine Stoppuhr und zwei Kilometersteine. Gezeigt wird das am Beispiel der Isetta, verwendbar ist das Verfahren aber für jedes Fahrzeug, das einen Tacho hat.

## 1.1.6    Tachometer prüfen



Zeigt er richtig an oder nicht, unser kleiner linksdrehender Tacho? Neben der Masochistenmethode des absichtlichen "Sich-Blitzen-Lassens", dem Glauben an die Genauigkeit der Verkehrserziehungs-Displays ("*Sie fahren x km/h*") und dem üblicherweise kostenpflichtigen Prüfstandsverfahren beim Tachometerdienst gibt es eine ganz einfache Messmethode, die jeder anwenden kann, der eine simple Stoppuhr besitzt - basierend auf der einfachen Tatsache, dass Geschwindigkeit keine Hexerei, sondern Weg pro Zeit ist.

Wer ein Maßband um einen Isetta-Reifen legt, wird feststellen, dass der serienmäßige Reifen 4.80-10 einen Umfang von ziemlich genau 1,52 Metern hat. Ist es einer der nahezu ausgestorbenen Winterreifen mit dicken M+S-Stollen, können es auch schon mal 1,53 m sein. Ist der Reifen abgefahren, werden es nur etwa 1,51 m sein. Ein neuer Sommerreifen legt also pro Umdrehung 1,52 Meter zurück. Anders herum ausgedrückt: Die Hinterachse macht pro Meter Fahrstrecke 1/1,52 = 0,6578947 Umdrehungen.

Die Tachowelle ist am vorderen Ende des Kettenkastens angeschlossen, also dreht sie sich gemeinsam mit der vorderen Welle um den Faktor 2,3076923 schneller als die Hinterachse. Dieser krumme Faktor ist das Übersetzungsverhältnis im Kettenkasten, das durch die Zähnezahlen der beiden Kettenräder vorgegeben ist: Vorne 13 Zähne, hinten 30 Zähne. 30 geteilt durch 13 ergibt diese 2,3076923. Also macht die Tachowelle pro Meter Fahrstrecke 0,6578947 mal 2,3076923 = 1,5182185 Umdrehungen, gerundet auf zwei Nachkommastellen 1,52 Umdrehungen. Dies ist die berühmte Wegdrehzahl, die auf der Tachometerskala und / oder auch auf der Rückseite des Tachogehäuses steht.

Sie ist nichts anderes als diese Anzahl der Tachowellenumdrehungen pro Meter Fahrstrecke. Genauer als auf zwei Stellen hinter dem Komma gibt man Wegdrehzahlen gewöhnlich nicht an, und die soeben errechnete Wegdrehzahl von 1,52 steht auf dem Isettatacho tatsächlich drauf, meist sowohl vorn als auch hinten.

Das ist ermutigend, zeigt es doch, dass wir soeben keinen Unsinn zusammengerechnet haben und dass Feinheiten wie der Unterschied zwischen statischem und dynamischem Reifenumfang, die Abplattung des Reifens während des Rollvorgangs, der Schlupf zwischen Reifen und Straße, der Durchmesserzuwachs infolge von Fliehkräften, der Durchmesserverlust infolge Abnutzung und ähnliche Kleinigkeiten das Berechnungsergebnis der Konstrukteure nicht erkennbar beeinflusst haben: Sie bekamen ebenfalls 1,52 heraus, nicht mehr und nicht weniger.

Wohlgemerkt: Dass auf dem Tacho 1,52 steht und der Reifen einen Umfang von 1,52 Metern hat, ist eine nur zufällige Zifferngleichheit.

Also sollte der Isetta-Tacho richtig anzeigen, solange die serienmäßigen Reifen drauf und die serienmäßige Hinterachsübersetzung drin ist. Nachgehen darf der[11] Tacho nicht, voreilen aber schon, weil der Gesetzgeber der faulen Ausrede "*Ich wusste gar nicht, dass ich so schnell war; mein Tacho hat viel weniger angezeigt*" von vornherein einen Riegel vorschieben wollte.

Ist die Isetta mit echten 60 km/h unterwegs, also mit 60.000 Metern pro Stunde = 1000 Metern pro Minute, so macht die Tachowelle 1000 mal 1,52 = 1520 Umdrehungen pro Minute, bei 85 km/h sogar 2153 U/min. Die Isetta lässt ihre Tachowelle sehr hurtig wirbeln. Konventionelle Fahrzeuge haben Tachos mit Wegdrehzahlen um 1 oder unter 1, dort werden solche Tachowellen-Drehzahlen also erst bei 130 km/h oder darüber erreicht. Nun kommt die Stoppuhr ins Spiel, die zweckmäßig von einer charmanten Beifahrerin bedient werden sollte.

Bei einer Fahrt mit konstanten 60 km/h nach Tachoanzeige wird die Zeit gestoppt, die zum Zurücklegen eines Kilometers mit fliegendem Start gebraucht wird. Als Anfang und Ende des Messkilometers ist nicht unbedingt der berühmte *Eichkilometer* auf der A7 erforderlich, ...

... sondern es genügen die auf Landstraßen alle 200 m stehenden Kilometer"steine", also die weißen, dreieckigen Kunststoffgebilde oder auch die an Leitplanken oder an Pfählen befestigten weißen Kilometerschilder.

Wir beschleunigen unser Isettchen beherzt auf brutale 60 km/h und halten dann diese Tachoanzeige möglichst genau. An der ersten 200-Meter-Marke startet unsere reizende Assistentin die Stoppuhr. An der sechsten Marke, also nach genau einem Kilometer, stoppt sie die Uhr wieder. Zeigt die Uhr nun 60 Sekunden, geht unser Tacho haargenau.

---

[11] Eigentlich ist fast alles, was auf -*meter* endet, (mit Ausnahme des Parameters) ein Neutrum und kein Maskulinum, so dass es richtig "das Tachometer" heißt und nicht "der Tacho". VDOs alter Werbespruch für Fahrradtachos lautete korrekt: „Einen Wunsch hat jeder, zum Rad *ein* Tachometer" und nicht etwa *einen*. Wir sollen auch der Pleuel, der Gummi, das Chrom, das Meter, das Millimeter, das Zentimeter, das Kilometer und das Liter sagen, bloß tut dies kein Mensch. Darum möge der Leser bitte die hier verwendete Umgangssprache verzeihen. „*Der Drehmoment*" - in der Alltagssprache erstaunlich oft zu finden - verursacht allerdings Schmerzen im Gehörgang und ist daher nicht tolerabel.

Zeigt die Uhr weniger oder mehr, so bedeutet das:

| Fahrzeit für 1000 m | Tatsächliche Geschwindigkeit |
| --- | --- |
| 55 Sekunden | 65,45 km/h |
| 56 Sekunden | 64,29 km/h |
| 57 Sekunden | 63,16 km/h |
| 58 Sekunden | 62,07 km/h |
| 59 Sekunden | 61,02 km/h |
| 60 Sekunden | 60,00 km/h |
| 61 Sekunden | 59,02 km/h |
| 62 Sekunden | 58,06 km/h |
| 63 Sekunden | 57,14 km/h |
| 64 Sekunden | 56,25 km/h |
| 65 Sekunden | 55,38 km/h |
| 66 Sekunden | 54,55 km/h |
| 67 Sekunden | 53,73 km/h |
| 68 Sekunden | 52,94 km/h |
| 69 Sekunden | 52,17 km/h |
| 70 Sekunden | 51,43 km/h |

Mit ziemlicher Sicherheit wird die Stoppuhr mehr als 60 Sekunden melden. Wir sollten dann nicht unsere aparte Beifahrerin verdächtigen, sie habe zu spät auf die Uhr gedrückt. Schuld ist unser Tacho, denn der zeigt, wie wir wissen, normalerweise nicht zu wenig, sondern eher zu viel an. Es ist also völlig plausibel, wenn 61, 62 oder gar 65 Sekunden für den Kilometer gebraucht werden. Falls jemand die Tabelle erweitern möchte, weil sein Tacho völlig nach dem Mond geht, rechne er einfach 3600 geteilt durch die Anzahl der für einen Kilometer gebrauchten Sekunden, und schon weiß er, wieviele Kilometer er tatsächlich in einer Stunde zurücklegen würde. 3600 deshalb, weil eine Stunde 3600 Sekunden hat. Auf diese Weise lassen sich auch Zwischenwerte errechnen, etwa wenn jemand 63,5 Sekunden gemessen hat und es ganz genau wissen will - dann waren es echte 56,7 km/h.

## Inwieweit kann eine andere Reifengröße die Tachoanzeige verfälschen?

Wer Gürtelreifen 145/80 R 10 fährt, muss sich auf kleine Abweichungen gefasst machen, denn diese Reifen haben laut einer Tabelle des Herstellers Fulda nur 1,48 m Abrollumfang. Dabei beträgt die Toleranz plus 1,5% und minus 2,5%, also kann ein solcher Gürtelreifen zwischen 1,443 m und 1,502 m Abrollumfang haben. Die richtige Wegdrehzahl für den Isettentacho wäre demnach 1/1,48 mal 30/13 = 1,56.

Gleichwohl maß ich an 145er (nicht 145/80er) Reifen des Herstellers Michelin exakt die gleichen 1,52 m Umfang wie am Diagonalreifen 4.80-10. Das mag daran liegen, dass Radialgürtelreifen mit der älteren Bezeichnung ohne Schrägstrich und folgende Zahl ein Höhen-Breitenverhältnis von 82% statt 80%, also einen um 2% größeren Umfang haben als die moderneren Niederquerschnittsreifen mit dem Anhängsel /80 hinter dem Breitenmaß. Das Fulda-Datenblatt nennt für den Neureifen 145/80 R 10 einen Außendurchmesser von 486 mm, der sich auch nachrechnen lässt aus 145 mm Reifenbreite mal 80% mal 2 plus 10 Zoll Felgendurchmesser. Malgenommen mit der Kreiszahl π = 3,1415927 ergibt sich daraus ein statischer Umfang des Neureifens von 1,527 m. Der Abrollumfang von 1,48 m, den Fulda nennt, ist also um 3% kleiner als der am nicht rollenden Reifen messbare Umfang.

Entscheidend für Isettafahrer, die auf eine andere Reifengröße als 4.80-10 umrüsten, ist letztendlich nur, ob die Messung am Reifen 4.80-10 und die an der neuen Reifengröße unterschiedliche oder gleiche Umfänge ergibt. Ergibt sie gleiche Umfänge, braucht man nichts zu tun. Erwischt man Gürtelreifen, an denen sich tatsächlich nur 1,48 m statt 1,52 m Umfang messen lassen, kann man seinen Tacho bei einem guten Tachodienst auf die Wegdrehzahl 1,56 ändern lassen. Wer nichts anpassen lässt, dessen Tacho zeigt dann eben 1,56 / 1,52 = 2,6% zu viel an, also z.B. 61,6 statt 60 km/h - weil sich der kleinere Reifen für die gleiche Wegstrecke öfter drehen muss. Diese Mini-Abweichung ist zu verschmerzen, aber Vorsicht: Die dem Tacho selber innewohnende Abweichung kommt noch hinzu. Mit der Stoppuhrmethode finden wir die gesamte Abweichung heraus.



Wer mit seiner Isetta nicht unbedingt sämtliche Alpenpässe bezwingen will und der Lebensdauer zuliebe die Motordrehzahl etwas absenken möchte, der mag Lust verspüren, die Hinterachse etwas länger zu übersetzen. Zumindest bei der 300er Isetta mit ihrem gegenüber der 250er um 20% höheren Drehmoment ist das sinnvoll. Die Bergsteigefähigkeit leidet etwas, aber dafür arbeitet der Motor in zivileren Drehzahlregionen mit niedrigeren, den Verschleiß mindernden Kolbengeschwindigkeiten. Dazu nimmt man zweckmäßig ein hinteres Kettenrad mit nur 27 statt 30 Zähnen, wodurch sich die Übersetzung um 10% von 30/13 = 2,3076923 auf 27/13 = 2,0769231 verlängert. Die für den Tacho erforderliche Wegdrehzahl wird dann

mit Reifen 4.80-10          1/1,52 mal 27/13 = 1,37.

50

Um einen Umbau des Tachos zu vermeiden, sind bei gut sortierten Tachodiensten Zwischengetriebe für die Tachowelle erhältlich. Diese Zwischengetriebe enthalten einen Zahnradsatz mit einem Übersetzungsverhältnis, das dem Verhältnis von Ist-Wegdrehzahl zu Soll-Wegdrehzahl entspricht. In unserem Beispiel müsste das Zwischengetriebe also die Drehzahl der jetzt langsamer drehenden vorderen Hinterachswelle um den

Faktor 1,52 / 1,37 = 1,11 ins Schnelle übersetzen, denn der unveränderte Tacho erwartet ja eine höhere Drehzahl, um richtig anzeigen zu können. Mit anderen Worten: Man muss im Tachowellen-Zwischengetriebe das Gegenteil dessen tun, was man an der Hinterachsübersetzung getan hat. Ein solches Zwischengetriebe ist zweckmäßig direkt am Tachoantrieb des Kettenkastens anzuordnen, um die serienmäßige Tachowelle weiterverwenden zu können. Wollte man das Zwischengetriebe irgendwo auf dem Weg zwischen Hinterachskettenkasten und Tacho unterbringen, würde man zwei speziell anzufertigende halblange Tachowellen brauchen - das wäre also eine umständliche und unnötig teure Lösung.

Nach der simplen Formel

*1 geteilt durch Reifenumfang in Metern mal hintere Zähnezahl geteilt durch vordere Zähnezahl*

lässt sich also die erforderliche Wegdrehzahl für jede beliebige Kombination aus Reifengröße und Übersetzung errechnen. Da kann man mal sehen, wofür die Bruchrechnung gut ist.

Die Stoppuhrmethode ist sehr präzise, denn eine Ungenauigkeit von einer ganzen Sekunde bei der Zeitmessung bedeutet nur einen einzigen km/h, wie man an der Tabelle sehen kann. Und vom gesparten Geld (weil es auch ohne einen kostenpflichtigen Blitz ging) kann der Isettentreiber seine stoppuhrdrückende Beifahrerin zu einem guten Glas Rotwein und einer Pizza einladen. Wohl bekomm's!

Von einem runden Teil weit vorn (Tacho) wechseln wir nun zu einem runden Teil weit hinten (Tankdeckel). Darf man einen Tankdeckel zur Karosserie zählen? Darüber würden sich Ersatzteillogistiker in die Haare geraten. Wir nehmen uns einfach mal die Freiheit, weil das Ding so prominent aus der Karosserie hervorsteht. Wenn es schon nicht mehr schließt, sollte es wenigstens verchromt sein. Wie unsere amerikanischen Freunde sagen: *If you can't fix it, chrome it!*

## 1.1.7 Einen abschließbaren Hama-Tankdeckel reparieren

Ich bau dir ein Schloss …

*… so wie im Märchen*, sang einst Heintje zur Freude hochgradig entzückter Mamas. Wir hingegen wollen unser eigener Schlossherr sein und uns an der Reparatur eines Tankdeckelschlosses versuchen, das nicht mehr so will, wie es soll.

Viele Besitzer von Veteranenfahrzeugen - nicht nur Isettafahrer - kennen die abschließbaren Tankdeckel des Herstellers Hama, die es für alle zeitgenössischen Fahrzeuge der fünfziger und sechziger Jahre gab. Hama stand für die Firma Carl Hauck, Mannheim.

Hama-Tankdeckel aus dieser Zeit gibt es auf Teilemärkten zuhauf, teilweise noch neu, originalverpackt und unbenutzt, doch sind die allermeisten davon für die bis heute üblichen Bajonettverschlüsse ausgelegt, so dass sie für den Isettatank mit seinem unorthodoxen Schraubverschluss nicht passen. Hat man also einen defekten Hama-Deckel mit dem für die Isetta passenden Gewinde herumliegen, kann sich eine Aufarbeitung lohnen. So, wie es dumme und faule Offiziere[12] gibt, gibt es Schlösser, die sich nicht abschließen lassen und solche, die man nicht aufschließen kann. Nehmen wir uns zuerst des Schlosses an, das nicht abschließen will.

Das nicht abschließende Schloss

Mitunter kommt es vor, dass der Deckel sich im abgeschlossenen Zustand – also bei abgezogenem Schlüssel – trotzdem öffnen lässt. Dann ist der Schließmechanismus offenbar defekt. Schauen wir mal, was da los ist und ob sich das reparieren lässt.

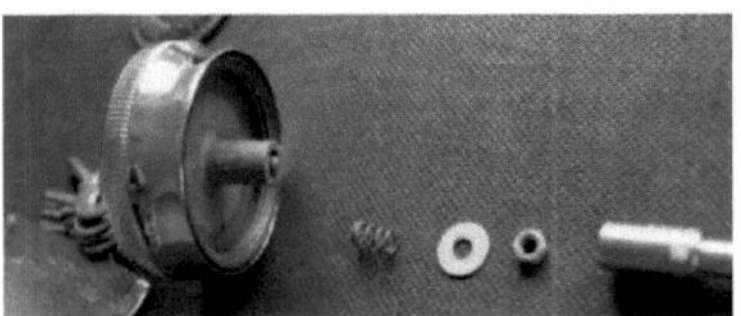

Zunächst entfernen wir den Einsatz, der das zum Tankstutzen passende Gewinde hat. Dazu nehmen wir die Sechskantmutter und

---

[12] *„Ich unterscheide vier Arten. Es gibt kluge, fleißige, dumme und faule Offiziere. Meist treffen zwei Eigenschaften zusammen. Die einen sind klug und fleißig, die müssen in den Generalstab. Die nächsten sind dumm und faul; sie machen in jeder Armee neunzig Prozent aus und sind für Routineaufgaben geeignet. Wer klug ist und gleichzeitig faul, qualifiziert sich für die höchsten Führungsaufgaben, denn er bringt die geistige Klarheit und die Nervenstärke für schwere Entscheidungen mit. Hüten muss man sich vor dem, der gleichzeitig dumm und fleißig ist; dem darf man keine Verantwortung übertragen, denn er wird immer nur Unheil anrichten."* Kurt von Hammerstein-Equord, 1878-1943

die darunterliegende Scheibe ab. Darunter verbirgt sich eine Druckfeder, die wir ebenfalls herausnehmen. Nun können wir die zentrale Schraube herausziehen. Sie ist wie eine Schloßschraube geformt (was in diesem Fall gut zum Einbauort passt), hat also als Verdrehsicherung einen Vierkant unter ihrem Halbrundkopf. Auf der Außenseite des Deckels hält sie die schwenkbare Abdeckkappe, mit der man das Schlüsselloch vor dem Eintritt von Wasser und Schmutz schützen kann.

Wenn wir von innen in den Deckel hineinschauen, sehen wir ein kreisrundes Blechgehäuse, aus dem seitlich eine bewegliche Messingblechzunge herausschaut, wenn der Schlüssel steckt und wenn aufgeschlossen ist.

Ist abgeschlossen, schaut die Blechzunge A nicht heraus, und der Schlüssel lässt sich abziehen. Beim abgebildeten Schloss war es allerdings so, dass sich die Blechzunge auch bei abgezogenem Schlüssel von selbst herausmogelte. Da sie es ist, die das Innenteil des Tankdeckels an dessen Zapfen B mitnimmt, konnte der Deckel ständig geöffnet werden, auch von bösen Buben, die gar keinen Schlüssel haben.

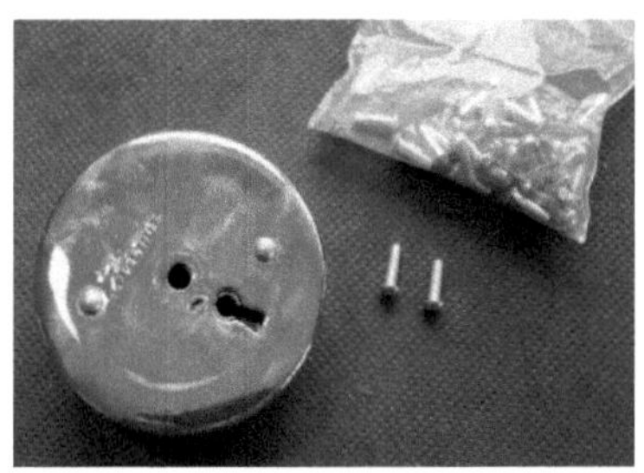

Um der Sache auf den Grund zu gehen, muss das Schloss aus dem Deckel herausgeholt werden. Es ist mit zwei Nieten befestigt, die herausgebohrt werden müssen. Bevor wir das tun, beschaffen wir neue Niete mit Durchmesser 3 mm und Halbrundkopf. Diese hier sind aus Aluminium. Der Riegel hat eine Nase, die den drei Zuhaltungen zugewandt ist, in deren T-förmige Fenster ragt und von diesen in Schlüsselstellung „verschlossen" an der Bewegung gehindert wird. Nach ihrem Erfinder Jeremiah Chubb nennt man diese Bauart Chubbschloss. Verschlossen bedeutet bei den Hama-Tankdeckeln eine Schlüsseldrehung rechtsherum, also im Uhrzeigersinn. Geöffnet wird durch Schlüsseldrehung linksherum, also entgegen dem Uhrzeigersinn.

Wenn wir uns hierzu eine Bemerkung erlauben dürften, sehr geehrter Herr Hauck: Da sich in geöffneter Stellung der Schlüssel nicht abziehen lässt, ist der stolze Besitzer eines solchen Hama-Tankdeckels gezwungen, während des Losschraubens den ganzen Schlüsselbund fortwährend auf dem Chrom des Tankdeckels herumscheppern zu lassen. So kratzen Zündschlüssel, Türschlüssel, Schalthebelschlüssel und Vierkantschlüssel um die Wette die Verchromung blind. Das, Herr Hauck, wenn Sie gestatten, war keine ganz so tolle Idee.

Liegen die Innereien des Schlosses offen vor uns, erkennen wir die Ursache, warum es nicht mehr richtig funktionieren konnte: Die Blattfedern, welche die Zuhaltungen in ihre Endlage drücken sollen, sind alle drei abgebrochen. Vermutlich waren sie angerostet und haben dann an einer dünngerosteten Stelle ihren Geist aufgegeben. Von einer der Federn ist das lange Ende noch vorhanden. Die beiden anderen haben sich bereits irgendwann im Lauf der vielen Jahre durch die Löcher im Schlossgehäuse nach draußen verkrümelt.

Ist keine Feder mehr da, bleibt die Lage der Zuhaltungen dem Zufall überlassen, so dass der Riegel von selbst herausfahren und den Tankdeckel entsperren kann. Dann kann jeder Depp den Deckel ohne Schlüssel öffnen. Das können wir nicht dulden. Wir werden also neue Federn anfertigen.

Eine Messung an den Resten der alten Federn ergibt, dass sie aus einem Flachdraht bestehen. Das ist ein Draht mit rechteckigem Querschnitt, in diesem Fall 0,5 mm dick und 1 mm breit. Einen solchen Flachdraht aufzutreiben, dürfte schwerfallen - ein Uhrmacher könnte so etwas haben. Statt nun lange die Uhrmacherwerkstätten unseres Vertrauens abzuklappern, behelfen wir uns mit einem konventionellen Federstahldraht, der einen runden Querschnitt hat. Jeder beliebige Drahtdurchmesser zwischen 0,6 mm und 1 mm ist geeignet. Es muss richtiger Federstahldraht sein; weicher Blumenbindedraht genügt nicht. Von diesem Draht knipsen wir ein ungefähr 50 mm langes Stück ab, richten es gerade und spannen es in einen Feilkloben, so dass etwa 20 mm herausschauen. Dann schleifen wir am Schleifstein vorsichtig zwei gegenüberliegende Flächen an den Draht. Diese Flächen sollen möglichst parallel sein. Dabei dienen die Spannbacken des Feilklobens als Ausrichthilfe. Hielten wir den Draht nur zwischen den Fingerspitzen, würden wir nicht sehen, ob die angeschliffenen Flächen einander gegenüberliegen.

Im hier gezeigten Beispiel wurde 1 mm dicker Federstahldraht verwendet. Beide Seiten je zweimal zart am rotierenden Schleifstein vorbeigeführt, ließ eine Dicke von gut 0,5 mm übrig. Es kommt darauf an, den Draht auf eine Dicke zu schleifen, die mit Presspassung in den Schlitz der Zuhaltung passt. Notfalls macht man eben mehrere Versuche, bis man im Gefühl hat, wie sachte man andrücken muss und wie wenige Male man den Draht am Schleifstein vorbeiziehen muss, um das Maß von 0,5 mm zu erreichen. Damit keine Stufe zwischen der flächigen und der runden Partie des Drahtes entsteht, lassen wir die Fläche sanft auslaufen. Dadurch vermeiden wir, dass der Federdraht später infolge von Kerbwirkung abbricht.

Ist das Maß von etwas mehr als 0,5 mm erreicht, pressen wir den Draht in den Schlitz der Zuhaltung. Das geht am besten, indem der Draht von der Seite her in den Schlitz geklopft wird. Dabei spürt man auch, ob das schwer genug geht. Der Draht muss ordentlich fest sitzen, und zwar nur durch Pressung. Kleben oder ähnlicher Zauber ist hier zwecklos.

Anschließend biegen wir den Draht um die runde Außenkontur der Zuhaltung.

Wie weiter oben beim Blick ins rostige Schloss erkennbar war, stützen sich die drei Drahtenden an der Innenwand des Schloss-gehäuses ab. Die Vorspannung der Drahtfe-dern wählen wir so, dass die Zuhaltungen mit geringer Kraft in ihre Endlage, also in Richtung auf den Schlüssel gedrückt werden. Zur Probe stecken wir die Zuhaltung auf den Stift, der als Drehpunkt dient, und prüfen, ob sie eindeutig in ihre Endlage federt. Was am offenen Ende des Drahtes zu lang ist, knipsen wir zum Schluss ab.

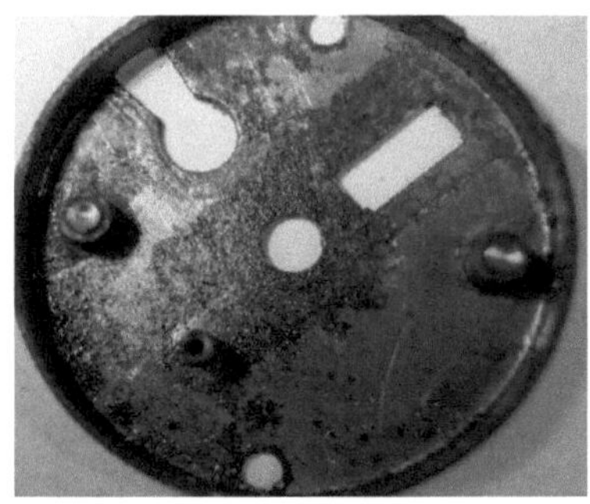

Jetzt haben wir zu entscheiden, wie wir das Gehäuse wieder verschließen. Sind wir kühn genug zu glauben, es nie wieder öffnen zu müssen, so können wir drei Stahlstiftchen mit den Maßen der Originalteile drehen und den Gehäusedeckel wieder vernieten. Sind wir von Selbstzweifeln geplagt und möchten das Gehäuse nochmals öffnen können, ent-scheiden wir uns für drei Schrauben, die wir in die vorhandenen drei Nietstifte setzen. Das müssen allerdings wirklich kleine Schräubchen sein, weil der geringe Durchmesser der Nietstifte nicht viel hergibt. M 3 ist da schon zu groß. Hier wurde für den dünnen Stift ein Innengewinde M 2,3 gewählt und für die beiden dickeren Stifte M 2,5 – das geht in Richtung Feinwerktechnik. Weil nur wenig Wandstärke zur Verfügung steht, kommt es beim Bohren darauf an, genau die Mitte des Stifts zu treffen.

Am besten klappt das, wenn man mit einem ca. 1,4 mm dicken Bohrer vorbohrt, dabei  das Schlossgehäuse in den Händen hält und es - zur Disziplinierung des weg von der Mitte verlaufen wollenden Bohrers durchaus auch schief - gegen die Bohrerspitze drückt, so dass zunächst ein zentrisch sitzendes Löchlein geringer Tiefe entsteht. Erst wenn dieses angebohrte Loch schön in der Mitte ist, legt man das Schlossgehäuse auf den Bohrmaschinentisch und bohrt einige Millimeter tief. So tief, dass es für die Länge der vorgesehenen Schraube reicht. Der Kernloch-Bohrdurchmesser für M 2,3 ist 1,9 mm, für M 2,5 beträgt er 2,1 mm. Wer sich für eine andere Gewindegröße entscheidet, schaut in ein Tabellenbuch für Metallberufe, dessen Besitz ohnehin anzuraten ist.

Derart winzige Gewinde schneiden wir selbstverständlich mit einer sehr gefühlvollen Hand. Dabei spannen wir den Gewindebohrer in ein stiftförmiges Futter ein, um beim  Gewindeschneiden ausreichendes Feingefühl zu haben. Wir tunken den Gewindebohrer in Schneidöl, achten darauf, ihn gerade anzusetzen und vor allem, ihn nicht abzubrechen. Sind die Gewinde in den ehemaligen Nietstiften fertiggestellt, probieren wir sofort aus, ob unsere Schräubchen sich weit genug eindrehen lassen, um den Deckel festzuhalten. Sollten sie zu lang sein, feilen wir ein Stück vom Schräuble ab. Wir brauchen übrigens nicht unbedingt Senkschrauben zu verwenden, denn es macht nichts aus, wenn die Schraubenköpfe überstehen. Das führt lediglich dazu, dass später die obere Stirnseite des Gewindeteils auf den Schraubenköpfen herumrutscht.

 Die Zuhaltungen haben wir mit der Messingdrahtbürste gereinigt, das stählerne Schlossgehäuse mit der Stahldrahtbürste, den Innenraum mit dem Schaber. Beim Zusammenbau sprühen wir jedes Einzelteil

mit Ballistol oder einem ähnlichen Sprühöl ein, damit nicht so bald wieder das berüchtigte Rostgespenst im Schloss herumspukt.

Sitzt der Deckel wieder auf dem Schlossgehäuse, stellen wir erfreut fest, dass das Schloss nun dank der neuen Federn tadellos funktioniert. Der kümmerlich wirkende Blechschlüssel betätigt also tatsächlich drei Zuhaltungen – wer hätte ihm das zugetraut? Zugleich wird aus dem unterschiedlichen Stanzbild der Zuhaltungen deutlich, dass man ein solches Schloss auf einen anderen Schlüssel umbauen kann, indem man die Reihenfolge der Zuhaltungen ändert.

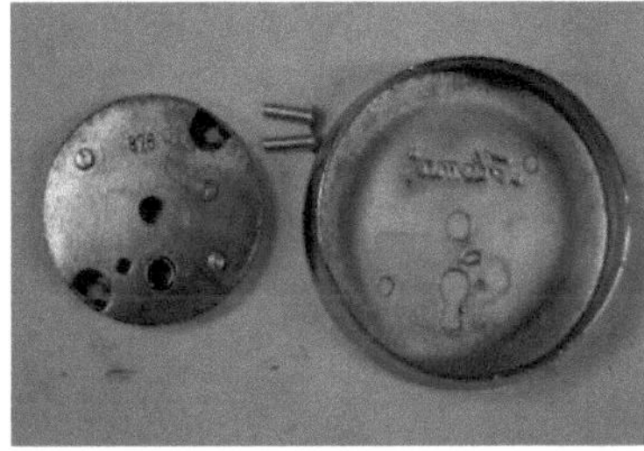

Nun nieten wir das Schloss wieder im Chromdeckel fest. Vorher wäre der richtige Zeitpunkt, den Deckel neu verchromen zu lassen, falls er das nötig hat. Aluminiumniete haben den Vorteil, schön weich zu sein, man braucht dann nicht so große Kräfte zum Nieten. Außerdem rosten sie nicht. Falls unsere verfügbaren Niete zu lang sind (wie hier), knipsen wir ein Stück davon ab.

Den halbrunden Nietkopf stützen wir so, dass er nicht beschädigt wird. Ein Döpper mit passender Innenhalbkugel wäre schön, den haben wir aber nicht und sind auch zu faul, ihn anzufertigen. Stützen wir den Nietkopf auf einem Hartholzklotz, federt es zu stark, so dass wir den Niet nicht richtig stauchen können. Hier hilft uns ein Streifen aus Blei, den wir unter den Nietkopf legen. Die Halbrundform des Nietkopfes drückt sich im Blei ab, so dass der Nietkopf vollflächig und schonend unterstützt wird. So können wir die Enden der beiden Niete mit Hammer und Durchschlag von der Innenseite her ohne Schwierigkeiten plattklopfen. Nun *hau druff*, aber vorsichtig.

Zum Schluss fädeln wir die zentrale Schraube zuerst durch das verchromte Schlüsselloch-Abdeckkäppchen und dann durch das Mittelloch des Tankdeckels, stecken von der Innenseite her das Gewindeteil auf, fügen die Druckfeder hinzu, setzen die große Unterlegscheibe drauf und sichern das Ganze mit einer Sechskantmutter M5. Damit diese Mutter sich nicht lösen und in den Tank fallen kann, nehmen wir entweder eine selbstsichernde Mutter oder sichern die normale Mutter mit Schraubensicherungslack. Sodann spendieren wir noch eine neue Dichtung und schrauben den auf wundersame Weise genesenen Tankdeckel wieder auf unsere Isetta.

Die Verjüngungskur am Tankdeckelschloss sollte für die nächsten sechzig Jahre reichen. Falls wir es erleben dürfen, können wir dereinst im Alter von ungefähr 120 Jahren die kleinen Schräubchen wieder aus dem Schloss drehen – sofern bis dahin nicht eine undurchdringliche Dornenhecke um die Isetta gewachsen ist. Und selbst wenn, wird es sicherlich irgendeinen jungen Prinzen geben, der sie wachküsst.

Dies also war die Heilung eines Tankdeckelschlosses, das sich nicht mehr <u>ab</u>schließen ließ. Ergänzend haben wir noch über das Gegenteil dessen zu sprechen, nämlich den Tankdeckel, der sich nicht mehr <u>auf</u>sperren lässt.

### Das nicht aufschließende Schloss

Das ist eine hässliche Sache, weil man den abgeschlossenen Deckel nicht ohne weiteres vom Tankstutzen entfernen kann. Das verchromte Außengehäuse des Deckels lässt sich dann beliebig drehen, es nimmt aber das innere Gewindeteil nicht mit. Man möchte den schönen Deckel nur höchst ungern mit einer riesigen Rohrzange greifen, ihn zerdrücken und gewaltsam öffnen. Der Hilferuf eines von dieser Panne Betroffenen klang so:

*Meinen Hama-Tankdeckel kann ich nicht mehr öffnen. Es ist mir nicht gelungen, durch leichte Schläge die Blechzunge A dazu zu bewegen, aus ihrem Gehäuse zu kommen. Ich bekomme den Tankverschluss nicht auf, kann nicht tanken und somit nicht durch die herbstlich schöne Gegend brausen. Kann mir jemand einen Tip geben, wie ich die Blechnase dazu bewegen kann, das Gewindeteil mitzunehmen und damit den Tankdeckel zu öffnen? Ich bedanke mich schon jetzt.*

Der erste Ratschlag lautete:

*Notfalls bohre mit einem sehr kleinen Bohrer ein Loch (außerhalb des Schlossbereiches) in den Tankdeckel und stecke einen Draht durch, dann wird das Unterteil mit dem drehbaren Oberteil blockiert und du kannst das Gewindeteil drehen. Anschließend das kleine Loch verschließen, damit kein Regen in den Tank läuft.*

Dieses Verfahren funktioniert zweifellos. Bloß hat man anschließend ein zusätzliches Loch im Tankdeckel, das dort nicht hingehört. Die frohe Botschaft ist: Es ist nicht notwendig, den Deckel anzubohren. Wir können uns anders Zugang zum Mitnehmerzapfen des Gewindeteils verschaffen. Zunächst aber versuchen wir eine mildere Methode.

Ausgehend von der Überlegung, dass die widerspenstige Blechzunge durchaus locker und verschiebbar sein kann – das sahen wir ja weiter oben am Beispiel des Schlosses, das sich nicht mehr abschließen ließ – ist zunächst ein Versuch sinnvoll, die Blechzunge durch Erschütterungen herauszulocken.

Die Blechzunge (im Bild links) und das Schlüsselloch (im Bild unten) liegen, wie Sie sehen, um 90° zueinander versetzt. Anders als in diesem Bild schaut die Blechzunge bei einem Deckel, der sich nicht öffnen lässt, nicht aus dem Schlossgehäuse heraus und kann darum den Zapfen des Gewindeteils nicht mitnehmen. Falls die Blechzunge beweglich ist, mag es vielleicht gelingen, sie zum Herauskommen zu überreden. Das wollen wir als Erstes versuchen.

Die größte Chance, dass die vielleicht noch bewegliche Blechzunge sich durch Klopfen nach außen begibt, haben wir, wenn die Schwerkraft mithilft, die Blechzunge nach unten herausfallen zu lassen. Wir drehen deshalb vor dem Klopfversuch das Schlüsselloch auf die Stellung 9 Uhr, dann steht innen die Blechzunge unten auf 6 Uhr. Hierzu muss das Schloss aufgeschlossen, der Schlüssel also bis zum Anschlag entgegen dem Uhrzeigersinn gedreht worden sein. Dann klopfen wir mit einem leichten Kunststoffhämmerchen sachte rundherum gegen das Tankdeckelgehäuse in der Hoffnung, dass das Schloss seine Zunge herausstrecken möge.

Weil wir das mangels Röntgenblick nicht sehen können, versuchen wir zwischendurch immer wieder durch Drehen des Deckels entgegen dem Uhrzeigersinn, ob der Deckel das Innenteil bereits mitnimmt. Es kann durchaus sein, dass diese Klopfübung nicht fruchtet. Dann muss uns das bereits erarbeitete Wissen helfen, wie der Tankdeckel und sein Schloss von innen aussehen.

Also müssen wir wohl doch ein kleines Loch in den schönen Deckel bohren? Nein, das brauchen wir nicht zu tun. Es sind ja bereits Löcher drin, nämlich für die beiden Niete, die das Außenteil mit dem Innenteil verbinden. Eines dieser Löcher können wir nutzen.

## Der Vorschlag mit dem Löchlein, leicht abgewandelt

Wir wenden den Lochbohrvorschlag in abgewandelter Form an. Die Abwandlung besteht darin, dass wir eine zusätzliche Bohrung im Tankdeckel vermeiden. Dazu bohren wir mit einem 3 mm-Bohrer den Nietkopf an, der dem Schlüsselloch am nächsten ist, meißeln ihn vorsichtig weg, ohne die Verchromung zu verkratzen, und treiben den Nietschaft mit einem etwas unter 3 mm messenden Dorn nach innen durch, so dass er aus dem Weg ist.

Der Schlosseinsatz hat auf seiner Innenseite dort, wo die beiden Niete sitzen, zwei Aussparungen. Das nährt die Hoffnung, dass man nach dem Austreiben des 3 mm-Niets mit einer leicht gebogenen 2 mm-Fahrradspeiche durch das Nietloch hindurch nach außen greifen kann, so dass beim Drehen des Deckels der innen befindliche Zapfen des Gewindeteils mitgenommen wird. Klappt das, lässt der Deckel sich öffnen. Danach muss der Schließmechanismus wegen der störrischen Blechzunge sowieso instandgesetzt werden, weshalb nach dem Ausbau auch der zweite Niet vorübergehend weichen muss.

## Rückmeldung

*Mit den zusätzlichen Bildern, einer Bohrmaschine plus Bohrer, passendem Durchschlag, dünnem gebogenen Draht und Drehbewegung habe ich den Zapfen erwischt und konnte den Deckel abschrauben. Getankt und das Gewindeteil aufgeschraubt, mit einer Schraube und Mutter verschlossen und 25 km bei Sonnenschein - natürlich offen - durch unsere Börde gebraust. DANKE.*

Da wir gerade in Übung sind, uns mit unwilligen Schlössern herumzuplagen, passt ein verwandtes Thema hierher, nämlich die Bezwingung des Schalthebelschlosses.

## 1.1.8    Das Schalthebelschloss

Hat Ihre Isetta ein Schalthebelschloss als Diebstahlsicherung, dann ist das sogenannte Sperroberteil (das kleine Gehäuse mit dem Schloss darin) mit zwei Spannstiften am Schalthebel befestigt. Hierzu weist der Schalthebel zwei Querbohrungen auf. Sie sind dort, wo die Pfeile im Bild hinzeigen. Die darunter sitzende Sperrglocke – sie ist das ungefähr trapezförmige Aluminiumgussteil, das aus dem Loch in der Seitenwand herausschaut – ist mit zwei Madenschrauben[13] befestigt. Dazu gab es eine gut verständliche und reich bebilderte Einbauanleitung, die Sie auf der nächsten Seite finden. Nach dieser Einbauanleitung ist es möglich, das Schaltschloss im Rahmen einer Restaurierung oder einer Zwischendurchreparatur auch wieder auszubauen.

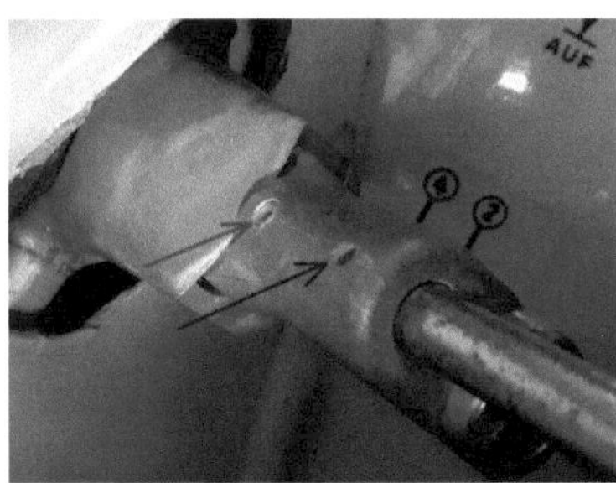


Freundlicherweise hat der Konstrukteur an einen solchen Wiederausbau gedacht und darum die Bohrungen für die beiden Spannstifte bis auf die Sichtseite des Sperroberteils durchgehen lassen, im Bild durch Pfeile gekennzeichnet. Wenn also jemand meint, den Schalthebel unbedingt neu verchromen lassen zu müssen, kann er die Spannstifte von außen her zurücktreiben und zur Seitenwand hin herausziehen. Natürlich erst, nachdem zuvor der Schließzylinder nach oben herausgezogen worden ist.

---

[13] Heutige Benennung: Gewindestifte

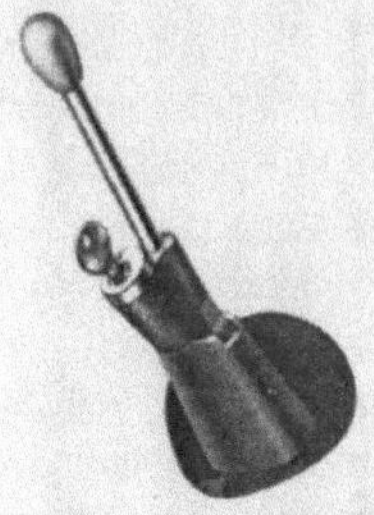


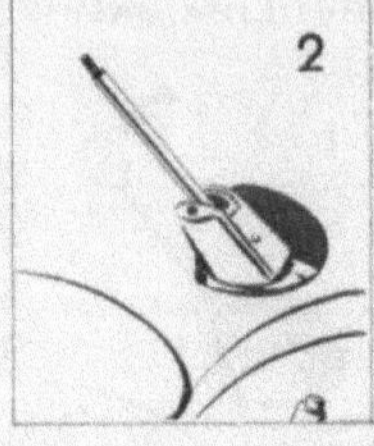


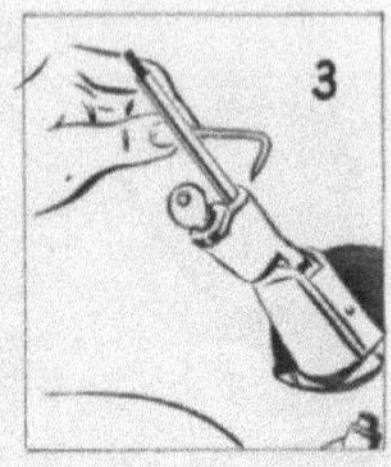


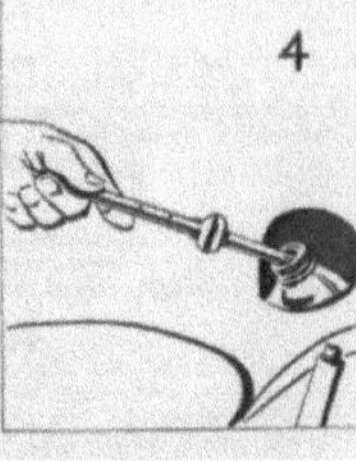


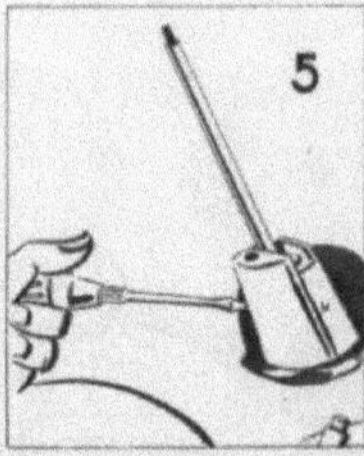


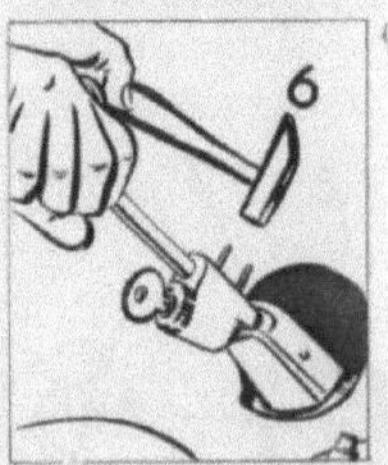


Ausnahmen bestätigen indes die Regel: An der Isetta des Verfassers sitzt aus unerfindlichen Gründen in der unteren Bohrung (linker Pfeil) kein Spannstift, sondern ein Gewindestift mit Innensechskant. Der Vorbesitzer hatte hier sogar eine normale Sechskantschraube hineingedreht, deren im wahrsten Sinn des Wortes *hervorragender* Kopf bei jedem Schaltvorgang zwischen drittem und viertem Gang die Seitenwand verkratzte.

Mehr Rätsel gibt das Schalthebelschloss für den BMW 600 und 700 auf, weil seine Einbauanleitung zwar viele Worte, aber kein Bild enthält. Das seinerzeit von der Firma Hans Pfefferkorn aus Bad Pyrmont als Zubehör angebotene und durch ein TÜV-Gutachten vom 16. Oktober 1961 geadelte WASO-Schaltschloss erlaubte es, die Gangschaltung bei eingeschaltetem Rückwärtsgang zu blockieren. Das war für BMW 600 und 700 sinnvoll, weil beide ab Werk kein Lenkschloss mitbrachten. In völligem Ernst pries die Einbauanleitung beigelegte Abziehbilder als Abschreckung, gaben sie doch *„dem Dieb Aufschluss, daß es unnötig ist, Ihren Wagen zwecks Diebstahl aufzubrechen."*

**Sehr wichtig:**
*Kleben Sie die beigefügten Abziehbilder bitte an eine Ihrer Seitenscheiben, sie geben dem Dieb Aufschluß, daß es unnötig ist, Ihren Wagen zwecks Diebstahl aufzubrechen.*

Zündung einschalten. Dazu Zündschlüssel in das kombinierte Schaltzündschloß am Karosserietunnel stecken und nach rechts drehen. Dabei wird das Schaltschloß, das den Schalthebel in Leerlauf- oder Rückwärtsgangstellung absperrt, entriegelt.

Am BMW 700 wurden später Zünd- und Schaltschloss kombiniert, so dass der Fahrer anders als in konventionellen Wagen den Zündschlüssel nicht in der Nähe der Lenksäule, sondern sportlich vor dem Schalthebel einzustecken hatte.
Bild: Betriebsanleitung BMW 700, 1961

Die Einbauanleitung des WASO-Schlossses erwähnte zwei *Abreißschrauben*, deren überstehende Köpfe nach erfolgter Montage und Funktionsprobe abgedreht, also an einer Sollbruchstelle abgerissen werden mussten.

Man demontiert das Schloß durch Lösen der zwei Abreißschrauben.

---

Jetzt wird der Rückwärtsgang eingelegt und die einwandfreie Funktion des ... und ... nachdem dieses zufriedenstellend ausgefallen ist, müssen die überstehenden Schraubenköpfe abgedreht werden.

Die Notwendigkeit einer späteren Demontage gab es in WASOs Welt nicht. Mit der bangen Frage, wie er das Schloss denn wohl später wieder ausbauen soll, nachdem die Schraubenköpfe bereits abgerissen sind, wurde der Käufer alleingelassen.

So kommt es, dass Hobbyrestauratoren heute ratlos vor einem Gebilde knien, an dem kein einziger Schraubenkopf zum Lösen einlädt. Exakt so war das von WASO gedacht: Hatte ein böser Autoknacker bereits das Türschloss bezwungen, sollte er nun wenigstens vor dem Schaltschloss kapitulieren – nachdem er bereits frech das erzieherische Abziehbildchen ignoriert hatte, das ihm verzweifelt einzuflüstern versuchte, jeder Diebstahlversuch sei zwecklos.

Darum also die beiden Abreißschrauben. Im Bild sind sie als hell glänzende runde Punkte erkennbar. Um sie zu beseitigen, körnen wir zuerst ihre Kopfreste zentrisch an. Sodann entfernen wir die flachen Reste der Schraubenköpfe vorsichtig mit Bohrer und Meißel. Sobald das geschehen ist, können wir das schwarz lackierte Oberteil mit dem Schlossoberteil abheben. Die darunter noch sitzenden Schraubenstummel lassen sich mit einer kleinen Gripzange und etwas Glück aus dem Unterteil herausdrehen.

Das hell glänzende Unterteil aus Leichtmetalldruckguss ist mit vier Innensechskant-Gewindestiften unter den Blechkragen geklemmt, der ins Bodenblech eingeschweißt ist. Wer zum späteren Zusammenbau nicht eigens zwei neue Abreißschrauben anfertigen will, verwendet normale Schrauben mit möglichst niedrigem Kopf.

Lassen Sie uns bitte für einige Augenblicke bei der Karosserie bleiben und zwei sinnvolle Kleinigkeiten für den BMW 600 vorstellen. Da sind zunächst die beiden Anschlagpuffer für die Motorhaube, die ursprünglich zylindrische Gummiformteile waren. Beide wurden jeweils in die Bohrung eines Blechwinkels geknöpft und sollten darin mit Hilfe einer Rille einrasten. Die Gummimischung dieser Teile verliert mit der Zeit ihre Elastizität, so dass die Puffer ihrer Aufgabe nicht mehr nachkommen können.

Es gibt etwas in dreifacher Hinsicht Sinnvolleres, denn sowohl die Gummimischung als auch Form und Befestigung lassen sich verbessern.

Kein Lloyd, sondern ein Paraboloid

Die serienmäßigen Gummipuffer für die Motorhaube des BMW 600 neigen mit der Zeit zum Setzen, sie werden durch den ständigen Druck der aufliegenden Motorhaube immer niedriger, bis der Rand der Haube eine Rille in den Lack der Karosserie kratzt. Da

die Puffer mit ihrer Nut im Loch des Blechwinkels einrasten, lassen sie sich kaum beschädigungsfrei ausbauen. Ist das Gummimaterial im Laufe der Zeit versprödet, reißt spätestens beim Demontageversuch die kegelförmige Spitze ab, was durch die Kerbwirkung im Nutgrund begünstigt wird.

Zwar gibt es die Puffer in originalgetreuer Bauart als Nachfertigung zum Stückpreis von ca. 4 EUR zu kaufen. Dennoch ist die Frage erlaubt, ob die einkomponentige Rein-Gummi-Bauart der Weisheit letzter Schluss ist oder ob man hier etwas verbessern kann.

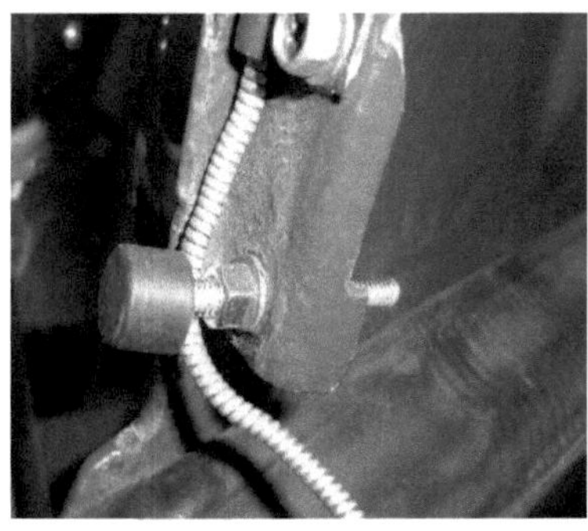

Ein höheneinstellbarer Puffer mit langem Gewindestab, Kontermutter und Gummihut scheint sich als elastischer Haubenanschlag zwar anzubieten, doch ist der Boden des Gummihutes so dünn, dass sein Federweg zu wünschen übrig lässt.

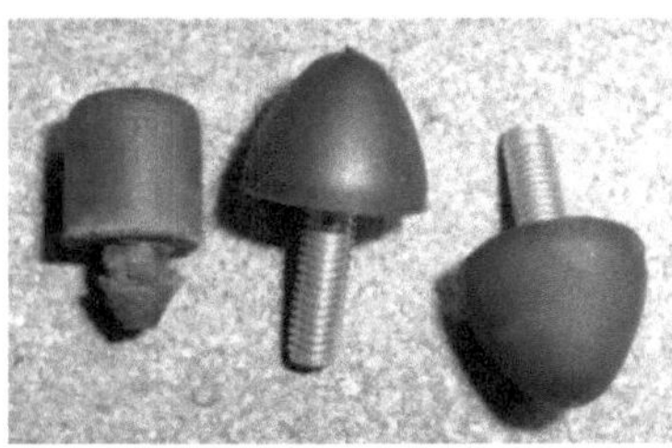

Ein Puffer aus Gummi-Metall-Verbund mit genügend großem Gummivolumen verspricht günstigere Eigenschaften. Auf eine stählerne, galvanisch verzinkte Trägerplatte mit einem M6-Außengewinde wurde ein parabelförmiger Gummipuffer aus hochelastischem Naturkautschuk heiß aufvulkanisiert. Naturkautschuk deshalb, weil er von allen Kautschukarten über die weitaus beste Elastizität und über den geringsten Druckverformungsrest (die geringste Setzung) verfügt. Erfahrungsgemäß sind nicht alle Motorhauben genau gleich, so dass man sich eine gewisse Einstellbarkeit der beiden Puffer wünscht, um die Haube links und rechts zum gleichmäßigen Anliegen zu bringen. Auch, damit die beiden Haubenverschlüsse sich gleich schwer drehen lassen und beide gut verriegeln.

Der Gewindestab des Parabelpuffers aus Gummi-Metall-Verbund ist lang genug, um durch Unterlegen einer Beilagscheibe mit großem Außendurchmesser (einer sogenannten Karosseriescheibe) unter den Gummikörper die Höhe des Puffers an die Haube anzupassen und dadurch kleine Asymmetrien zwischen linker und rechter Seite auszugleichen. In dieser Hinsicht ist mit den serienmäßigen Puffern überhaupt nichts zu holen.

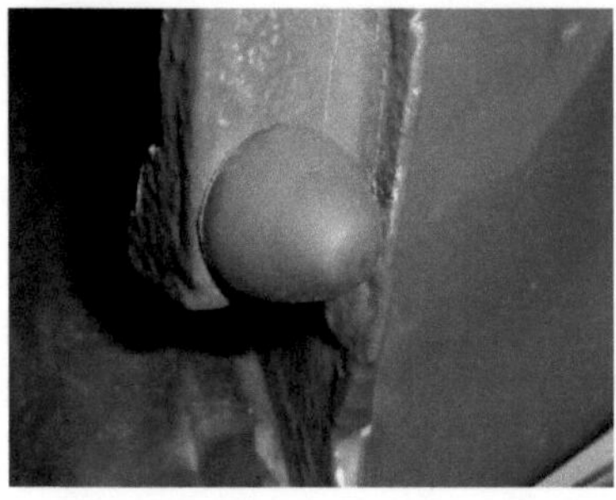

Diese hochwertigen Gummi-Metall-Haubenpuffer kosten nicht mehr als Puffer aus Reingummi, nämlich etwa 4 EUR pro Stück. Zu haben sind sie beim Ersatzteildienst des Isetta-Clubs, solange der Vorrat reicht. Die Paraboloid-Haubenpuffer sind eine Option für BMW 600-Besitzer, die mitdenken. Für sektiererhafte Fetischisten, denen der angestrebte *O-ginool*-Zustand über alles geht, auch wenn er technisch fragwürdig war, sind diese Puffer eher nichts. Dem Glauben darf man mit Logik nicht kommen, weder in der Religion noch im Umgang mit politischen Ideologen noch anderswo.

## 1.1.10    Die Kunststoffembleme

Wer Kunststoff kennt, nimmt Stahl und Eisen

Benötigen Sie für einen BMW 600 oder eine Isetta ab Baujahr 1959 originalgetreue Firmenembleme mit Serifenschrift, müssen Sie oft lange danach suchen.

Für die Tür und die Motorhaube werden zwei große Embleme mit 80 mm Durchmesser benötigt, für die seitlichen Kühllufteinlässe zwei kleine mit 60 mm Durchmesser. Serienmäßig trug der BMW 600 vier Embleme aus Kunststoff: Ein großes Emblem vorn, ein großes hinten, zwei kleine rechts und links. Darüber hinaus vier Firmenzeichen auf den Radkappen, eines auf dem Tachometer, ein BMW-Schriftzug auf dem Gebläsedekkel. In Summe steht also zehn (!) mal BMW auf dem 600. Möglicherweise geschah das, um auch den letzten Zweifler zu überzeugen, dass es sich, wie die zeitgenössischen Werbebroschüren zu betonen nicht müde wurden, beim BMW 600 um einen echten BMW handelte.

Gute Kunststoffembleme, die noch nie eingebaut waren, sind heute so selten wie Wasser in der Wüste. Die kleinen Embleme an den Wagenseiten entsprechen in Ausführung

und Größe dem gewölbten Kunststoffemblem, das auf der Tür der Isetta ab Baujahr 1959 verwendet wurde. So appetitlich sahen die Kunststoffembleme im Neuzustand aus.

Leider hielt diese makellose Beschaffenheit nicht lange an, denn die Embleme verblassten und versprödeten rasch. Sonnenlicht verursachte Mikrorisse im transparenten Kunststoff, wodurch er blind und milchig wurde. Undichte Klebenähte ließen Regenwasser eindringen, so dass sich die Farbe im Innern ablöste. Schon nach wenigen Jahren der Bewitterung boten die Kunststoffembleme ein jämmerliches Bild wie dieses. In Ermangelung besserer Exemplare kann man versuchen, verwitterte Embleme vorsichtig zu zerlegen. Fährt man mit einer scharfen Messerklinge rundum zwischen das transparente Außenteil und den weißen Sockel, lassen sich beide Teile voneinander trennen. Manchmal fallen die beiden ursprünglich verklebten Teile fast von allein auseinander.

Dann lassen sich die abgeblätterten Farbreste entfernen, am besten unter fließendem Wasser mit einer weichen Bürste. Auch die noch anhaftenden Farbreste müssen entfernt werden. Notfalls hilft dabei ein wenig sandfreie Handwaschpaste. Alles gut trocknen lassen, dann die beiden Viertelkreise im weißen Sockel mit blauem Lack ausmalen. Das ist die leichteste Übung. Da es ein mit Kunststoff verträglicher Lack sein muss, bietet sich Modellbaulack von Revell (früher Humbrol) an.

Das Ausmalen der BMW-Buchstaben, des Kreuzes und des Kreises mit Goldfarbe auf der Innenseite des transparenten Außenteils erfordert einen feinen Marderhaarpinsel, ein Glas *Single Malt* und die daraus folgende ruhige Hand. Beim anschließenden Schwärzen des breiten Rings geht es wieder etwas entspannter zu, weil die Fläche größer ist.

Nach dem Durchtrocknen klebt man das Außenteil mit Modellbauklebstoff für Polystyrol (z.B. Revell Contacta) sorgfältig auf den weißen Sockel. Die Klebung muss wasserdicht sein, sonst zeigt sich später Schwitzwasser auf der Innenseite des transparenten Teils.

Die Enden der beiden Befestigungszapfen dieser Kunststoffembleme hat BMW seinerzeit kurzerhand mit einem Lötkolben breitgeschmolzen. Diese rationelle Methode ist natürlich nur ein einziges Mal anwendbar, beim zweiten Mal sind die Zapfen zu kurz. Um die Embleme wiederholt montieren und demontieren zu können, schneidet man kleine Gewinde (M3 oder M3,5) in die Zapfen und schraubt sie von der Rückseite her an. Das ist bei den großen Emblemen auf Fronttür und Heckklappe keine große Hexerei, bei den kleinen Emblemen an den seitlichen Kiemen aber schon. Denn dazu braucht's einen langen, schlanken Arm und viel Gefühl in den Fingerspitzen. Man kann so weit vorn in den Luftschächten buchstäblich nichts sehen und muss deshalb nach Gefühl arbeiten.

Es ist eine echte Geduldsprobe, die zum Erfolgserlebnis wird, wenn die Schräubchen endlich gefasst haben und dann auch noch sachte festgezogen sind. Anschließend bitte die Hände entkrampfen und eventuelle Blutergüsse an den Unterarmen behandeln. Der Einfachheit halber sollte man die Embleme besser mit doppelseitigem Zierleistenklebeband (Acrylschaum) statt mit Schräubchen befestigen. Das Resultat sieht ungefähr so aus.

Wenig Hoffnung besteht, wenn das transparente Teil des Emblems durch fortgesetzte Sonnenlichtbestrahlung schon derart versprödet ist, dass es viele Mikrorisse aufweist und blind geworden ist. Man kann versuchen, es mit einer für Plexiglas geeigneten Polierpaste wie Unipol aufzupolieren, doch verlorengegangene Transparenz wird damit nicht vollständig wiederzuerlangen sein.

Kunststoffembleme in Originalaufmachung sind ein Objekt der Begierde. Die Möglichkeiten des 3D-Drucks lassen hoffen, dass sich in absehbarer Zeit ein Jungunternehmer in einem *Makerspace* mit der Nachfertigung dieser Kunststoffembleme befassen möge - obwohl wir uns nüchtern betrachtet nicht wünschen sollten, dass jemand sie *originalgetreu* nachfertigt. Denn die Originalteile spiegeln anschaulich BMWs klamme Finanzlage von 1959. Sie waren auf billig getrimmt (darum aus Kunststoff und nicht aus Metall) und lausig verarbeitet, daher die sich von selbst öffnenden Klebenähte und der abplatzende Innenlack. Vor allem bestanden sie aus einem nicht witterungsbeständigen Material, das versprödete und erblindete. Schön waren sie nur im Neuzustand.

Wir wollen aber nicht zu streng darüber richten, beweisen doch heute die bis zur Unkenntlichkeit verblassten Pflaumen zahlreicher Ford Ka, dass auch ohne drohende Insolvenz an Firmenemblemen gespart wird. Koste es, was es wolle.

Sind keine brauchbaren Kunststoffembleme aufzutreiben oder die alten Exemplare nicht mehr zu retten, läuft die Suche auf lackierte oder emaillierte Metallembleme hinaus. Dabei kann zumindest für die große 80 mm-Version die 700er- oder die V8-Fraktion aushelfen. Dort existieren zwei Varianten. Zunächst eine aus geprägtem und lackiertem Metall, wie sie am BMW 700 verwendet wurde. Zum lackierten Metallemblem gehört ein Umrandungsring mit gerundeter Außenkante.

Alternativ können wir uns mit einem emaillierten Emblem helfen, nach Möglichkeit ebenfalls mit dem dazugehörigen Umrandungsring:

Dies ist die Innenansicht eines emaillierten Emblems.

Muss ausnahmsweise der Umrandungsring fortfallen, weil keiner verfügbar ist, sieht ein nachgefertiges emailliertes Emblem mit Serifenschrift immer noch recht passabel aus, wie es dieses Bild zeigt.

Weil wir gerade an der Heckpartie des BMW 600 herumstehen, fällt unser Blick auf die Rückleuchtengläser. Zwar zählen sie eigentlich zur elektrischen Anlage, ihre typische Krankheit ist aber rein mechanischer Natur. Deshalb nehmen wir uns die Freiheit, sie in diesem Fall zur Karosserie zu zählen, in deren Außenhaut sie sitzen. Sie verspröden gern und reißen dann. Besonders häufig geschieht das auf der rechten Seite, wo aus einem undichten Tankdeckel in beherzt durcheilten Linkskurven der Sprit auf die Rückleuchte sabbert, um die aus Kunststoff gefertigte Lichtscheibe durch fortwährende Benetzung und anschließende Rücktrocknung zu verspröden. Der Kraftstoff als Lösemittel wäscht die wenigen Weichmacher aus dem rot-orangen Material so lange aus, bis die Kunststoffscheibe reißt. Dabei beginnen die Risse meist an den Schraubenlöchern, weil die Schrauben dort mechanische Spannung ins Material einleiten. Die Rettung naht in Gestalt einer unscheinbaren Aluhülse.

... ist kein Schimpfwort, sondern die Mehrzahl von *Blindniet*. Als Niete̲n gelten die berüchtigten Manager in Nadelstreifenanzügen, die weniger können als Brot[14], oder die Lose, die nicht gewinnen. Wir aber meinen hier den klug ausgedachten, von einer Seite montierbaren Niet aus Weichaluminium, für dessen Einbau man eine spezielle Zugzange benutzt. Damit wird beispielsweise das hintere Ende des Isettaverdecks an der Karosserie befestigt. Man nennt ihn auch *Popniet* oder *Zugdornniet* und kann ihn auf nützliche Weise zweckentfremden, was nachfolgend gezeigt werden soll.

Die Rückleuchtengläser des BMW 600 platzen mit Vorliebe dort auf, wo die Schraubenköpfe sitzen. Das ist kein Wunder, weil der Schraubenkopf infolge seiner Kegelform eine strahlenförmig nach außen wirkende Kraft erzeugt, die infolge des 90°-Senkkopfs so groß ist wie die in Richtung der Schraubenlängsachse wirksame, erwünschte Anpresskraft. Dadurch sprengt der Schraubenkopf den Kunststoff rund um die Senkungen regelrecht auf. Am rechten Rücklichtglas wird dieser Effekt begünstigt durch darüberschwappendes Benzin, das beim Trocknen dem Kunststoff Weichmacher entzieht und ihn verspröden lässt.

Man sollte also den Kopf der Senkschraube daran hindern, diese schädliche Radialkraft auf die Lichtscheibe auszuüben. Das kann man erwiesenermaßen mit einer Metallhülse erreichen, die sich im 4 mm-Loch des Rücklichtglases führt und in einer kegeligen Senkung den Schraubenkopf aufnimmt. Als Werkstoff für eine solche Hülse bietet sich Aluminium an, weil es hinreichend korrosionsbeständig ist und farblich zur silbrig glänzenden Schraube passt. So ein winziges Drehteil aus dem Vollen zu fertigen, ist Fingerspitzenfummelwerk, aber kein wahres Vergnügen. Darum war jedesmal, wenn ich von Fahrern eines BMW 600 gefragt wurde, wo man diese nützlichen Aluhülsen denn kaufen könne, meine Antwort: Die kann man sich nur selber drehen.

Nun hat nicht jeder eine Drehbank zur Verfügung und möchte trotzdem seine Rücklichtgläser mit einer Aluhülse auffüttern. Otto-Uwe L. aus K. kam deshalb auf den Gedanken, kurzerhand einem 4 mm-Blindniet den Stahlstift zu rauben, denn die so verbleibende Aluhülse passt mit ihrem Außendurchmesser genau ins Loch des Rücklichtglases, wie wir hier sehen.

---

[14] Brot kann immerhin schimmeln.

Nur ist ihre 2 mm-Bohrung zu eng für eine 2,9 mm-Blechschraube. Man muss sie auf 3 mm aufbohren, so dass 0,5 mm Wanddicke bleiben. Ein Schönheitsfehler bleibt dann noch: So ein Popniet hat einen flachen Kopf und keinen kegeligen. Aber da es sich um willig verformbares Weichaluminium handelt, sollte es doch möglich sein, den Kegel dort hineinzustauchen. Dazu braucht man nur ein Untergesenk mit einer 4 mm-Bohrung und einer 90°-Kegelsenkung, dazu einen Schlagdorn mit einer 90°-Spitze.

Nun argwöhnt der geneigte Leser womöglich, dass dann, wenn man solche Werkzeuge nicht zufällig herumliegen hat, zumindest für den spitzen Schlagdorn doch wieder die Drehbank bemüht werden muss. Nein, muss sie nicht. Die Senkung kann man im stolzen Besitz eines Kegelsenkers auf der Bohrmaschine in irgendeinen Metallklotz einbringen. Ein zuversichtlicher Mensch, der keinen Schlagdorn mit 90°-Spitze hat, kann eine Senkkopfschraube opfern und darauf mit einem zylindrischen Dorn klopfen. Das funktioniert auch, weil Senkschrauben einen 90°-Kegel am Kopf haben. Die Bilder zeigen die einzelnen Arbeitsgänge.

Den Stahlstift herausschlagen

Gegebenenfalls mit einer Zange nachhelfen

Herstellen des Untergesenks

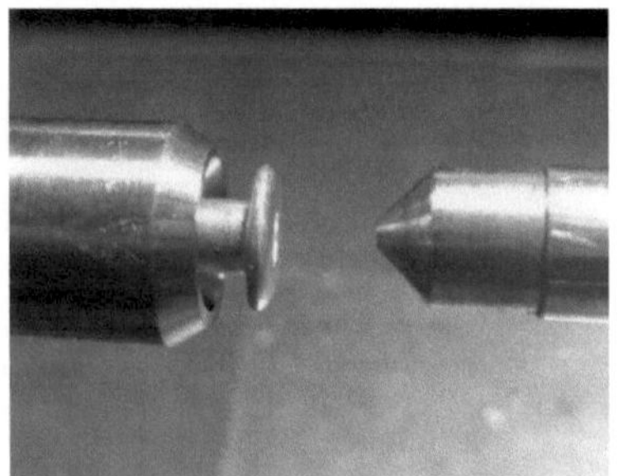

Unter- und Obergesenk

Ungestauchter Niet

Gestauchter Niet

Aufbohren auf 3 mm

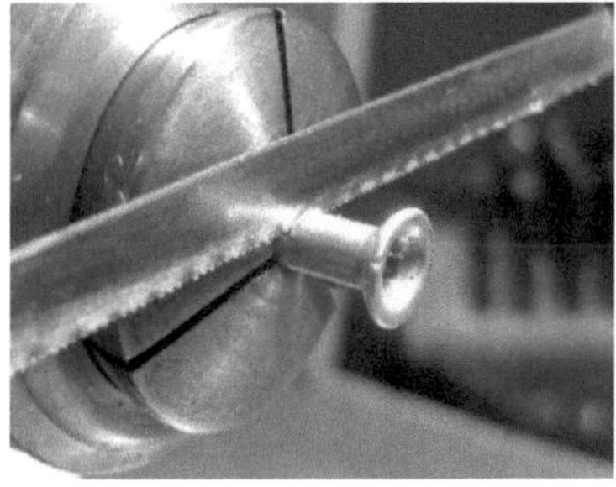

Kürzen auf 7,5 mm = Dicke des Glases

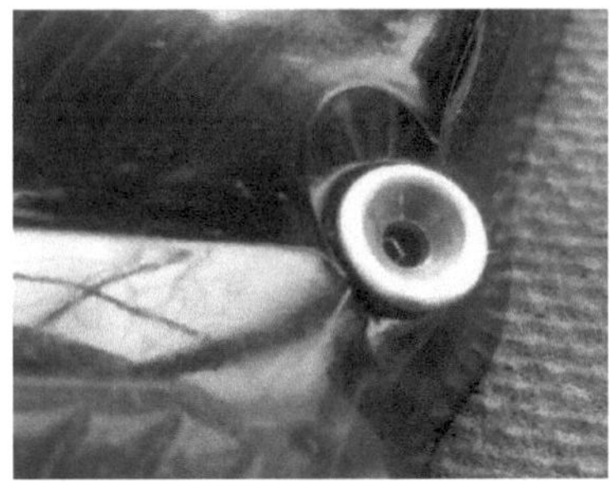

Montierte Hülse

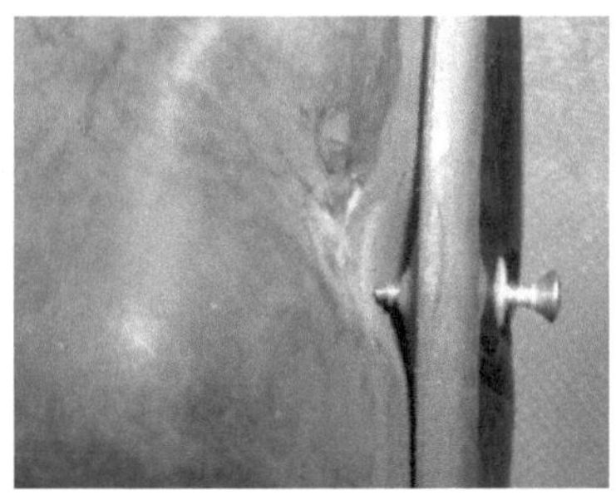

Schraube zielt auf Gummitopf

Die äußeren Schrauben gehen derart schräg hinein, dass sie den Gummitopf des Rück-
leuchtengehäuses anpieken würden, wenn sie zu lang wären. Länger als 16 mm sollen
sie deshalb nicht sein. Bei den inneren Schrauben kommt es auf die Länge nicht so genau an, weil da nichts kollidieren kann. Sie dürfen auch 19 mm lang sein.

Nachdem wir uns inzwischen an der äußeren Hülle unserer Fahrzeuge warmgelaufen
haben, können wir es wagen, eine Etage tiefer zu wandern.

## 1.2    Fahrgestell, Lenkung und Bremsen

Die unorthodoxe Lösung mit der Fronttür und der wegschwenkbaren Lenksäule erfordert im Vergleich zu einem konventionellen Automobil zusätzliche bewegliche Stellen in der Lenkmechanik. Sie ist daher eine Sammelvorrichtung für Lenkspiel, besonders beim BMW 600. Darum lohnt es sich, die zahlreichen Umlenkpunkte in der Lenkhebelei unter die Lupe zu nehmen, denn an jedem dieser Gelenke und Schiebestücke kann durch Verschleiß unerwünschtes Spiel entstehen. Hauptsächliche Quelle dieses Lenkspiels sind häufig die rasch verschleißenden Gummi-Metall-Hülsen, die sogenannten Silentblocs, vier an der Zahl. Sie schauen wir uns deshalb zuerst an, um anschließend zu überlegen, ob es da etwas Besseres gibt.

### 1.2.1    Die dauerkranken Silentblocs

Jetzt aber Ruhe ... Silentium!

„Silentbloc" bedeutet Gummifeder, genauer Gummi-Metall-Buchse. Der Hersteller, die Firma Boge (heute ZF Sachs), nahm sich die Freiheit, aus Marketingerwägungen den Silentbloc nur mit c und nicht mit ck zu schreiben, was im Zeitgeist der 50er Jahre, als Gott noch in Frankreich lebte, offenbar irgendwie vornehmer wirkte. Nach dieser Logik müsste die Mehrzahl *Silentblocs* heißen. Das hinderte deutsche Zungen noch nie, *Silentblöcke* zu sagen. Bei Boge selbst hieß die Mehrzahl bemerkenswerterweise ebenfalls *Silentbloc*, ohne s, wie uns eine zeitgenössische Boge-Broschüre beweist:

> Mit zunehmender Schwingzahl und Größe der Silentbloc sind die zulässigen Schwingwinkel zu verkleinern. Im allgemeinen kann festgestellt werden, daß größere Silentbloc mehr winkelempfindlich und kleinere Silentbloc mehr lastempfindlich sind.

Hast du da noch Töne? Lieber nicht, denn Silentium bedeutet Stille. Also *ein Silentbloc, zwei Silentbloc*. Das mag wunderlich wirken, aber der berühmte Mann mit den zwei amputierten Fingern bestellte ja auch fünf Bier (und nicht *Biere*) für die Männer vom Sägewerk. Durchgesetzt hat sich Boges sparsamer Plural allerdings nicht.

Bei der Isetta, beim BMW 600 und beim BMW 700 sitzen Silentblocs — oder, wenn Sie so wollen, Silentblöcke — in den Drehpunkten der Lenkungshebelei (dort mit 10 mm - Durchgangsbohrungen) und in der Bremshalterstütze, dort mit Gewindezapfen. Bei der Isetta und beim BMW 600 kann man die beiden Buchsen in den Enden der Türfeder mit dazuzählen, bei der Isetta außerdem die beiden Silentblocs in der Tür, an denen das Armaturengehäuse befestigt ist, bei BMW 600 und 700 auch die Lagerbuchsen der Hinterrad-Längslenker sowie die Buchse im Getriebeschalthebel. Auch die Anlenkstrebe des Isetta-Kettenkastens enthält zwei Silentblöcke.

Vorab sind ein paar unausrottbare, immer wieder kolportierte Glaubensartikel[15] auszuräumen. Der erste davon lautet:

*„Bei den originalen Silentblocs war die Gummibuchse mit den beiden Metallhülsen zusammenvulkanisiert. Bei den heute erhältlichen Nachfertigungen sind die drei Teile nur zusammengepresst. Darum halten diese Nachfertigungen nicht lange."*

Das ist, mit Verlaub und bei allem Respekt, Quatsch. Der bereits 1934 unter Adolf Boge junior erfundene Silentbloc ist keine gebundene, sondern eine gefügte Gummifeder. Gebunden würde bedeuten, dass die Metallteile mit Haftvermittler vorbehandelt und in einer Heizpresse mit dem Kautschuk zusammenvulkanisiert wären. Das kann man so machen, es ist auch gut, war aber früher nicht so. Gefügt bedeutet: Die Gummihülse wird zwischen die Metallhülsen gepresst und hält darin allein durch Reibung. Dass die Gummibuchse eingepresst ist, erkennt man an der unterschiedlichen Wölbung auf ihren beiden Stirnseiten. Damit das auch geglaubt wird, rufen wir zwei Konstruktionshandbücher in den Zeugenstand, und zwar erstens Roloff-Matek ...

Neben diesen gebundenen gibt es auch gefügte Gummifedern, bei denen der Gummi zwischen Hülsen mechanisch so fest eingepreßt ist, daß allein der Kraftschluß (Reibungsschluß) trägt: Boge-Silentbloc (Bild)    Hersteller: *Boge GmbH*, Eitorf (Sieg).

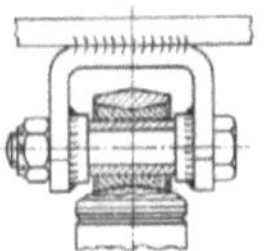

Lagerung eines Stoßdämpfers durch Boge-Silentbloc

... und zweitens Köhler-Rögnitz.

**Gestaltung.** Von der Beanspruchungsart abgesehen, unterscheidet man **gefügte** und **gebundene** Federn. Die wichtigste Konstruktionsbedingung für alle Bauarten ist die Forderung einer unbehinderten Federungsmöglichkeit des Gummis, weil dieser inkompressibel ist.

**8.53**
Gefügte Gummifeder

1 Außenhülse
2 Innenhülse
3 eingepresster Gummi

Ein grundlegendes Beispiel für eine gefügte Feder ist der sog. **Silentbloc** nach Bild **8.53**. Er lässt sowohl eine axiale und radiale Federung der beiden Hülsen, zwischen die der Gummi gepresst ist, wie auch deren gegenseitige Schiefstellung und Verdrehung zu. Die hierbei auftretenden Verformungen sind möglich, weil sich der Gummi an den Stirnseiten frei bewegen kann.

Damit die Gummibuchse sich nicht relativ zur stählernen Außenhülse drehen kann, hat die Außenhülse auf ihrer Innenseite Längsriefen.

---



[15] *" Die meisten Glaubenslehrer verteidigen ihre Sätze, nicht weil sie von der Wahrheit derselben überzeugt sind, sondern weil sie die Wahrheit derselben einmal behauptet haben."*
Georg Christoph Lichtenberg (1742 - 1799)

Das Bild zeigt diese Riefen in der Außenhülse eines zerlegten Boge-Silentblocs. Das zweite Glaubensbekenntnis lautet: *„Die Torsionsfederwirkung der Silentblocs dient dazu, die Vorderräder selbsttätig wieder in Geradeausstellung zurückzubringen."* Das ist ein klassisches Missverständnis. Dafür sorgen nicht die Silentblocs, sondern das bewirkt der Nachlauf der Vorderräder, salopp ausgedrückt der Teewageneffekt.

Silentblocs verschleißen gern, denn mit der Zeit altert der Gummi; er wird spröde und rissig. Eine typische Erscheinung ist dann die einseitig durchgeriebene Gummibuchse, die eine Mondsichelform annimmt. In diesem Bild sehen Sie links einen neuen, rechts einen gebrauchten Silentbloc mit bereits einseitig nach oben verlagerter Innenhülse und rissiger Gummibuchse. Oft kommt die jetzt nicht mehr fest sitzende Gummibuchse nach unten herausgewandert und lugt zwischen den Metallhülsen hervor. Wer das ignoriert, kann schlimmstenfalls in voller Fahrt die Spurstange verlieren. Denn ist die Gummibuchse erst einmal ganz herausgefallen, hat das Spurstangenauge keinen Grund mehr, mit dem Achsschenkel verbunden zu bleiben: Die Kronenmutter (Eckenmaß 19 mm) passt durch die Außenhülse des Silentblocs (Innendurchmesser 22 mm), so dass das Spurstangenauge glatt über die Kronenmutter rutschen kann.

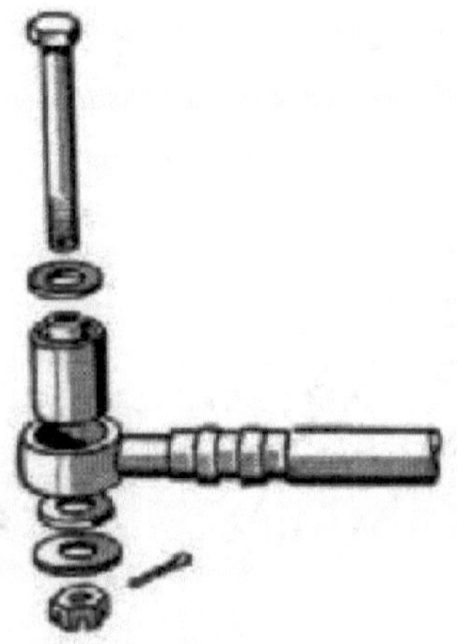

Um dies auszuschließen, sollten Isettafahrer, die nicht regelmäßig den Zustand der Silentblocs prüfen und auch am größer werdenden Lenkspiel nicht bemerken, dass sich dort unten Unheil ankündigt, unter die Kronenmutter eine große Unterlegscheibe legen, deren Außendurchmesser größer ist als jener des Silentblocs, also mindestens 25 mm. Auch die Ersatzteilliste fordert diese Unterlegscheibe mit großem Außendurchmesser. Die große Scheibe bietet die Sicherheit, dass das Spurstangenauge auch trotz einer restlos verlorengegangenen Gummibuchse nicht nach unten fallen kann.

Nicht nur in der Lenkung, sondern auch im Schalthebel am Getriebe des BMW 600 sitzt ein Silentbloc. Wenn die Stangendurchführung am Schaltdeckel nicht perfekt dicht ist, kann sich Öl aus dem Getriebe mogeln, das in geringer Menge am Schalthebel herabrinnt. Es lässt die Gummibuchse im Silentbloc aufquellen und weich werden. Steht infolgedessen die innere Stahlhülse so schief wie im Bild links, braucht sich der Fahrer nicht zu wundern, dass sich die Gänge nicht mehr richtig schalten lassen. Darum verdient diese Stelle einmal jährlich einen prüfenden Blick.

Die Isetta weist sechs weitere, kleine Silentblocs auf, nämlich zwei in der Lagerung des Armaturengehäuses an der Tür, zwei in den Enden des Türfedergehäuses und zwei in den Augen der Anlenkstrebe am Kettenkasten. Die letztgenannten beiden verdienen wie der Getriebeschalthebel des 600 eine jährliche Inspektion, weil ihre Gummibuchse durch einwirkenden Ölnebel quellen kann.

Die Türfeder des BMW 600 ist sehr stark, um das in der Fronttür untergebrachte Ersatzrad auszubalancieren. Ihrer hohen Druckkraft können die zart dimensionierten Silentblocs in den Augen des Federgehäuses nicht lange standhalten. Die anfangs konzentrische Gummibuchse in ihnen wird oft innerhalb weniger Monate zur Sichelform zerrieben. Durch die daraus resultierende Verlagerung des Federgehäuse-Auges kommt das Gehäuse schließlich in metallischen Kontakt mit den schmalen Kanten des am Türstock der Karosserie angeschweißten Scharnierarms. Dort reibt sich dann der Lack von beiden Teilen ab. Wenn Sie sehr großzügig sein wollen, ist das nur ein Schönheitsfehler – aber doch ein ziemlich hässlicher. Abhilfe könnten Silentblocs mit einer besonders harten Gummimischung bringen – aber wer will schon nach dem Prinzip „Versuch und Irrtum" immer wieder andere Gummibuchsenfabrikate erproben? Schließlich müssen die Dinger auch eingebaut werden, und das ist keine Arbeit, die man *mal eben kurz* erledigen kann. Arbeiten in Zwangslage unter dem Armaturenbrett – nein, danke.

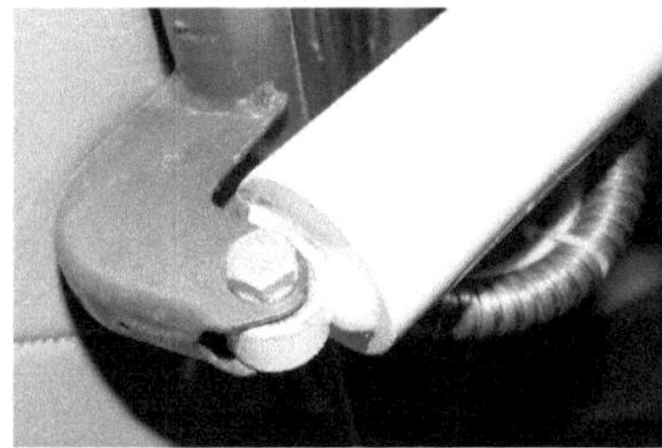

Hier bietet es sich an, die Gummibuchsen durch eine Buchse aus einem druckfesten Kunststoff wie PA 6.6 (Polyamid / Nylon 66) oder PTFE (Teflon) zu ersetzen. Wer eine Drehbank hat, ist fein heraus und dreht diese Buchsen kurzerhand selbst. Wer keine hat, trägt die Innen- und Außenhülse eines defekten Silentblocs zum Dreher seines Vertrauens und lässt sich dazu zwei Kunststoffbuchsen anfertigen, die so passen, dass die Kunststoffbuchse in der Außenhülse fest sitzt und die Innenhülse sich in der Kunststoffbuchse drehen lässt. Dann droht an der Türfeder auf viele Jahre hinaus kein Ärger mehr.

Die Silentblocs pflegen in ihren Aufnahmebohrungen bombenfest zu sitzen. Um sie dort wieder herauszulocken, ist eine relativ hohe Presskraft erforderlich. Schläge mit dem Hammer sind kontraproduktiv, insbesondere am empfindlichen Aluminium-Auge des Achsschenkelkörpers. Vielen, die diese Arbeit erstmals zu bewältigen haben, geht es wie jemandem, der um Worte ringt oder mit einem unzugänglichen Mitesser kämpft:

Ich weiß gar nicht, wie ich's ausdrücken soll

Seiner Demontage setzt der Silentbloc erheblichen Widerstand entgegen, weil er mit

deutlichem Übermaß eingepresst ist. Nicht nur ist der Außendurchmesser des Silentblocs größer als der Bohrungsdurchmesser, auch sorgen an einigen Ausführungen zusätzliche Längsrippen an der Außenhülse, die sich beim Einpressen federnd abgeplattet haben, für einen äußerst festen Sitz. Man sieht diese Rippen im Bild links.

Aus einem Stück Gewindestange M 10, ein paar Sechskantmuttern M 10, zwei dicken, großen Unterlegscheiben und zwei Rohrstücken lässt sich eine Aus- und Einpressvorrichtung herstellen, die in diesen Fotos gezeigt ist.

Das abgebildete kleine Rohrstück ist etwas kleiner als der Außendurchmesser des Silentblocs, also außen 23,5 bis 23,7 mm, innen ca. 18 mm, 30 mm lang. Dem kleinen Rohrstück gibt man an einem Ende zweckmäßig einen kurzen Zentrierbund, der in die Außenhülse des Silentblocs passt. Dadurch sitzt das Rohrstück schön zentrisch im Silentbloc.

Das in den folgenden Bildern sichtbare große Rohrstück ist innen etwas größer als der Außendurchmesser des Silentblocs, so dass der ausgepresste Silentbloc Platz im Rohr finden kann, also mindestens 24,3 mm, es dürfen auch 25 mm sein. Außendurchmesser ca. 30 mm. Das große Rohr ist ca. 30 mm lang, so dass der 28 mm lange Silentbloc vollständig darin verschwinden kann. Die Stirnseiten der Rohrstücke müssen planparallel und rechtwinklig zum Rohrmantel sein.

Folglich bearbeiten wir sie auf der Drehmaschine, denn schief abgesägte Rohre führen zum Schiefziehen und zum Verkanten.

So sieht die Pressvorrichtung zusammengesteckt aus:

Und so auseinandergezogen:

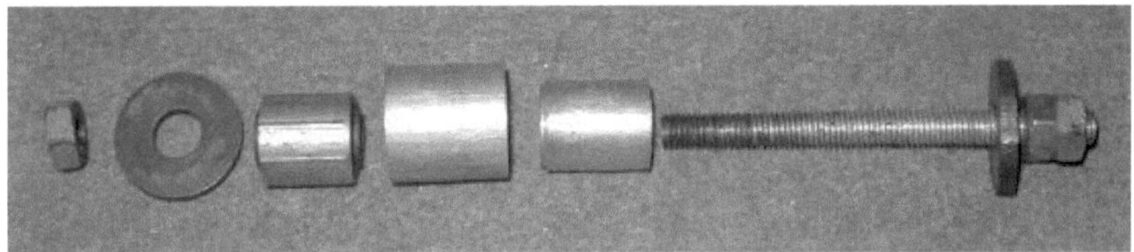

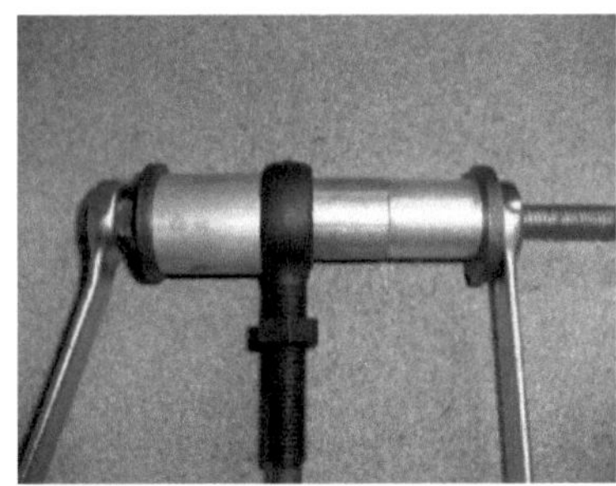

Das Ganze wird zusammengefädelt wie dieses Bild es zeigt, dann wird einfach eine Mutter angezogen und die andere gegengehalten. Das Auspressen wird damit zum Kinderspiel. Hierzu baut man zweckmäßig die Spurstange vorher aus. Nur dann ist der Arbeitsgang einfach zu bewältigen.

Zunächst die Pressvorrichtung mit dem neuem Silentbloc zusammenfädeln und am Spurstangenkopf ansetzen. Das Einpressen erfolgt durch Anziehen der einen und Gegenhalten der anderen Sechskantmutter.

Auf beidseitig gleichen Überstand der äußeren Stahlhülse des Silentblocs ist zu achten.

Sämtliche durch Silentblocs gehende Schrauben sind stets in Geradeausstellung der Vorderräder festzuziehen, so dass die innere Stahlbuchse des Silentblocs axial an das Gegenstück gepresst wird. Alle diese Schrauben haben Splintlöcher und Kronenmuttern. Stets neue Splinte verwenden, keine gebrauchten.

## Frage zum Ausbau

*Ich habe inzwischen ein Auszieh-/Auspress-Werkzeug. An der Spurstange konnte ich mit viel WD 40 und unglaublichem Kraftaufwand (Schraubstock, M10-Schraube hat sich verbogen) die beiden alten Silentblocs auspressen. Nun habe ich allerdings das Problem, dass ich den Bolzen aus dem Silentbloc am Achsschenkel-Gussteil nicht losbekomme. WD 40 und hoher Druck durch eine Schraubzwinge bringen bisher keinen Erfolg. Bringt Wärme etwas? Meines Erachtens ist der Bolzen in der Innenhülse des Silentblocs festgerostet.*

## Antwort

Die Spannkraft einer Schraubzwinge wird gegen eine in einer Stahlhülse festgerostete M10-Schraube kaum etwas ausrichten können, denn dazu ist die Gewindesteigung üblicher Schraubzwingen viel zu grob. Somit bleiben drei Möglichkeiten, von denen die erste gentlemanlike, die zweite so là là und die dritte etwas für die Wüste ist:

1. Mit einem handelsüblichen Ausdrückwerkzeug für Traggelenke die Schraube aus dem Achsschenkelauge drücken. Der Vorteil dieser Werkzeuge liegt darin, dass die Gewindesteigung der Druckspindel klein ist und die Hebelübersetzung obendrein die Kraft verstärkt. Da gibt's kein Halten mehr für die widerspenstige Schraube. Die scherenartigen Ausdrücker mit Gelenk und Hebelübersetzung sind im Vordergrund des Bildes zu sehen.

2. Da das Eckenmaß des 17er Sechskants durch den Innendurchmesser der Silentblock-Außenhülse passt (sofern keine Unterlegscheibe darunter liegt), kann man Schraube, Innenhülse und Gummihülse gemeinsam aus der Außenhülse des Silentblocks herausziehen, wenn man die Stützhülse des Auspresswerkzeugs und Unterlegscheiben passender Dicke benutzt. Da das Gewinde der Schraube kurz ist, muss zwischendurch immer wieder eine weitere Unterlegscheibe beigelegt werden, damit wieder Gewinde zum Weiterziehen verfügbar ist. Das Gewinde fetten, damit es weniger Reibung entgegensetzt.

3. Ultima ratio: Mit einer Lötlampe oder einem Propangasbrenner auf die Gummihülse zielen und sie langsam verkokeln, ohne dabei die Schraube auszuglühen. Wird übel stinken. Nicht zu viel Hitze an das Alu-Gussteil bringen, es am besten mit einem klatschnassen Lappen kühlen. Ist die Gummihülse mürbegebraten, die Schraube samt stählerner Innenhülse sachte herausklopfen. Anschließend die Silentblock-Außenhülse mit dem beschriebenen Presswerkzeug ausdrücken.

## Rückmeldung

*Nun habe ich gemäß der Beschreibung mit einem Ausdrückwerkzeug und mit WD 40 den Bolzen herausbekommen.*

## Frage zur Länge der Silentblocs

*Es gibt ja 18 mm und 28 mm lange Silentblocs. Also habe ich bei meiner Isetta an der Spurstange gemessen und 28 mm lange Silentblocs geordert. Jetzt beim Ausbau des Lenkhebels stelle ich fest, dass die beiden Silentblocs dort nur 18 mm lang sind. Gemäß der Ersatzteilliste sollten bei der 250er Isetta ab Fahrgestellnummer 441421 die 28 mm Silentblocs eingebaut sein, welche an der Spurstange auch zu finden waren. Mein Fahrzeug hat die Nr. 5014xx. Wieso finde ich an der Spurstange trotzdem die kurzen Silentblocs mit nur 18 mm Länge? Wurde da mal gebastelt?*

## Antwort

Die 18 mm kurzen Silentblocs (BMW Teil Nr. 24 51 2 087 550) wurden bei den 250er Isetten bis zur Fahrgestellnummer 441420 eingebaut, die 28 mm langen (BMW Teil Nr. 32 21 2 027 506) ab Fahrgestell-Nr. 441421. Bei den 300er Isetten gab es den kurzen Silentbloc bis Nr. 574276, den langen ab Nr. 574277. Da deine Isetta die Fahrgestellnummer 5014xx hat, war sie ursprünglich eine 300er, und zwar eine frühe 300er Export von 1957 mit kurzen Silentblocs. Wenn sie heute einen 250er Motor hat, so wurde er später eingebaut. Gebastelt wurde also am Motor, nicht an den Silentblocs.

Zum Vergleich: Eine 300er Export mit der um nur 103 höheren Fg.-Nr. 5015xx z. B. hatte ursprünglich ebenfalls die kurzen Silentblocs. Die 28 mm langen Silentblocs kannst du getrost einbauen, sie halten mehr aus als die kurzen. Achte nur auf symmetrischen Überstand beider Enden und verwende die zugehörigen Schrauben, die logischerweise auch 10 mm länger sein müssen.



## Rückmeldung

*Zu den Silentblocs werde ich in der Spurstange, wie es jetzt war (wahrscheinlich nicht original), die 28 mm Silentblocs einbauen. Für den Lenkhebel habe ich 18 mm Silentblocs bestellt, da ja die Weite des Gabelkopfes gegeben ist. Sonst müsste ich das ganze Gestänge wechseln.*

## Silentbloc für die Bremshalterstütze

Aus- und Einbau gehen vor sich wie oben beschrieben mit dem Unterschied, dass hier keine Gewindestange durch den Silentbloc gesteckt werden kann, weil er keine Bohrung, sondern selber einen Gewindezapfen hat. Man wird also die Bremshalterstütze ausbauen und den Silentbloc mit zwei passenden Rohrstücken im Schraubstock aus- und einpressen. Um den richtigen Überstand des Silentblocs messen zu können, muss

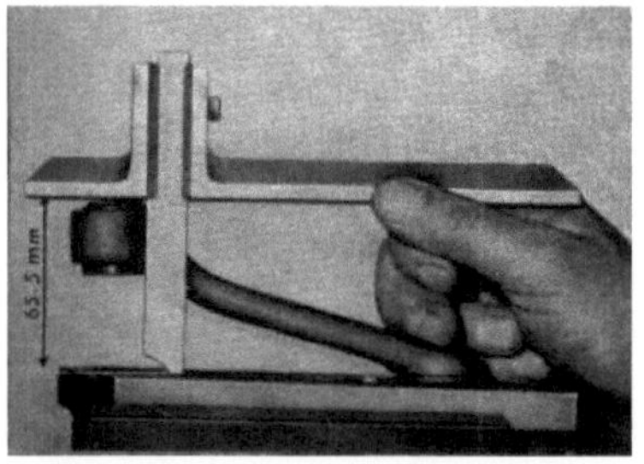

die Bremshalterstütze zum Silentblocwechsel ohnehin ausgebaut werden.

Zunächst ist der Silentbloc auf eine Tiefe von 65,5 +-0,2 mm einzupressen, gemessen von der Anlauffläche der Bremshalterstütze. Diese Einpresstiefe bestimmt später die axiale Lage der Bremsankerplatte, so dass diese beim Anziehen der Mutter am Silentbloc nicht schiefgedrückt wird. Wie das Bild zeigt, kann man dieses Maß nur richtig messen, wenn die Bremshalterstütze ausgebaut ist.

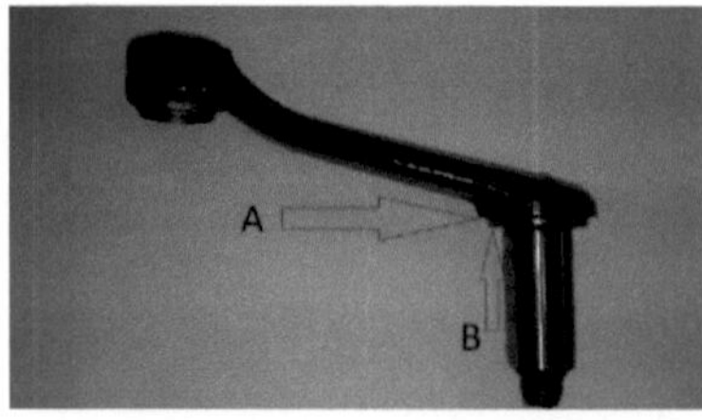


Leider zeigt das Bild aus der Werks-Reparaturanleitung nicht eindeutig, von welcher Bezugskante A oder B der Abstand bis zur Stirnfläche des Silentblocs zu messen ist. Diese Unklarheit führte dazu, dass eben diese Frage im Diskussionsforum des Isetta-Clubs gestellt wurde. Auf welche Kante bezieht sich das Maß 65,5 mm: A oder B?

Technisch sinnvoller ist es, mit der "Anlauffläche am Achsschenkel" das Ende des Lagerzapfendurchmessers B zu meinen. Denn nur dort findet die Bremshalterstütze im eingebauten Zustand einen definierten harten Anschlag. Die Fläche A dient lediglich dazu, dem zur Abdichtung eingelegten O-Ring eine gewisse Vorspannung zu geben. Der Bund zwischen A und B zentriert den O-Ring und Fläche A spannt ihn vor. Damit ist ein geringfügiges Abplatten gemeint, weil ein O-Ring ohne eine Vorspannung von etwa 15 bis 25% nicht richtig abdichten kann.

Darum darf die Höhe dieses Bundes nicht grob toleriert sein; schätzungsweise mit max. +/- 0,1 mm. Diese relativ hohe Genauigkeit, mit der die Kante A der erhofften Funktion des O-Rings zuliebe gefertigt worden sein muss, stützt die Annahme, dass sie durchaus auch als Bezugskante für die Messung dienen könnte. Die Höhentoleranz des Bundes für den O-Ring, also die Strecke von A nach B, ist sicher deutlich weniger als die +/- 0,2 mm, die für die Einpresstiefe des Silentblocs erlaubt sind. Das lässt zumindest die Möglichkeit zu, dass A als Bezugskante geeignet wäre und gemeint sein könnte. Denn im BMW-Anleitungsbild ist leider nicht zweifelsfrei zu erkennen, ob aus dem Stahlklotz ein Stück des Lagerzapfendurchmessers herausschaut.

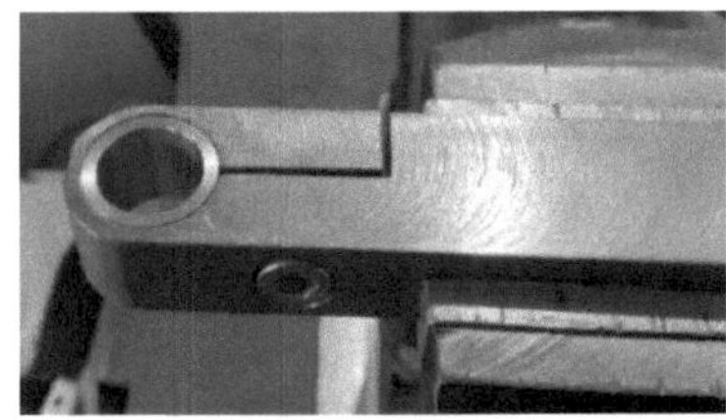

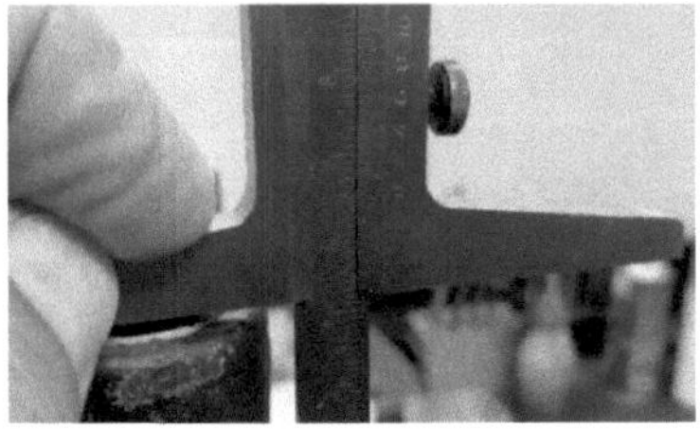

Doch grau, teurer Freund, ist alle Theorie. Wenn man sich ein Aufnahmewerkzeug für die Bremshalterstütze schafft mit einer Bohrung, in die der Lagerzapfen passt, kommt man der Antwort handgreiflich näher. Das Werkzeug ist eigentlich ein Klemmschlüssel zum Anziehen und Lösen der Stößelführungen am Motor, wenn diese keinen Sechskant haben. Weil die Klemmbohrung mit 30 mm zu groß für den Lagerzapfen der Bremshalterstütze war, wurde eine Messingbuchse eingesetzt, die außen 30 mm und innen 25 mm misst. Dort passt der Zapfen mit sehr wenig Spiel hinein.

Die Messingbuchse ist mit ihrer Oberkante bündig in die Bohrung des Stahlteils eingeschoben. Die im Bild sichtbare Klemmschraube mit dem Innensechskant wird nur ganz zart angezogen, so dass die Messingbuchse nicht nach unten durchrutschen kann. Die Bremshalterstütze liegt dann durch ihr Eigengewicht mit Kante B auf der Messingbuchse. Da der Zapfen ohne Wackelspiel in die Bohrung der Messingbuchse passt, kann man nun sehr bequem rechts den Meßschieber auf die Stirnfläche des Silentblocs unter dem Gewinde legen und den Abstand bis zur Oberfläche der Aufnahmevorrichtung messen. Daraus ergibt sich, dass die Kante B im obigen  Schemabild die Bezugskante für die Messung sein muss. Nicht allein aufgrund ihrer lagebestimmenden Funktion im Einbauzustand, sondern auch wegen der Handhabung des Bauteils während der Messung. Denn würde man die Bohrung in der Aufnahmevorrichtung so groß machen, dass Kante A aufliegen könnte, hätte der Zapfen keine Führung mehr.

Eine eindeutige Messung wäre dann nicht möglich. Der Zapfen würde in der Aufnahmebohrung so sehr wackeln, dass die Bremshalterstütze rechts nach unten kippte. Sie müsste links niedergedrückt werden, damit Kante A anliegt, während rechts die Einpresstiefe des Silentblocs gemessen werden soll. Versuchte man das ohne einen Helfer, wäre das Risiko von Fehlmessungen infolge der Wackelei groß. Es sei denn, man zöge den Zapfen der Bremshalterstütze von unten mit Hülse, Scheibe und Mutter gegen das Aufnahmewerkzeug. Das wäre viel zu viel Aufwand. Davon ist oben im Bild 50 der Werks-Reparaturanleitung nichts zu sehen und nichts erwähnt.

Spitzfindige *„Ja, aber"*-Sager mögen nun einwenden, dass Kante A durchaus auch die Bezugskante sein könnte, wenn man die Bohrung im Aufnahmewerkzeug mit einer Stufe gestalten würde. Nämlich oben ein kleines Stück weit  -  etwas tiefer als der Ansatz an der Bremshalterstütze lang ist  -  so groß, dass der etwas größere Durchmesser für den O-Ring darin verschwinden kann; und darunter 25 mm, so dass der Lagerzapfen dennoch eng geführt wird. Dann könnte ja nichts wackeln.

Dieser Einwand lässt sich sofort entkräften: Eine Stufenbohrung würde das Aufnahmewerkzeug unnötig verkomplizieren, was kein Konstrukteur ohne Not täte. Wäre das Werkzeug derart tückisch, hätte es eine Matra-Werkzeugnummer. Davon ist in der Reparaturanleitung keine Rede. Bild 50 zeigt einfach ein Stück Flachstahl mit Bohrungen, eingespannt im Schraubstock. Darum ist es logisch und schlüssig, dass B die Bezugskante ist. Presst man den Silentbloc auf das Maß 65,5 mm ein, und zwar von Kante B gemessen, so stimmt seine Anlagefläche mit der Rückseite der Bremsankerplatte so gut überein, dass die Ankerplatte zwanglos anliegt und sich beim Festziehen der Mutter am Silentbloc nicht schief zieht. Eben dies ist der Sinn der eng tolerierten Einpresstiefe.

Die Antwort auf diese Frage lautet also: B.
Was übrigens an Frage 2 im Al-Bundy-Quiz erinnert: https://youtu.be/3bbbrtK7pDQ





Vor der Montage von Feder und Stoßdämpfer soll sowohl bei der Export-Isetta als auch beim BMW 600 ein 33 mm hohes Holzklötzchen zwischen Stoßdämpferauge und Achsschenkelkörper eingelegt werden, damit die Federung in ihrer Mittellage steht. Auch vor dem Festziehen der Mutter am Silentbloc in der Bremshalterstütze sollen die

Schwingarme in der Mitte ihres Federweges stehen, damit die Gummibuchse im Silentbloc beim Ein- und Ausfedern um den gleichen Winkel tordiert wird. Um das Holzklötzchen einzulegen, muss ein Helfer das Fahrzeug belasten.

**Achtung:** Beim Wiederanbau Mutter mit 8 mkg
mittels Drehmomentschlüssel festziehen. Dazu vorher zwischen Stoßdämpferauge und Achsschenkel
ein 33 mm hohes Holzklötzchen (a) einlegen, um
Silentblock in Schwingmittellage zu fixieren.

35

**Bild 35**

Vorsicht: Beim Einlegen und Entnehmen des Holzklötzchens keinen Finger einklemmen! Das Klötzchen muss aus einem harten Holz bestehen, also Buche oder Eiche, nicht
Tanne oder Fichte. Denn die Federkraft ist beachtlich und kann zu weiches Holz um
ganze Millimeter zusammendrücken.

In der werksseitigen Reparaturanleitung dient das untergelegte Holzklötzchen dazu,
den Silentblock in der Bremshalterstütze in Mittellage des Federweges zu halten, während die Mutter auf dem Gewindebolzen des Silentblocks angezogen wird. So soll ge-
arbeitet werden, weil die Gummibuchse im Silentblock nur begrenzte Verdrehwinkel
ertragen kann. Also ist dafür zu sorgen, dass sie beim Ein- und Ausfedern von ihrer
entspannten Mittellage aus etwa gleich weit nach links und nach rechts verdreht wird.
Zieht man die Mutter fröhlich bei ganz ausgefedertem Vorderrad an, so wird die Gummibuchse beim Einfedern zu weit in nur eine Drehrichtung verdreht, was sie mit stark
verkürzter Lebensdauer beantwortet.

Wer kein Holzklötzchen zurechtsägen mag und zufällig einen anderen druckfesten Ge-
genstand hat, etwa ein Stück Stahlrohr oder eine Stecknuss von 33 mm Länge, kann
dieses Teil anstelle eines Holzklötzchens verwenden. Dumm ist nur, wenn Sie nach ge-
taner Arbeit die Stecknuss herauszunehmen vergessen und sie bei ersten Einfedern in
den Gully rollt.

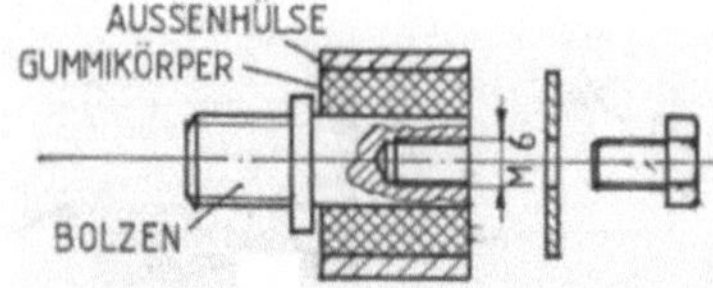


Am Silentbloc in der Bremshalterstütze hat sich als Sicherung gegen das oft beobachtete Herauswandern der Gummibuchse eine M6-Schraube mit großer Unterlegscheibe bewährt. Dafür ist vor der Montage des neuen Silentblocs ein etwa 10 mm tiefes M6-Gewinde zu bohren, wie es diese Skizze zeigt.

Die Rückseite des Silentblocs sieht dann so aus wie in diesem Bild rechts gezeigt. Links daneben liegt zum Vergleich ein hoffnungslos verschlissener Silentbloc.

Die jahrzehntealte Idee der *Gummibuchsenherauswanderverhinderungsschraube*[16] ist inzwischen dadurch verfeinert worden, dass die Schraube einen sehr flachen, großen Kopf erhält, wodurch eine Unterlegscheibe entbehrlich wird und „ein Anstoßen am Achsschenkel" vermieden werden soll.
Bild: Fa. Schäper, Ascheberg

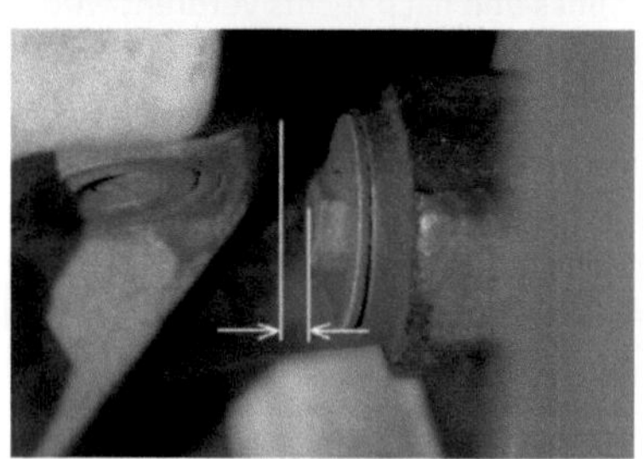

Ein Risiko des Anstoßens eines konventionellen Sechskantschraubenkopfes ist allerdings kaum zu erkennen, denn der Abstand zum Achskörper ist ausreichend groß, wie dieses Bild zeigt.

Silentblocs, die eine Bohrung haben, kann man elegant mit der oben beschriebenen Pressvorrichtung aus- und einpressen. Beim Silentbloc im Bremshalterauge geht das nicht so einfach, weil er keine Bohrung hat, sondern einen Gewindebolzen, so dass sich da leider nichts durchstecken lässt. Sollte einmal eine Unterwegsreparatur unausweichlich sein, kann man sich mit einem Zweiarmabzieher helfen, dessen Gewindespindel gegen den Boden einer (am besten vor Reiseantritt zuhause!) passend gedrehten Druckhülse drückt.

---

[16] In Konkurrenz zum *Eierschalensollbruchstellenverursacher*.

Die Druckhülse zentriert sich mit ihrem anderen Ende in der Außenhülse des Silentblocs und presst mit einem schmalen Rand auf diese. Um die Presskraft zu übertragen, muss der Boden der Druckhülse dickwandig genug sein und eine Zentrierbohrung für die Spitze der Spindel aufweisen. Die beiden Klauen des Abziehers stützen sich unterdessen auf der Rückseite des Bremshaltearms ab, zusammengehalten mit einer Schraubzwinge.

Aber so sollten wir nur im äußersten Notfall am Straßenrand arbeiten, wenn es gar nicht anders geht. Viel einfacher ist dieser Arbeitsgang mit dem Schraubstock zu bewältigen, wie das Bild es zeigt. Auch dazu braucht man zwei passend gedrehte Hülsen: Eine (rechts), die auf die Außenhülse des Silentblocs drückt und mit etwas Spiel durch das Auge passt, die andere (links) mit einem Innendurchmesser, in den die Außenhülse des Silentblocs mit Spiel hineinpasst.

Dieser Silentbloc sitzt gewöhnlich bombenfest, meist begünstigt durch Rost in der Pressfuge. Daher die Empfehlung, die Kraft des Schraubstocks zu nutzen. Mit Parallel-Gripzangen oder ähnlichen Werkzeugen kommt man hier nicht weiter, da hilft weder Glaube noch Hoffnung. Aus den geschilderten Schwierigkeiten, die beim Ausbau auftreten können, folgt, dass man den Silentbloc mit dem Gewindebolzen vorbeugend erneuert, wenn der Schwingarmsalat aus irgend einem anderen Grund sowieso zerlegt ist.

Nun sitzt im unteren Auge des Stoßdämpfers ja auch eine größere Gummibuchse. Auch diese muss beim Ein- und Ausfedern eine hin- und hergehende Drehbewegung elastisch aufnehmen. Darum wird auch die Gummibuchse im Stoßdämpferauge dankbar sein, wenn die dicke Schraube, die dort hindurchgeht, in Federwegmittellage festgezogen wird. Die Mitte des Federwegs ist auch in diesem Fall erreicht, wenn 33 mm zwischen dem Alu-Achskörper und dem Stoßdämpferauge liegen. Darum ist die Dicke des berühmten Holzklötzchens so und nicht anders bemessen.

Den Holzklotz dort einzulegen, ist kein Kinderspiel. Ohne Sonderwerkzeug geht's nur bei im Fahrzeug eingebauten Achsschenkeln, während ein Helfer die Isetta mit seinem Körpergewicht belastet. Dann ist Vorsicht geboten, damit sich der unterm Fahrzeug liegende Hobbyschrauber nicht seine Pfoten klemmt. Denn da unten ist nicht viel Platz: Der spitze Gummipuffer, der genau unter dem Stoßdämpferauge im Alukörper steckt, ist im Weg. Der Holzklotz muss also unmittelbar neben dem Gummipuffer zu liegen kommen. Dabei liegt er auf der schiefen Innenfläche des Alu-Achskörpers, und das Stoßdämpferauge kann ihn nur so gerade eben am Rand treffen. Also keine ganz idealen Voraussetzungen - der Holzklotz muss dort schon genau hineinpassen. Er darf nicht aus zu weichem Holz bestehen, damit er sich unter der doch recht stattlichen Feder-kraft nicht nennenswert zusammendrückt. Buchenholz sollte es sein, z. B. aus einem Rest stabverleimter Küchenarbeitsplatte gefertigt.

Bei ausgebautem Achsschenkel ist die Federspannung so groß, dass es unmöglich ist, ohne ernste Verletzungsgefahr die Feder um 33 mm zusammenzudrücken. Versuche mit Montierhebeln führen höchstens dazu, dass einem das Montiereisen mit Wucht in die Futterluke knallt. Deshalb kommt für solche Arbeiten nur die sowieso nötige Feder-spannvorrichtung V 5091 in Frage, mit der man das Federgehäuse langsam nach oben kommen lässt und somit die Feder entspannt. Den Holzklotz einlegen, dann die Feder mit der Vorrichtung so weit spannen, bis die beiden M8-Schrauben, die das Federge-häuse mit dem Alukörper verbinden, durchgesteckt werden können. Während der Holzklotz eingelegt ist, also in Federweg-Mittellage, die Sechskantmutter der dicken durch das Stoßdämpferauge gehenden Schraube (M 16 x 1,5) und die Mutter des Bremshalterstützen-Silentblocks (M 12 x 1,5) anziehen.

Der Holzklotz verbleibt am besten im Achskörper, bis dieser im Fahrzeug eingebaut wird. Auch bei instandgesetzten Achsen, die längere Zeit im Regal auf ihren Einsatz warten, empfiehlt sich die Lagerung mit eingelegtem Holzklotz. Das bekommt den Gummibuchsen weitaus besser, als wenn sie ihren einstweiligen Ruhestand in Endlage gespannt verwarten müssen.

Also: Bitte nur an der Vorderachse schrauben, wenn man eine Federspannvorrichtung hat. Wir lernen sie im nächsten Abschnitt kennen.

Soeben sprachen wir im Zusammenhang mit der Federungsmittellage bereits von der Gummibuchse im Stoßdämpferauge. Sie ist von ihrem Aufbau her eine Gummibuchse zwischen zwei Metallhülsen, also auch ein *Silentbloc*, wenn man so will. Daher ist jetzt eine gute Gelegenheit, über ihre Erneuerung nachzudenken. Denn häufig ist die Le-bensdauer dieser Gummibuchse kürzer als die des Stoßdämpfers.

### 1.2.2 Gummibuchse im Stoßdämpferauge erneuern

Die arbeitsintensive, aber schlech-tere Methode

Gibt die Vorderachse beim Einfedern hässli-che Quietschgeräusche von sich, kann man das so nicht lassen, denn dann denken ja alle, das Auto sei noch nicht bezahlt. Also schaut man schleunigst nach, woran es liegt. Nach dem Entfernen des Vorderrades auf der

geräuschvollen Seite ist die Bescherung zu sehen: Das Stoßdämpferauge hat sich in Richtung Schwingarm verschoben und liegt dort an.

Die Gummibuchse ist regelrecht durchgerieben; sie hat die Form einer Mondsichel angenommen und das Stoßdämpferauge bereits teilweise verlassen. Da reibt jetzt Stahl auf Stahl, daher die Quietschgeräusche. Das war für die Gummibuchse buchstäblich ein aufreibender Job dort unten. Ein Ausbau des Stoßdämpfers ist also angesagt.

Für den glücklichen Besitzer einer Federspannvorrichtung V 5091, deren oberes Ende im Bild gezeigt ist, geht das relativ einfach.

Aber wer beim letzten Zusammenbau in geistiger Umnachtung eine der beiden M8-Schrauben, die den Federdom mit dem Achsschenkelkörper verbinden, von außen nach innen durchgesteckt hat statt von innen nach außen, muss das nun büßen. Denn das führt dazu, dass der Schraubenkopf beim Versuch, ihn herauszuziehen, am Entlüfternippel des Radbremszylinders anstößt. Zu dumm.

Zur Abhilfe den Entlüfternippel herauszuschrauben, erzwingt es, nachher die Bremse entlüften zu müssen, scheidet also für faule Leute aus. Dann schon lieber die beiden M6-Halteschräubchen des Bremszylinders lösen und ihn etwas nach außen ziehen, um Platz zu gewinnen. Das geht natürlich nur, nachdem zunächst die Bremsbacken weggenommen worden sind. Und diese, das ist der Fluch der blöden Tat, lassen sich erst dann zwanglos ab- und anmontieren, ...

...wenn die Radnabe abgezogen ist. Dafür braucht man nicht unbedingt den abgebildeten Einzweckabzieher; ein handelsüblicher

Zweiarm-Universalabzieher tut es auch. Ist die Nabe aus dem Weg, können die Bremsbacken problemlos abgenommen werden.

Der etwas weggerückte Bremszylinder lässt dann gerade genug Platz, um die Schraube herauszuziehen. Sonst hätte man sie mit der Trennscheibe in zwei Teile zerlegen müssen.

Die Moral von der Geschicht': *Man stecke die Schrauben von innen nach außen durch, von außen nach innen nicht.*

Nach diesem kleinen Intermezzo geht es mit der Gummibuchse weiter, die buchstäblich *arg heruntergekommen* aussehen kann, wie die beiden folgenden Bilder beweisen.

Sie ist oben vollkommen zerrieben. Die durchgesteckte Schraube hat sich exzentrisch verlagert. Dadurch kam die Stahlhülse in metallischen Kontakt zum Stoßdämpferauge, was zu Quietschgeräuschen führte.

Was ist in einem solchen Fall zu tun? In BMWs Kundendienstrundschreiben Nr. 1/61 wurde einst der Einbau einer neuen Gummibuchse beschrieben. Darin hieß es beschönigend:

```
Es ist in einzelnen Fällen möglich, daß die Lebensdauer des Si-
lentblockes geringer als die des Stoßdämpfers ist.
```

Sobald jemand von Einzelfällen fabuliert, ist die Wahrscheinlichkeit hoch, dass es mehr davon gibt. So ist es auch hier. "*In einzelnen Fällen möglich*" ist stark untertrieben, denn dass die Gummibuchse eher versagt als die Hydraulik des Stoßdämpfers, ist nicht die Ausnahme, sondern die Regel. Der Ratschlag zur Abhilfe lautete:

```
Um einen solchen Stoßdämpfer weiter verwenden zu können, wurde
ein Einpreß-Werkzeug als Selbstfertigungswerkzeug Nr. 51 39 ent-
wickelt, mit welchem es in Verbindung mit einer Handhebelpresse
möglich ist, den schadhaften Silentblock gegen ein neues Gummi-
lager auszutauschen (siehe Skizze).
```

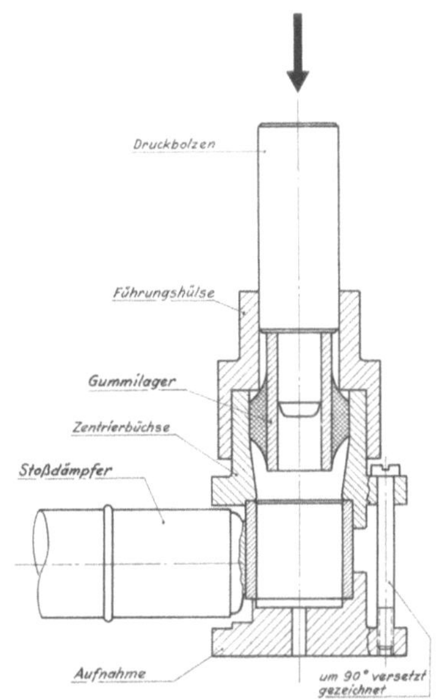


Das Kundendienstrundschreiben zeigte eine Einpressvorrichtung, die es nicht zu kaufen gab, sondern die der BMW-Händler sich in seiner Werkstatt selbst anfertigen musste.

So sollte die Vorrichtung aussehen. An der kegeligen Form der Gummibuchse ist in der Schnittzeichnung zu erkennen, dass die Reparatur-Gummibuchse am Innendurchmesser mit der Stahlhülse zusammenvulkanisiert war. Das Ersatzteil war also allem Anschein nach ein mit Haftvermittler, Hitze und Druck zusammengebackener Gummi-Metall-Verbund. Also anders als bei den Boge-Silentblocs in der Lenkung, deren Gummibuchse eingepresst und nicht einvulkanisiert war, wie uns ein Boge-Prospekt von 1954 offenbart.

An vornehmes Einvulkanisieren ist unter Hausmacherbedingungen überhaupt nicht zu denken; da ist man schon froh, überhaupt eine passende Gummibuchse zum Einpressen zu haben. Aber was heißt "passend" überhaupt in diesem Fall? Man sieht an der Zeichnung, dass der Außendurchmesser der Gummibuchse vor dem Einpressen wesentlich größer war als die Aufnahmebohrung im Stoßdämpfer.

Darum ist die Zentrierbüchse innen konisch, damit sie die Gummibuchse während des Einpressvorgangs kleiner drücken kann. Auch der Boge-Prospekt erklärte, dass die Gummibuchsen der Silentblöcke vor dem Einpressen eine erheblich größere Wanddicke, dafür aber eine geringere Länge hatten. Das ist auch logisch, denn irgendwo muss der Gummi beim Verformen schließlich hin. Er ist (fast) nicht kompressibel, sein Volumen bleibt also bei einer Verformung (nahezu) gleich. Insofern verhält er sich wie Wasser oder Bremsflüssigkeit.

Es leuchtet auch ein, dass die Gummibuchse unter einer hohen Vorspannung im Stoßdämpferauge sitzen muss. Täte sie das nicht, würde ihre Wand unter dem Eigengewicht des Fahrzeugs und unter den Fahrbahnstößen auf eine Dicke von nahezu Null zusammengedrückt.

Die Überlegung, dass das Volumen der Gummibuchse konstant bleibt, erlaubt es nun, ihre Maße festzulegen:

Zerlegt man einen Boge-Silentblock aus der Spurstange (Außendurchmesser 24 mm, Innendurchmesser 10 mm, 28 mm lang), so ist zu beobachten, dass die Gummibuchse im entspannten Zustand kurz und dick ist, nämlich d x D x L = 14 mm x 24 mm x 16 mm. Im verpressten Zustand ist sie hingegen lang und dünn: 15 mm x 22 mm x 23 mm. Nimmt man die Mitte der Wand im eingepressten Zustand als neutrale Faser an, so ist der Innendurchmesser im entspannten Zustand 16 mm / 18,5 mm = 14% enger und der Außendurchmesser 24 mm / 18,5 mm = 30% größer.

Analog zur Frage amerikanisch-evangelikaler Christen „*What would Jesus do?*" können wir nach dem Prinzip "*Wie hätte Boge es gemacht?*" die Gummibuchse für den Stoßdämpfer dimensionieren: Der verfügbare Raum für den Gummi im Stoßdämpferauge beträgt rund 15 cm³. Die Gummibuchse soll außen 2 mm dicker und innen 4 mm enger werden als der verfügbare Bauraum im Stoßdämpferauge. Diese Durchmesser wurden gewählt, weil es die Abmessung beim freundlichen Mitarbeiter einer Gummifabrik gerade gab, denn wenn so ein exotisches Teil auch nur einigermaßen in den normalen Produktionsfluss passen soll, darf man da nicht unbegrenzt wählerisch sein, sonst streikt auch das freundlichste Michelinmännchen. Im entspannten, also noch nicht eingepressten Zustand muss die Buchse dann 23 mm lang sein, damit die Bedingung des konstanten Volumens annähernd erfüllt ist. Das ist in der nebenstehenden Tabelle gezeigt.

|  | Einheit | Bauraum | entspannt | Δ | Spurstangen-Silentbloc | |
|---|---|---|---|---|---|---|
| d | mm | 15 | 14 |  |  | 10x24x28 |
| D | mm | 22 | 24 | 30% |  |  |
| neutrale Faser | mm | 18,5 |  |  |  |  |
| L | mm | 23 | 16 | 14% |  |  |
| Volumen | cm³ | 4,7 | 4,8 |  |  | π/4 |
| Δ Volumen | % |  | 2,1% |  |  | 0,78539818 |

|  | Einheit | Bauraum | entspannt | Δ | Stoßdämpfer-Silentbloc | |
|---|---|---|---|---|---|---|
| d | mm | 22 | 18 |  |  | 16x32x35 |
| D | mm | 32 | 34 | 26% |  |  |
| neutrale Faser | mm | 27 |  |  |  |  |
| L | mm | 35 | 23 | 15% |  |  |
| Volumen | cm³ | 14,8 | 15,0 |  |  |  |
| Δ Volumen | % |  | 1,2% |  |  |  |

Leider lässt sich auf einer Drehbank nicht mal eben kurz eine Gummibuchse drehen. Mit Kunststoff oder Metall geht das, mit Gummi so gut wie nicht. Wohl dem, der Gummibuchsen mit den Wunschmaßen bei passender Gelegenheit beschafft und gebunkert hat, sonst steht er im sprichwörtlichen Hemd da. Wie der Zahnarzt sagt: Vorbeugen ist besser.

Nehmen wir einmal an, dass eine passende Buchse glücklicherweise zur Verfügung steht. Jetzt muss sie nur noch eingepresst werden. Die Zeit, das vornehme Werkzeug nach BMWs Zeichnung zu bauen, hat kaum jemand. Also improvisieren. Wozu gibt es Schraubstöcke?

Eine trockene Gummibuchse mit jeder Menge Übermaß flutscht nicht willig ins Stoßdämpferauge. Da muss etwas Geeignetes zur Schmierung her. BMW empfahl dafür ein Rezept aus Gummilösung, Vaseline und Öl.

Der Ölanteil in diesem Rezept kann nicht so recht gefallen, besteht doch eine gut elastische Gummibuchse aus Naturkautschuk, der im Kontakt mit Öl quillt und erweicht. Möglicherweise war dies sogar erwünscht, der besseren Haftung am Stahl zuliebe.

Allerdings muss die Frage erlaubt sein, wie Gummilösung kleben kann, wenn zugleich Öl anwesend ist. Wenn das klappen soll, muss man diese Arbeit wohl bei Vollmond tun und dabei den Merseburger Zauberspruch rückwärts murmeln. Mit purer Gummilösung ohne Öl könnte es aber Sinn haben, wenn es gelänge, die Gummibuchse sehr schnell einzupressen, bevor die Gummilösung ablüftet und klebrig wird.

Ja, wenn. Es gelingt aber nicht. Dazu erfordert das Einpressen in horizontaler Richtung am Schraubstock eine viel zu lange Fummelei. Beim Positionieren dreier Teile (Stoßdämpfer, Gummibuchse und Stahlhülse) zwischen den Schraubstockbacken hat man immer eine Hand zu wenig. Anders als im Schlauchflickerkalauer ist die Gummilösung hier also doch nicht die beste Lösung.

Besser ist Pril, denn Pril entspannt. Mit Geschirrspülmittel eingeseift, lassen sich Gummibuchse und Stahlhülse einpressen. Dabei ist noch genug Obacht vonnöten, weil das eine Ende der Gummibuchse am Stoßdämpferauge und gleichzeitig an ihrem anderen Ende die Kante der Stahlhülse anschnäbeln muss. Beides will gemeinsam eingepresst werden, sonst geht es schon auf halbem Weg nicht mehr weiter.

Es braucht also ein paar Druckstücke mit geeigneten Durchmessern. In diesem Beispiel sind das links ein Innenring aus einem Kegelrollenlager und rechts ein Tempergussfitting.

Siehe da: Nach dem Einpressen füllt das Gummivolumen tatsächlich den verfügbaren Zwischenraum vollständig aus. Die Berechnung in der Tabelle war also richtig. Aber freuen wir uns nicht zu früh. Die neue Gummibuchse sollte nämlich enttäuschen; sie erwies sich als zu weich.

Bemerkenswert ist übrigens, dass BMW das Einpresswerkzeug zur Selbstanfertigung überhaupt nicht bemaßt hat. Keine einzige Abmessung ist dort festgelegt. Die Wahl der Maße blieb dem Scharfsinn des Automechanikers in der Vertragswerkstatt überlassen, von dem man nicht nur fortgeschrittene Werkzeugmacherkenntnisse, sondern auch konstruktive Begabung erwartete. Der gelernte Autoschlosser, wie er damals bescheiden hieß, hatte Stoßdämpferauge und Gummilager auszumessen und die Maße der Vorrichtung zweckentsprechend festzulegen.

Dies beweist, dass es durchaus Zeiten gab, in denen man auf das Denkvermögen ausgebildeter Kraftfahrzeugmechaniker vertrauen konnte. Heute im Zeitalter zertifizierter Borniertheit wäre das völlig undenkbar; da würde die mit teilewechselnden Mechatronikern bevölkerte Vertragswerkstatt zum Kauf eines überteuerten Sonderwerkzeugs gezwungen. Viel eher noch, nein, ganz sicher sogar würde man in diesem Fall den ganzen Stoßdämpfer verschrotten und ihn durch einen neuen ersetzen, während der Kollege vom Neuwagenverkauf draußen am Schaufenster ein grünes Nachhaltigkeitsplakat faltenreich aufklebt. Erfahrungsgemäß denkt sich Otto Normalautofahrer nichts Böses beim vorzeitigen Ableben sogenannter Verschleißteile und zahlt widerspruchslos auch die Behebung dümmster Konstruktionsfehler. Man darf es ihm bloß nicht verraten.

Nachdem die neue Gummibuchse nun glücklich an Ort und Stelle sitzt, bleibt noch zu überlegen, wie man denn wohl ihr ungebührliches Herauswandern unterbinden kann. Dazu entstand auf der Drehbank eine Distanzbuchse aus Aluminium, die den Raum zwischen der Gummibuchse und dem Schwingarm auffüllt, ohne bei der Ein- und Ausfederbewegung an der Stirnseite der Gummibuchse zu reiben. Die Länge der Alubuchse muss also genau dem Überstand der Stahlhülse entsprechen. Auf der anderen Seite kam unter den Kopf der M16-Schraube, die durch die Stahlhülse geht, eine große Unterlegscheibe, die ebenfalls ein Herauswandern der Gummibuchse in Richtung zum Schraubenkopf verhindern sollte.

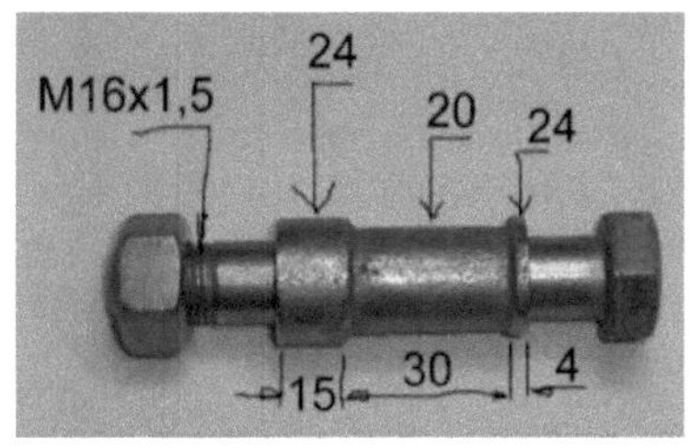


An dieser Stelle darf beiläufig gefragt werden, warum manche nachgefertigten Stoßdämpfer eine glatte Stahlhülse mit 22 mm Außendurchmesser aufweisen, während die ursprünglichen Dämpfer eine am Sitz der Gummibuchse eingeschnürte Hülse gemäß diesem Bild besaßen. Die hier abgebildete taillierte Hülse stammt aus einem zeitgenössischen Originaldämpfer. Durch sie erhielt die Gummibuchse eine formschlüssige Verbindung mit der Taille der Stahlhülse und hatte so deutlich geringere Chancen, herauszurutschen. Die taillierte Hülse wirkt um einiges schlauer als eine glatte. Diese Unterschiede fallen freilich erst dann auf, wenn die Stahlhülse sich durch den hier geschilderten Defekt vom Stoßdämpfer getrennt hat. Nur um die Hülse anzuschauen, presst sie kein vernünftiger Mensch aus einem neuen Stoßdämpfer. Es sei denn, er hat Wettbewerbsprodukte zu untersuchen.

Die verschiedenen Stoßdämpferhersteller mögen schon in der Erstausrüstung und im damaligen Ersatzteilgeschäft unterschiedliche Konstruktionen mit glatter oder eingeschnürter Hülse, mit eingepresstem oder anvulkanisiertem Gummi verwendet haben. In jedem Fall begünstigte die weit herausragende Befestigungsschraube ein unerwünschtes Verschieben des Stoßdämpfers, weil die Stahlhülse viel länger ist als das Stoßdämpferauge. Außer der Gummibuchse selbst ist da nichts, was den Stoßdämpfer in seiner Sollposition auf der Stahlhülse halten könnte. Das axiale Wegwandern des Stoßdämpfers zu verhindern, sollte nun die Aufgabe der Aluhülse sein. Um es vorwegzunehmen: Sie kann es zwar, doch verhindert das nicht den vorzeitigen Verschleiß der Gummibuchse. Dazu kommen wir weiter unten.

Wenn bei einem Stoßdämpfer die Hülse im unteren Auge nach einer Seite weiter heraussteht, gehört dieser längere Überstand zur Außenseite, also zur Radseite. Der engere Windungsabstand der vorderen Federn soll unten sein.

Nachdem alles wieder zusammengebaut ist (diesmal natürlich beide Federdomschrauben von innen her eingefädelt), federt es wieder schön geräuschlos, zumindest für einige Zeit. Und das Kraftwägelchen hat nun etwas mehr Bodenfreiheit, denn vorher hatte die durchgeriebene Gummibuchse die Vorderpartie weiter einsacken lassen.

Fast ist es überflüssig zu erwähnen, dass die rechte Seite gewöhnlich ebenso verschlissen ist wie die linke und die ganze Arbeit mal zwei zu nehmen ist. Das versteht sich von selbst und ist nicht das Gesetz des konstanten Volumens, sondern jenes von Edward A. Murphy: *Was schief gehen kann, geht auch schief.* Bevor es jemand auf die gleiche Weise versucht, sei ihm prophylaktisch zugeflüstert, dass es eine klügere Methode gibt.

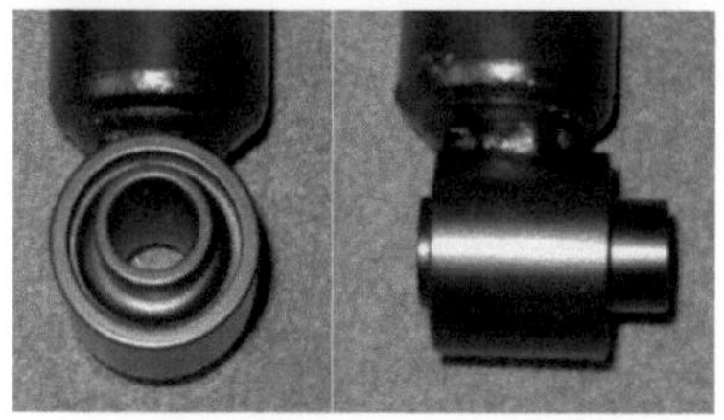

Die eingepresste Gummibuchse bewährte sich nicht; sie war bereits nach 4.500 Kilometern durchgerieben. Vermutlich war ihre Gummimischung zu weich. Somit musste nach einer besseren Lösung gesucht werden. Günstig wäre sicher eine größere Länge der Gummibuchse, denn dann würden sich die hier wirkenden, doch ganz erheblichen Kräfte auf eine größere Fläche verteilen. Platz genug steht dafür zwischen dem Stoßdämpferauge und dem Schwingarm zur Verfügung. Dort dürfte nicht nur die innere Stahlhülse hinausragen wie bei diesem Nachbau-Stoßdämpfer:

So sah er einst aus, als er noch neu war.

Es darf durchaus auch die Außenhülse einer Gummi-Metall-Buchse in Richtung Schwingarm hervorstehen. Boge als Erstausstatter der Export-Isetten hat das damals serienmäßig so gemacht. Dort war ein Silentbloc im Stoßdämpferauge eingepresst, der eine stählerne Innenbuchse, eine Gummibuchse und eine stählerne, seitlich überstehende Außenhülse hatte.

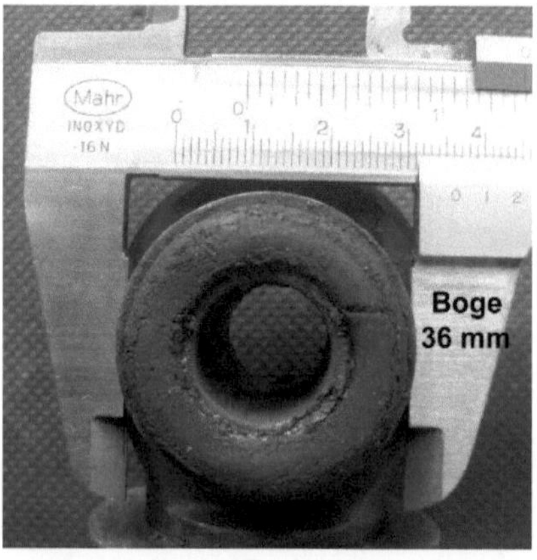


Die Gummibuchse konnte dadurch vernünftigerweise ziemlich lang sein, und die äußere Stahlhülse saß fest im Stoßdämpferauge. Beides ist vorteilhaft. Der Durchmesser der Außenhülse betrug beim Boge-Dämpfer stattliche 36 mm. Im Stoßdämpferauge ist es also offenbar von Vorteil, wenn die Gummibuchse mit den Stahlbuchsen zusammenvulkanisiert und zugleich möglichst lang ist.

Nachdem die Innenbuchse, durch welche die Schraube geht, 49 mm lang ist und der Innendurchmesser am Auge des Nachfertigungs-Stoßdämpfers 32 mm beträgt, kommt eine Gummi-Metall-Buchse in Frage, die außen 32 mm Durchmesser hat und deren In-

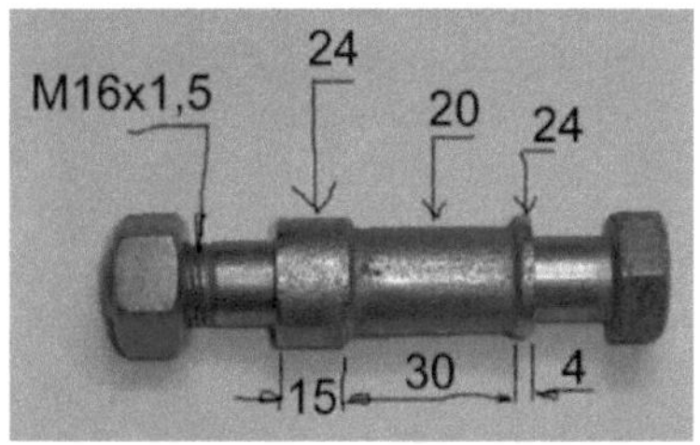


nenhülse 49 mm lang ist. Ist sie kürzer, verschenken wir Tragfähigkeit. Ist sie länger, reicht die Länge der durchgesteckten Schraube nicht mehr aus, so dass sich die Mutter nicht vollständig aufschrauben lässt. Also 49 mm. Im bereits bekannten Schraubenbild sehen Sie diese Länge als Summe von 15 + 30 + 4 mm. Die Außenhülse darf etwas kürzer sein als die Innenhülse, und zwar auf jeder Seite etwa 2 mm. An handelsüblichen Gummi-Metall-Buchsen steht die Innenhülse gewöhnlich ohnehin etwas über die Außenhülse vor. Daraus ergibt sich am Stoßdämpfer die Wunschlänge der Außenhülse zu 49 mm minus zweimal 2 mm = 45 mm.

Wir haben also in Mannheimer Grabbelkisten (mühsam) oder im technischen Handel (geht schneller) Ausschau zu halten nach einer Gummi-Metall-Buchse mit Innendurchmesser 16 mm, Außendurchmesser 32 mm, Innenhülse 49 mm lang, Außenhülse 45 mm lang. Weil das Leben kein Wunschkonzert ist, ist kaum zu erwarten, dass es eine genau passende Buchse gibt. Dann nehmen wir eben die nächstlängere und kürzen sie auf der Drehmaschine auf die benötigte Länge. Das ist bei der hier abgebildeten Buchse schon geschehen.

Das Stoßdämpferauge müssen wir ein wenig vorbereiten, war doch in ihm bisher noch nie eine Stahlhülse eingepresst. Deshalb geben wir den Kanten der Bohrung mit einer Rundfeile eine Fase, bevor wir das Einpressen versuchen. Dann schnurpst die Buchse besser hinein.

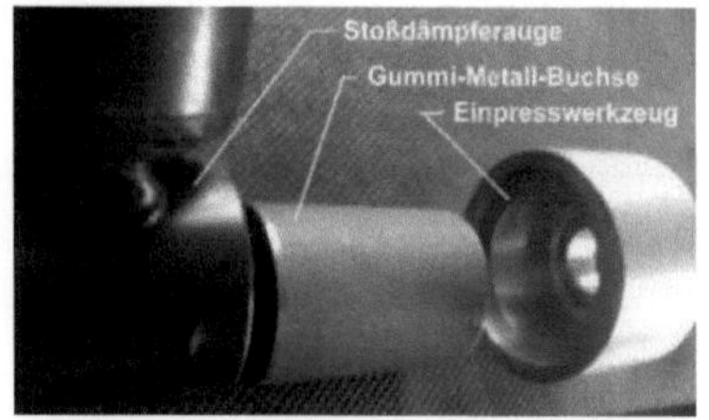


Die Innenhülse soll zum Schwingarm hin 15 mm über das 35 mm lange Stoßdämperauge überstehen. Um die Buchse genau auf diese Tiefe einzupressen, ist ein Einpresswerkzeug nützlich, das wir aus einem Stück Aluminium drehen. Die innere Ausdrehung hat die passende Tiefe, so dass wir einfach bis zum Anschlag einpressen können.

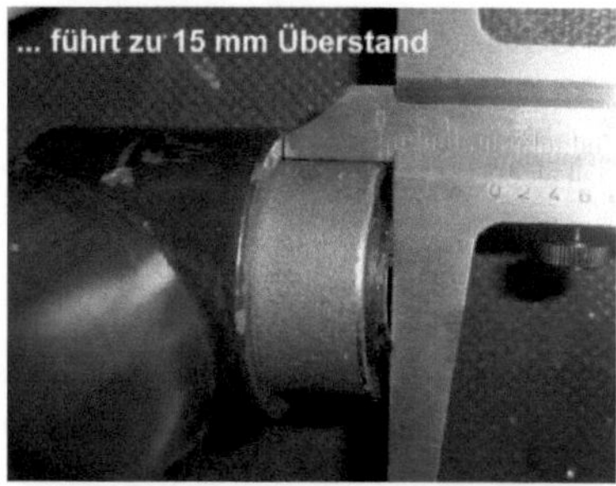

Dem Werkzeug geben wir eine Bohrung, denn dann können wir wahlweise die Presskraft an der Werkbank mit dem Schraubstock erzeugen oder mit einer durchgesteckten Gewindespindel M 14 x 1,5, die wir aus einem Universalabzieher entleihen. Mit dieser Gewindespindel (wenn man sie denn mitnähme) wäre ein Austausch der Buchse notfalls sogar am Straßenrand möglich. Die Presskraft ist recht hoch; die Buchse sitzt also ziemlich stramm im Stoßdämpferauge. So soll es auch sein, denn ein seitliches Wandern ist unerwünscht.

Das Einpressen bis zum Anschlag führt zu den erforderlichen 15 Millimetern Überstand auf der anderen Seite.

Diese hässlichen Ergebnisse der tribologischen Kategorie „Stahl auf Stahl, ungeschmiert" wollen wir künftig nicht mehr sehen. Schauen wir mal, ob dieser Wunsch in Erfüllung geht und die solide aussehenden Gummi-Metall-Buchsen länger als 4.500 km halten. Bisher taten sie es.

Wer diesen Erfahrungsbericht als Anregung zum Selbermachen nehmen möchte, messe bitte zuerst den Innendurchmesser des leergeräumten Stoßdämpferauges, denn da mag es unterschiedliche Ausführungen geben. Erst wenn dieses Maß unzweifelhaft feststeht, gehen Sie auf die Suche nach geeigneten Gummi-Metall-Buchsen.

Nachdem wir die Schwächen von Gummi-Metall-Buchsen nun ausgiebig kennengelernt haben, ist die Motivation da, sie durch etwas Haltbareres zu ersetzen. Das ist besonders in der Lenkungsmechanik vorteilhaft. Fangen wir mit der Spurstange an, in deren Enden zwei Silentblocs darauf warten, aufs Altenteil geschickt zu werden. Das ist immerhin schon die Hälfte von allen.

### 1.2.3    Spurstange mit Kugelgelenkköpfen



Betrachtet man die Lenkungsmechanik der Isetta oder des BMW 600 mit einem kritischen Auge, so fragt man sich je nach Temperament ernsthaft oder augenzwinkernd bis kopfschüttelnd, warum die Konstrukteure ausgerechnet Gelenke wählten, die aus einer schlichten Gummibuchse bestehen. Vermutlich, weil sie dadurch auf einfache Weise die erforderlichen Bewegungsmöglichkeiten (begrenzte Drehwinkel und zugleich ein bisserl Kippen) verwirklichen konnten. Wohl auch, weil Gummibuchsen keine Schmierung verlangen und weil sie harte Schläge dämpfen können. Vor allem aber, weil sie preisgünstig sind. Ein gutwilliger Mensch nennt so etwas *einfach genial* oder auch *genial einfach*, ein böswilliger *billig* oder gar *primitiv*. Wie auch immer man diese Gummiverliebtheit werten mag: Es sollte dabei nicht vergessen werden, dass gerade bei Kleinwagen mit dem spitzen Bleistift gerechnet werden muss. Das ist auch heute noch so. Diesem Sparzwang konnte und kann sich kein Hersteller entziehen. Wir sollten den damaligen Konstrukteuren also Absolution erteilen. Das ändert jedoch nichts daran, dass wir uns heute mit diesem fragwürdigen Kram herumschlagen müssen. Müssen wir? Nein, wir müssen nicht. Es sei denn, wir wollen es nicht besser haben.

Glücklicherweise haben die letzten sechzig Jahre gewisse Fortschritte in der Technik hervorgebracht. So sind die Spurstangenköpfe moderner Automobile regelmäßig mit einem Kugelgelenk ausgestattet, das durch einen Gummibalg gegen den Eintritt von Spritzwasser und Schmutz abgedichtet ist und eine Fettpackung zur Schmierung auf Lebensdauer enthält.

Diese Lösung ist auch auf die Isetta und den BMW 600 übertragbar. Die rasch verschleißenden Silentblocs können durch langzeitstabile, lebensdauergeschmierte und darum wartungsfreie Kugelgelenke ersetzt werden. Dazu sind Gelenkköpfe erforderlich, deren Kugeln eine Durchgangsbohrung für eine M10-Schraube haben.

Hier sehen wir links ein abgedichtetes Kugelgelenk, rechts daneben liegt zum Vergleich ein Spurstangenkopf mit dem serienmäßigen Silentbloc.

Die folgende Zeichnung verdeutlicht, wie ein Kugelgelenkkopf im Schnitt aussieht. Die Zeichnung ist von Askubal, einem der ganz wenigen Hersteller, bei dessen Gelenkköpfen der Bohrungsdurchmesser in der Kugel (Maß d) und der Gewindedurchmesser im

100

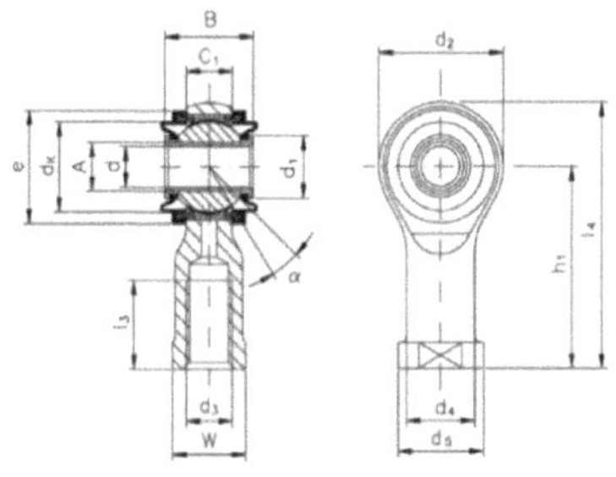



https://www.askubal.de/

Schaft (Maß $d_3$) verschieden groß sein können. Genau das brauchen wir: Eine Bohrung von 10 mm für unsere maßlich ja bereits festliegende M10-Schraube und ein Innengewinde M12, weil wir nicht ohne Not an den Spurstangen-Enden auf M10 herunterdimensionieren wollen. Für diesen Zweck geeignete Kugelgelenkköpfe tragen bei Askubal die Bezeichnungen KI 12-DRS (mit Rechtsgewinde) und KIL 12-DRS (mit Linksgewinde).

Die Vorspur soll sich ohne Probleme auf ihr Sollmaß (2 mm) einstellen lassen. Dies ist auf elegante Weise zu erreichen, wenn ein Gelenkkopf mit Rechtsgewinde und der zweite mit Linksgewinde gewählt wird.

Dadurch lässt sich die Spurstange zum Einstellen der Vorspur stufenlos verkürzen und verlängern, ohne sie auszubauen und ohne auch nur ein Spurstangenauge vom Achsschenkel zu lösen - also bedeutend einfacher und genauer als bei der serienmäßigen Spurstange. Zur Vorspureinstellung hatte die Original-Spurstange ein Feingewinde M12x1,5. Kugelgelenkköpfe gibt es standardmäßig mit dem gröberen Regelgewinde M12, das eine Steigung von 1,75 mm hat.

Daher ist die Neuanfertigung einer Spurstange erforderlich, die aus einem Stück 16 mm-Rundstahl hergestellt werden kann. Wählt man hierfür rostfreien Stahl, kann man sich eine Lackierung sparen. Wer eine schwarze Spurstange für ein Fahrzeug der fünfziger Jahre passender findet und es beim Gewindeschneiden einfacher haben will, nimmt Automatenstahl, lässt ihn galvanisch verzinken und schwarz chromatieren. Die Spurstange nicht durch eine Lackschicht aufzudicken, bietet den Vorteil, dass das Klemmstück für den Lenkungsdämpfer sich mühelos verschieben lässt.

Die anzufertigende Spurstange braucht an beiden Seiten jeweils ein M12-Außengewinde; einmal Rechtsgewinde, einmal Linksgewinde. Dazu sind zwei Kontermuttern M 12 erforderlich, eine mit Rechtsgewinde, die andere mit Linksgewinde. Diese lassen sich aus M 10-Sechskantmuttern (Schlüsselweite 17 mm) herstellen, die man auf 10,3 mm ausdreht und in die man das erforderliche M 12 - Gewinde schneidet, einmal links, einmal rechts.

Um etwas zum Anfassen zu haben, womit wir die Spurstange zum Spureinstellen drehen können, setzen wir zweckmäßig in ihre Mitte einen mit wenigen Schweißpunkten angehefteten Sechskant mit Schlüsselweite 19 mm, der aus einer ausgedrehten M 12-Sechskantmutter gefertigt werden kann.

Ehrgeizige Edelschrauber können nun noch darüber nachdenken, ob und wie sie die restlichen Silentblocs in der Lenkmechanik eliminieren. Es bleiben ja noch zwei übrig, nämlich an den beiden Enden des Lenkhebels im linken Radkasten. Einem davon werden wir im nächsten Abschnitt dieses Buches den Garaus machen. Aber auch, wenn man beide restlichen Silentblocs am Leben lässt, steigt die Leichtgängigkeit der Lenkung schon sehr deutlich.

Abschließend ein Hinweis, der bei dieser Gelegenheit angebracht ist, denn bald nach der ersten Veröffentlichung dieses Beitrags in der Mitgliederzeitschrift des Isetta-Clubs erhielt ich 2002 den Anruf eines ratlosen österreichischen Clubmitglieds. Dieser Mann hatte beim Ersatzteildienst seines Vertrauens eine dort angebotene Spurstange mit Kugelgelenkköpfen bestellt und sich nach deren Lieferung staunend gefragt, wie er denn kegelförmige Zapfen in zylindrischen Bohrungen befestigen soll.

Man sollte es nicht für möglich halten, was manche Zeitgenossen für einen Unsinn verkaufen, weil sie etwas nur vom Hörensagen kennen und mit Dollarzeichen in den Augen sogleich eine Geschäftsmöglichkeit wittern, obwohl sie die Sache gar nicht richtig verstanden haben. Darum ist eine Warnung notwendig: Lassen Sie sich <u>keine</u> Spurstangengelenke mit kegeligen Zapfen andrehen.

Es ist weder einfach noch sachgerecht, die Aluminium-Achsschenkel mit kegeligen Bohrungen auszustatten. Das geht weit über die Möglichkeiten einer Hobbywerkstatt hinaus und ist technische Wegelagerei. Denn selbst wenn es gelingt, in beide Achsschenkelkörper jeweils einen Innenkegel anstelle der serienmäßigen zylindrischen Durchgangsbohrung einzuarbeiten, besteht ein hohes Risiko, dass der Kegelzapfen das nur begrenzt belastbare Auge des Aluminium-Achsschenkels durch Keilwirkung aufsprengt - entweder gleich beim Festziehen des Gewindes am Kegelzapfen (das wäre noch Glück im Unglück zu nennen) oder erst später während der Fahrt infolge der dann zusätzlich einwirkenden Lenkkräfte (das wäre ausgesprochenes Pech). Schlimmstenfalls wird das Aluminiumauge dabei so gründlich vom Achsschenkelkörper abgesprengt, dass keine Verbindung mehr zwischen Lenkrad und Vorderrad bleibt. Nur Unbeteiligte können es dann vielleicht witzig finden, wenn die beiden Vorderräder einer Isetta gleichzeitig in unterschiedliche Richtungen lenken. Der Begriff "Kugelgelenk" erhielte eine völlig neue Bedeutung, wenn die rundliche Karosserie der Isetta aufgrund eines abreißenden Achsschenkelauges über die Straße kugelte, um als Totalschaden zum Stillstand zu kommen.

Darum muss man es klar und deutlich sagen: Alle Anschlussmaße sollen so bleiben, wie sie ab Werk waren. Also brauchen wir Kugelgelenke, deren Kugeln eine Durchgangsbohrung für eine M10-Schraube haben. Dies ist eine von zwei technisch einwandfreien Möglichkeiten. Die zweite Möglichkeit ist, dass die Kugelgelenke einen fest mit der Gelenkkugel verbundenen <u>zylindrischen</u> M10-Gewindebolzen <u>passender Länge</u> bereits mitbringen, dann sind sie ebenso einsetzbar. Spurstangengelenke mit Kegelzapfen jedoch haben in unseren Fahrzeugen nichts zu suchen. Die Aufnahmebohrung im Achsschenkel darf nicht verändert werden, weil das Risiko eines Abrisses zu groß ist.


### 1.2.4    Lenkschubstange mit Kugelgelenk



Nachdem wir im obigen Abschnitt zum Thema Spurstange zwei von vier in der Lenkhebelei vorkommenden Silentblocs eliminiert hatten, stellten wir in Aussicht, einen weiteren durch etwas Haltbareres zu ersetzen. Maschinenbautechniker Rudi K. nahm sich dieser Aufgabe an. Mit der von ihm entwickelten Konstruktion kann der Silentbloc im linken Achsschenkel ersetzt werden, so dass nur noch ein einziger Silentbloc im Lenkhebel übrigbleibt, den man der Stoßdämpfung zuliebe auch belassen sollte.

Nach dem Aufbocken des Fahrzeugs und Sichern gegen Wegrollen haben wir das linke Vorderrad abgenommen. Bild 1 zeigt die serienmäßige Situation im linken Radkasten:

Links sehen wir den Lenkhebel, rechts den Achsschenkel, dazwischen die Lenkschubstange mit ihren beiden gegabelten Enden. Bild 2 zeigt, wie die serienmäßige Lenkschubstange mit ihrem Gabelende am Achsschenkel befestigt ist. Dort soll nun die Metall-Gummi-Metall-Buchse (der Boge'sche Silentbloc) durch ein wartungsfreies Kugelgelenk ersetzt werden. Wir ziehen zunächst die Splinte aus den beiden Schrauben an den Enden der Lenkschubstange, schrauben die Kronenmuttern ab, ziehen die Schrauben heraus und nehmen die Lenkschubstange ab.

Nun geht es darum, den eingepressten Silentbloc aus dem Achsschenkelkörper zu entfernen. Diesem Ansinnen setzt der Silentbloc erheblichen Widerstand entgegen, weil er mit deutlichem Übermaß eingepresst ist. Längsrippen an seiner Außenseite, die sich beim Einpressen federnd abgeplattet haben, sorgen für einen sehr festen Sitz.

Es ist also eine ziemlich große Kraft nötig, um den Silentbloc da herauszuholen. Der Hobbyschrauber steht hier vor der Entscheidung: Schlagen oder pressen? Auf den ersten Blick drängt sich Herausschlagen als scheinbar einfache Methode auf, liegt doch

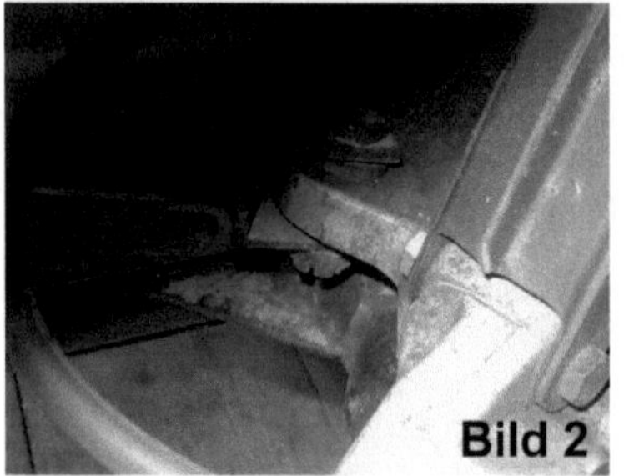

Bild 2

in jeder Werkzeugkiste mindestens ein Hammer herum. Man könnte ein Stück Rohr nehmen, dessen Außendurchmesser etwas kleiner ist als der des Silentblocs, also etwas dünner als 24 mm. Mit kräftigen Hammerschlägen auf das Ende dieses Rohres könnte man nun versuchen, den Silentbloc von unten nach oben aus dem Achsschenkel zu schlagen. Doch gewöhnlich hilft verzweifeltes Herumhämmern nicht viel: Erstens schlägt es sich von unten nach oben so schlecht. Zweitens geht es von oben nach unten gar nicht, weil im Radkasten zu wenig Platz ist. Drittens drischt man sowieso nicht mit dem Hammer auf Aluminium-Gussteile ein - wenn dabei etwas abbricht, kann man sich nur noch die Haare raufen.

Bild 3

Den ganzen Achsschenkel auszubauen und das Auge ordentlich auf dem Schraubstock zu unterstützen, um dann den Silentbloc sachte herauszuklopfen, ist zuviel der Mühe. Wir wollen nicht gleich das halbe Auto zerlegen. Ein feiner Mann legt den König der Werkzeuge ganz weit weg und entscheidet sich fürs Pressen. Genau deshalb haben wir weiter oben im Abschnitt „Silentbloc“ das Presswerkzeug mit Hülsen und M10-Gewindestange gezeigt. Dies und nichts anderes benutzen wir hier. Der Hammer ist tabu.

Dem derart unter Druck gesetzten Silentbloc bleibt nichts anderes übrig, als seine Bohrung zu verlassen, die danach frei ist zur Montage eines Kugelgelenks.

Bild 4

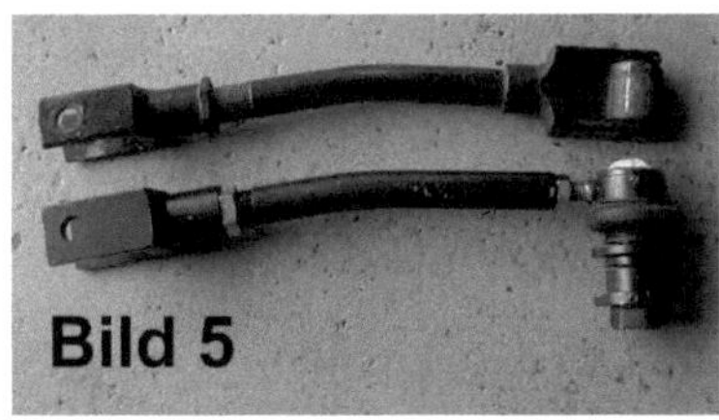

Bild 5

In diesem Bild sehen wir die zum Vergleich nebeneinandergelegten Lenkschubstangen. Oben die serienmäßige mit dem ausgepressten Silentbloc, unten die neue mit dem Kugelgelenk. Die neue ist etwas weniger stark gebogen, weil das Kugelgelenk nachher nicht im, sondern auf dem Achsschenkelkörper sitzen wird.

Zur Befestigung wird die vorhandene 24 mm-Bohrung im Achsschenkel benutzt; es braucht also nichts am Achsschenkel verändert zu werden, so dass ein Rückbau auf den Originalzustand, wenn auch technisch nachteilig, jederzeit möglich bleibt.

Bild 6

Damit das Kugelgelenk fest in der Bohrung verankert werden kann, enthält der Umbausatz einen zweiteiligen Adapter.

Bild 7

Oben auf den Achsschenkel kommt eine in ihren Abmessungen einerseits an das Kugelgelenk, andererseits an die Achschenkelbohrung angepasste Scheibe mit Kragen.

Bild 8

Von unten wird auf den Gewindestutzen des Kugelgelenks eine Bundmutter geschraubt, deren Führungsdurchmesser zur 24 mm-Bohrung passt.

Bild 9

Mit dieser Bundmutter wird das Kugelgelenk fest gegen den Achsschenkel gezogen.

Als letzter seines Stammes verbleibt der Silentbloc vorn im Lenkhebel. Es ist kein übertriebener Luxus, ihn bei dieser Gelegenheit zu erneuern. Denn selbst wenn man nicht viel gefahren und die Gummibuchse noch nicht mondsichelförmig durchgerieben ist, zeigt sie nach ungefähr zehnjähriger Gebrauchsdauer die typischen feinen Ozonrisse.

Also spendieren wir dem Lenkhebel einen neuen Silentbloc, den ein fürsorglicher Isettafahrer stets in der Hosentasche haben sollte. Zum Einpressen können wir wieder unsere Vorrichtung oder den Schraubstock nehmen. In jedem Fall bauen wir den Lenk-

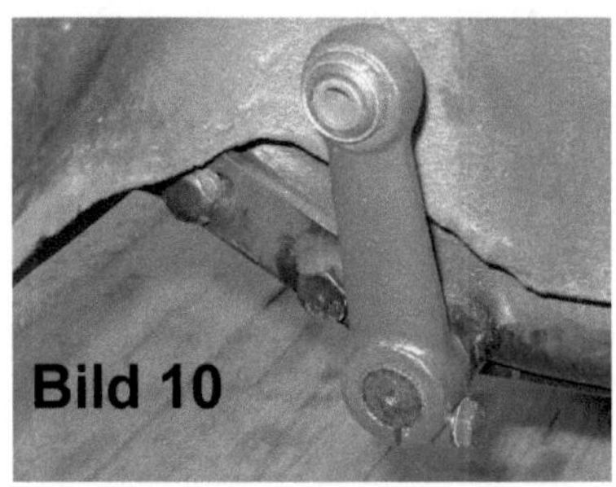
Bild 10

hebel aus, denn im Radkasten ist zuwenig Platz für die Aus- und Einpressübung. Vor dem Ausbau markieren wir die Lenkwelle am Schlitz des Lenkhebels mit einem Körnerschlag, sofern dort nicht sowieso schon einer vorhanden ist. Denn nur mit Hilfe dieser Markierung werden wir den Lenkhebel nachher wieder in der richtigen Lage auf die Lenkwelle setzen können. Die Presskraft zum Heraus- und Hineindrücken des Silentblocs brauchen wir nun, da der Lenkhebel ausgebaut ist,

nicht unbedingt mit der Gewindestange zu erzeugen, sondern wir können dazu den Schraubstock benutzen. Wem es Spaß macht, der kann aber auch hier wieder mit der Pressvorrichtung spielen. Der neue Silentbloc soll auf beiden Seiten gleich weit herausstehen. Nachmessen mit einem Meßschieber ist besser als schätzen per Augenmaß.

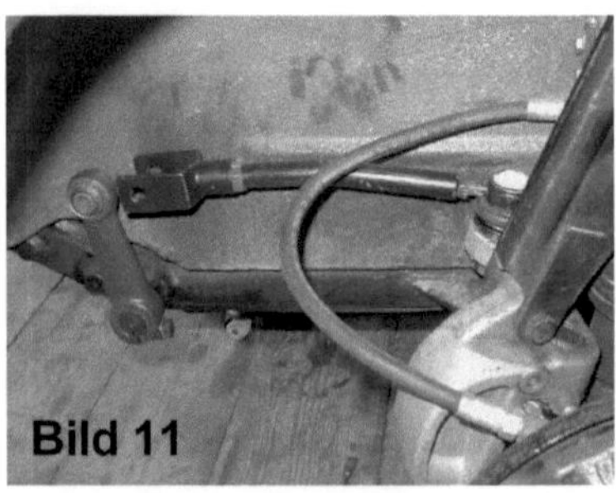
Bild 11

Nachdem der Lenkhebel mit seinem neuen Silentbloc wieder in unveränderter Lage auf der verzahnten Lenkwelle festgeklemmt ist, verbinden wir das vordere Ende der neuen Lenkschubstange mit dem Lenkhebel (Bild 11). Um unnötige Torsionsspannungen im Silentbloc zu vermeiden, soll dies in Geradeausstellung der Lenkhebelei geschehen. Wir drehen deshalb das Lenkrad und damit den Lenkhebel in Geradeausstellung, ebenso den Achsschenkel.

Bild 12

Die neue Lenkschubstange hat wie die serienmäßige ein Einstellgewinde, mit dessen Hilfe wir sie verlängern oder verkürzen können. Während wir die Kontermutter lösen, halten wir am Gabelkopf mit einem Maulschlüssel oder einem Rollgabelschlüssel (alte Leute sagen *Engländer*) gegen. Den Gabelkopf schrauben wir jetzt so weit heraus oder hinein, bis seine Querbohrung mit der des Lenkhebels fluchtet. So können wir die M10-Schraube zwanglos durch beide Teile stecken.

Falls der Gabelkopf der neuen Lenkschubstange breiter ausgeführt ist als am Originalteil, steht das Gewinde der Schraube etwas weniger weit heraus als zuvor. Die Scheibe unter der Kronenmutter können wir weglassen und dadurch die erforderliche Länge der Schraube zurückgewinnen, so dass sich nach dem Aufschrauben der Kronenmutter der Splint durchstecken lässt. In Geradeausstellung der Lenkung ziehen wir die Mutter fest, bringen dabei einen der Schlitze in der Kronenmutter in Übereinstimmung mit

Bild 13

dem Splintloch in der Schraube und halten währenddessen am Schraubenkopf gegen. Der Schraubenkopf und die Mutter sollen die beiden Zinken des Gabelkopfes fest gegen die Innenhülse des Silentblocs pressen. Die festgezogene Schraube darf sich also nach dem Anziehen der Kronenmutter nicht mehr in der Innenhülse des Silentblocs drehen lassen. Nun fädeln wir einen genügend langen Splint durch die Querbohrung der Schraube und zugleich durch die Schlitze der Kronenmutter. Das geht am besten, wenn das Splintloch der Schraube waagerecht liegt. Daher ist es vorteilhaft, die Lage des Splintlochs vorher am Sechskantkopf der Schraube anzuzeichnen. Die Enden des Splints biegen wir um die Ecken der Kronenmutter. Hier ist Sorgfalt gefordert. Sachgemäßes Versplinten ist lebenswichtig, denn weit weniger lustig als eine Seefahrt ist es, bei vollem Speed diese Schraube zu verlieren. Also lieber dreimal zu viel hinschauen als einmal zu wenig. Natürlich nehmen wir einen neuen Splint und keinen gebrauchten, der nach mehrmaligem Hin- und Herbiegen gern bricht.

Jetzt ziehen wir die Kontermutter des Gabelkopfes wieder fest. Dazu halten wir zweckmäßig mit einem passenden Maulschlüssel oder einem Engländer am Gabelkopf gegen, damit das Drehmoment vom Anziehen der Mutter nicht von der Gummibuchse des gerade erneuerten Silentblocs aufgenommen werden muss (Bild 14).

Eine wichtige Kleinigkeit zum Schluss: Die Spezialmutter, die das Kugelgelenk im Achsschenkel hält, trägt in ihrem Bund einen kleinen Gewindestift (alte Leute sagen *Madenschraube*) mit Spitze und Innensechskant. Diesen Gewindestift ziehen wir mit einem passenden Innensechskantschlüssel <u>gefühlvoll</u> an, wodurch sich seine Spitze in den Gewindezapfen des Kugelgelenks drückt und die Bundmutter zuverlässig gegen Losdrehen sichert.

Der Gewindezapfen des Kugelgelenks, auf den wir die Bundmutter geschraubt haben, weist an seinem unteren Ende ebenfalls einen Innensechskant auf. Darum können wir, solange die Bundmutter noch nicht festgezogen ist, mit einem von unten durch die Bundmutter gesteckten Innensechskantschlüssel den Gewindezapfen in eine Lage drehen, in der bei angezogener Bundmutter der querliegende kleine Gewindestift bequem erreichbar ist. Gut kommt man von der Vorderseite dran, wie Bild 15 es zeigt.

Das Kugelgelenk ist wartungsfrei; es enthält eine Fettpackung zur Schmierung auf Lebensdauer und ist durch seinen Gummibalg gegen den Eintritt von Spritzwasser und Schmutz abgedichtet. Wir werden also auf Jahre hinaus an dieser Stelle nichts mehr zu tun haben und unseren Schrauberdrang anderswo ausleben müssen.

Die Bilder 5, 6 und 11 lassen erahnen, dass das Gewinde am Kugelkopf der ersten Ausführung im obigen Beispiel mit M9 etwas mickrig ausgefallen war. Zwar sind dennoch keine Brüche bekannt geworden, aber aus Sicherheitserwägungen ist es zweckmäßiger, einen Kugelgelenkkopf mit einem anständig großen M12-Innengewinde zu verwenden, wie das letzte Bild ihn zeigt. Die Lenkschubstange erhält dann ein M12-Außengewinde, so dass sie aussieht wie im letzten Bild dargestellt. Der Lohn der Arbeit ist eine spürbar leichtgängigere und exaktere Lenkung, mit der die Freude am Fahren nochmals steigt - falls das bei Isetta & Co. überhaupt möglich ist.

Vom außen sichtbaren Hebelgestänge ist der Weg nicht weit bis zum Lenkgetriebe, auf das wir nun ein Auge werfen.

## 1.2.5 Lenkgetriebe an Isetta und BMW 600 instandsetzen



Wenn es in der Lenkung knackt, und zwar im Umkehrpunkt vom Nachlinks- zum Nach-rechts-Lenken, ist das für sich allein genommen nur ein Schönheitsfehler, der nicht mal beim TÜV auffallen muss. Zumindest dann nicht, wenn dabei eines der Vorderräder von einer hydraulischen Rüttelplatte hin- und hergeschüttelt wird. Dann stehen die Herren Ingenieure mit geballtem Sachverstand unter dem Fahrzeug und halten ihre prüfenden Finger an die beiden Spurstangengelenke. Wenn dort nichts wackelt, gilt es als gut. Beim Lärm der Rüttelmaschine hört niemand, dass es weiter oben im Lenkge-triebe bei jedem Richtungswechsel vernehmlich *„knack"* sagt. Da war die einstige *„Wackeln Se ma am Lenkrad"*-Prüfung aussagefähiger, dabei herrschte mehr Ruhe und man konnte mühelos etwas hören.

Geben wir's also ruhig zu: Ein wenig Spiel war in der Lenkung spürbar. Auf gerader Strecke musste man immer ein kleines bisschen die Richtung korrigieren. Es war zwar nicht viel, aber auf langen Strecken nervte es doch, besonders bei Seitenwind auf der Autobahn. Ja, dort trauen wir uns gelegentlich auch mit einem BMW 600 drauf – mit Lastzuggeschwindigkeit.

Nachdem der Autor einmal miterleben durfte, wie ein moderner Sindelfinger Sternen-kreuzer im zarten Alter von drei Jahren beim allerersten TÜV-Termin wegen übergro-ßen Lenkspiels glatt durchfiel und der Premiumhersteller sich trotz eines offenkundi-gen Konstruktionsmangels an einem aus Kunststoff (!) gefertigten Arbeitskolben im Lenkgetriebe wand wie ein Aal, bevor er sich endlich zu einer Kulanzregelung durch-rang, wollen wir einem über 60 Jahre alten Kleinwagen gern zugestehen, dass sein Lenkgetriebe jenseits der 200.000 km etwas Spiel aufweisen darf. Lassen Sie uns ge-meinsam nachschauen, was da unten in diesem schlanken Alugehäuse los ist.

Die Isetta-Reparaturanleitung liefert zum Thema Lenkung nur unvollständige Informa-tionen, weshalb den Isettafahrern ein Blick in die ausführliche und reich bebilderte Re-paraturanleitung des BMW 600 zu empfehlen ist. Das gilt übrigens nicht nur für das Lenkungskapitel, sondern auch für andere Baugruppen, bei denen zwischen Isetta und 600 Familienähnlichkeiten bestehen: Vorderachse, Bremsen und Karosserie, dort ins-besondere der Ein- und Ausbau der Fensterscheiben. Bei all diesen Themen ist das Isetta-Reparaturhandbuch dürftig und das des 600 reichhaltiger.

Wir zeigen die Arbeiten hier am Beispiel eines BMW 600. Bei der Isetta geht es genauso. Das, was die Reparaturanleitung des 600 dazu hergibt, brauchen wir hier nicht zu wie-derholen. Nachdem den Lesern die Lektüre des Lenkungskapitels in der 600-Reparatur-anleitung nun wärmstens ans Herz gelegt worden ist, finden sie darin den Ausbau der

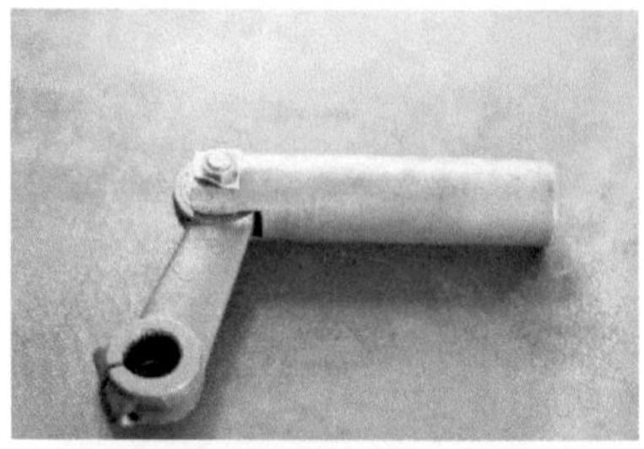

Lenkspindel und der Lenkmutter mit dem Lenkstockhebel beschrieben. Darum fangen wir hier erst an, wenn die ausgebauten Teile auf der Werkbank liegen. Im nebenstehenden Bild haben wir die Lenkmutter mit dem Lenkstockhebel vor uns. Verbunden sind die beiden Teile durch ein Pendelrollenlager, dessen Außenring im Auge des Lenkstockhebels eingepresst ist. Durch den Innenring des Lagers geht eine Paßschraube, die wir der angenehmeren Lesbarkeit zuliebe hier altmodisch mit ß schreiben, um unser Sprachzentrum nicht mit drei aufeinanderfolgenden s zu quälen.

Diese Paßschraube hat einen Sechskantkopf. Eine Fläche des Sechskants wird von einer an der Lenkmutter angefrästen Fläche gegen Verdrehen gesichert. Man braucht also keinen Schraubenschlüssel zum Gegenhalten; das war eine freundliche Geste des Konstrukteurs.

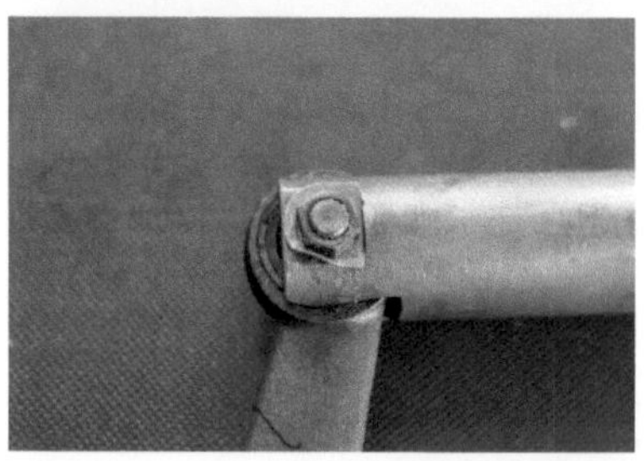

Auf der gegenüberliegenden Seite sitzt auf dem Gewinde der Schraube eine Mutter M10x1 mit 14 mm-Sechskant. Sie ist durch ein umgebogenes Sicherungsblech gegen Lösen gesichert. Das U-förmige Blech wird seinerseits durch eine an der Lenkmutter angefräste Fläche gegen Verdrehen gesichert.

Wir wollen das hier eingebaute kleine Pendelkugellager untersuchen; vielleicht ist es der Verursacher des Knackgeräusches. Außerdem möchten wir die balligen Innenflächen der gegabelten Lenkmutter auf Verschleißspuren überprüfen. Also muss die Paßschraube heraus. Dazu biegen wir zunächst den Lappen des Sicherungsblechs in die ursprüngliche flache Lage zurück, so dass der Sechskant der Mutter nun gedreht werden kann.

Mit einem 14er Schlüssel schrauben wir die Mutter ab, ...

... entfernen das Sicherungsblech, ...

... und sollen jetzt gemäß der Reparaturanleitung die Paßschraube mit einem Dorn herausklopfen. Das wird ein mühseliges Unterfangen, weil die Schraube im Innenring des Lagers einen ziemlich festen Sitz hat.

Wenn man mit Klopfen nicht weiterkommt, hilft Pressen. Ein simpler Schraubstock genügt. Links ist ein Stück Rohr zu sehen, in dem der Schraubenkopf Platz findet. Weil die Gabel der Lenkmutter zu ihrem Ende hin schmaler gefräst ist, sind unten links Bleche mit einer Gesamtdicke von 2,5 mm beigelegt, damit das Rohrstück gerade sitzt. Rechts ist die flache Sechskantmutter auf das Gewinde geschraubt, um den Gewindeanfang zu schonen.

Nehmen wir die Mutter ab, können wir die Schraube so weit auspressen, dass das Gewinde bündig ist. Das genügt nicht ganz; die Paßschraube steckt noch fest.

Deshalb wird im nächsten Schritt ein kurzer Dorn zwischen Schraubstockbacke und Schraubenende gespannt. Damit lässt sich die Schraube vollends auspressen.

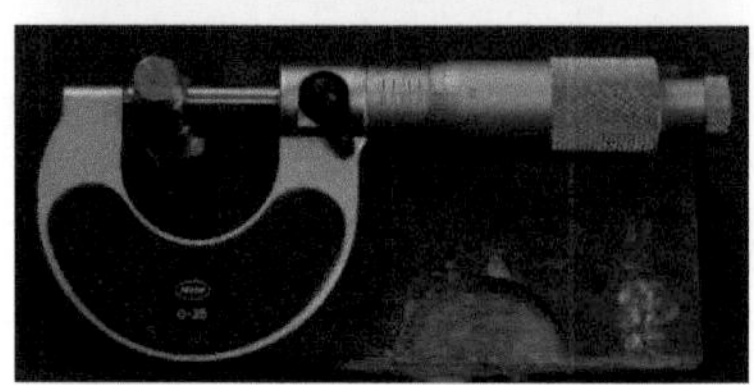

Eine Messung bestätigt, dass der Passdurchmesser der Schraube ein Hundertstel Millimeter dicker ist als das Nennmaß 10 mm. Da der Lagerinnenring nach minus toleriert, also enger als 10 mm ist, kommt eine nennenswerte Pressung von mindestens 0,01 mm zustande. Sie reicht für einen festen Sitz.

Falls es an den balligen Innenseiten der Gabel Grate oder Unebenheiten gibt, können wir diese jetzt vorsichtig mit einer Schleiffeile feiner Körnung (ca. 600) einebnen. Wir benetzen den Stein mit dünnflüssigem Öl, z.B. WD 40 oder Ballistol, wodurch der Schliff besser wird.

Nachdem die Schraube draußen ist, haben wir das Lager vor Augen. Man sieht am Außendurchmesser des Lagers zwei Körnerschläge. Da hat niemand auf den gehärteten Lageraußenring eingedroschen, sondern neben dem Lager liegen beidseitig Abstandsringe, die durch die Körnerschläge gegen Herausfallen gesichert sind. Das hat man so gestaltet, weil das 9 mm breite Lager schmaler ist als der Lenkstockhebel mit seinen 12 mm.

Wir brauchen diese beiden Abstandsringe nicht mühsam herauszuoperieren, sondern können sie getrost drin lassen, während wir das Lager aus dem Auge des Lenkstockhebels pressen. Links liegt ein Außenring aus einem ausgeschlachteten Kugellager, in dem das auszupressende Lager Platz findet. Rechts ist ein Stück Rohr zu sehen, das etwas kleiner ist als der Außendurchmesser des Lagers.

Das Einpressen eines neuen Pendelkugellagers, das die einfache Bezeichnung 1200 trägt, erfolgt nach dem gleichen Prinzip. Den Abstandsring legt man zum Schluss drauf ...

... und klopft ihn ein. Mit etwas Glück schnappt er hinter die bereits vorhandenen Körner und sitzt dann fest. Wenn nicht, körnen wir eben nach.

Die beiden Gabelzinken der Lenkmutter sind symmetrisch, so dass es gleichgültig ist, von welcher Seite her die Paßschraube eingesteckt wird. Auch für die Funktion des Zusammenbaus aus Lenkmutter, Pendelkugellager und Lenkstockhebel ist es unerheblich, auf welcher Seite der Schraubenkopf sitzt. Er kann links oder rechts sein, das ist egal.

Die Bohrungen in den Gabelzinken sind beide 12 mm groß. Die Paßschraube hat nächst ihrem Sechskantkopf einen 12 mm-Durchmesser, der mit wenig Spiel ins Gabelauge passt. Danach schließt sich der 10,01 mm große Paßdurchmesser an, der stramm im Lagerinnenring sitzt. Daneben endet die Schraube mit einem Feingewinde M10x1. Den Leerraum zwischen diesem Gewinde und der 12 mm-Bohrung in der Gabelzinke füllt eine Stahlhülse, die eine Wanddicke von 1 mm und eine wohldurchdachte Länge hat.

**Achtung!** Das Auge des Lenkstockhebels mit eingepreßtem Pendellager muß axial spielfrei und ohne Verdrehspiel in der Gabel der Lenkspindelmutter eingepaßt sein. Gewöhnlich ist das bei genügendem Festziehen der Bolzenmutter SW 14 gewährleistet. Andernfalls kann die Distanzbüchse an der Stirnfläche etwas nachgearbeitet werden, daß sich der Lenkstockhebel nach der Montage zügig, aber ohne zu klemmen, schwenken läßt. Gegebenenfalls Lenkstockhebel ausbauen.

In der Reparaturanleitung für den BMW 600 ist beschrieben, dass man diese Hülse *an der Stirnfläche etwas nacharbeiten* darf, falls nach dem Anziehen der M10x1-Mutter die Gabel der Lenkmutter unerwünschtes Verdrehspiel gegenüber dem Lenkstockhebel haben sollte. Unter *„etwas nachgearbeitet"* ist „geringfügig gekürzt" zu verstehen, denn länger zaubern lässt sich die Hülse selbstverständlich nicht.

In der Isetta-Anleitung findet man hierzu kein Sterbenswörtchen, da wurden dem Monteur hellseherische Fähigkeiten unterstellt ... oder ein Lehrgang in der BMW-Kundendienstschule vorausgesetzt.

Es ist offenkundig, dass jegliches Verdrehspiel der Lenkmutter sich am Lenkrad als fühlbares Spiel zeigen muss. Ist Verdrehspiel vorhanden, kann die Lenkmutter im Umkehrpunkt zwischen Rechtslenken und Linkslenken sich ein Stückchen mit der Lenkspindel hin und her drehen, so dass nicht die gesamte Lenkradbewegung an den Rädern ankommt. Außerdem verursacht solches Verdrehspiel Geräusche und Verschleiß.

Nun ist nicht ohne weiteres verständlich, dass bei zu großem Verdrehspiel die Hülse gekürzt werden soll, denn zunächst glaubt man, je stärker man die Mutter der Paßschraube anzieht, desto mehr drücke die Schraube die Gabelzinken zusammen und desto geringer werde das Verdrehspiel. Das findet jedoch seine Grenze, denn die genau

bemessenen Längen der beiden 12 mm-Durchmesser – einmal an der Schraube selbst und dann gegenüberliegend an der Hülse – verhindern, dass man auch bei noch so starkem Anziehen der Mutter die Gabel mehr als bis auf ein bestimmtes Maß zusammendrükken kann. Versucht man es dennoch, wird die Mutter überlastet. Entweder wird ihr Gewinde überdreht oder sie platzt auf, wie das nebenstehende Bild eindrücklich warnt.

Die Spannkraft der Sechskantmutter wird von der Hülse auf den Lagerinnenring geleitet und von dort in die Schraube selbst. Die Gabel lässt sich durch das Anziehen der Mutter nur so weit zusammendrücken, dass sie außen genauso breit ist wie alle ihre Innenteile (Hülse, Lagerinnenring, 12er Schraubenbund) zusammen. Paßschraube und Hülse zusammen bilden sozusagen einen inneren Anschlag.

Will man also die Gabel weiter zusammendrücken, muss zuerst die Hülse kürzer werden. Es ist wichtig, dies zu verstehen. Dass dazu die Schraube zunächst wieder herausgepresst werden muss, ist zwar lästig, aber nicht zu ändern. Das ist eine Einpassarbeit der zeitraubenden Art, bei der man sich nicht darüber beklagen darf, dass das Resultat des eigenen Tuns sich erst überprüfen lässt, nachdem alles zusammengebaut ist. Anders geht's nicht.

(In der Serienfertigung ginge es zwar durchaus anders, nämlich durch automatisiertes Messen und Rechnen, doch für uns ist an dieser Stelle jeder Versuch einer Messung zwecklos, weil zu ungenau.) Die Natur verlangt uns eben manchmal Geduld ab und sie scheint mitunter ihre Gaben ungerecht zu verteilen. Wer beispielsweise zwei Claudias aus verschiedenen Familien vergleicht, sagen wir mal Roth und Schiffer, erkennt das sofort.

Nun sind das vier Absätze nur über diese blöde Hülse geworden. Vielleicht wird dadurch deutlich, warum man auf so viele überdrehte Feingewinde an dieser Stelle stößt: Weil die Herren Autoschlosser im dumpfen Glauben *„Wackelt noch, muss ich fester anziehen"* handelten, bis sie das Gewinde überdrehten oder gar die Sechskantmutter aufsprengten. Bloß weil sie den Sinn einer unscheinbaren Hülse nicht verstanden hatten.

Wir achten also darauf, dass die Lenkmutter nach dem Festziehen der Paßschraubenmutter frei von Verdrehspiel ist.

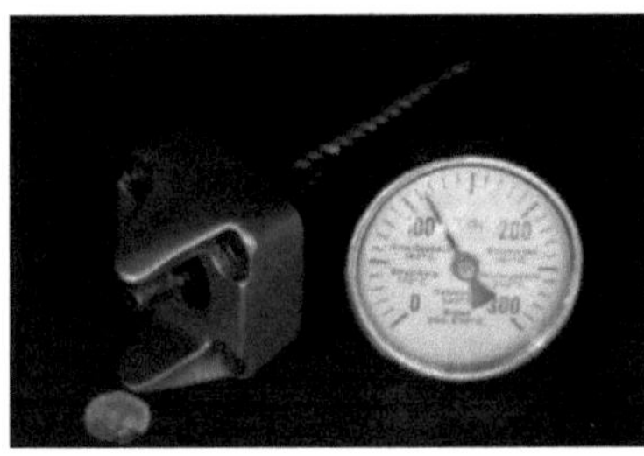

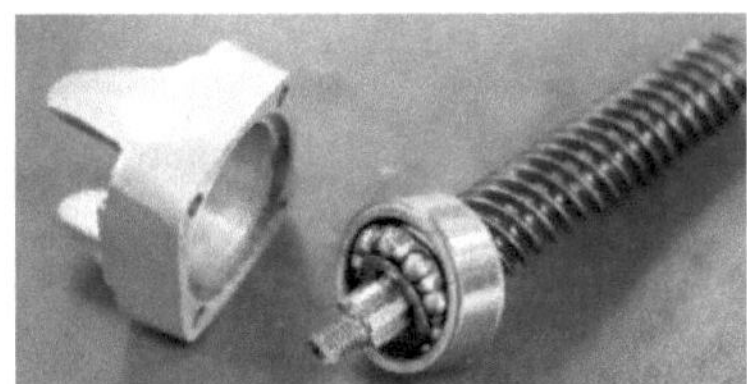

Widmen wir uns nun dem großen Pendelkugellager 2303, das oben im Deckel des Lenkgetriebes sitzt. Um den Aludeckel zwanglos vom Lageraußenring zu ziehen, legen wir die Baugruppe in den Backofen und erwärmen sie auf gut 100 °C. Ein rücksichtsvoller Ehemann hält sich in seiner Werkstatt einen alten ausgemusterten Elektroherd, um den neuen in der Küche nicht mit stinkendem Schmierfett zu kontaminieren.

Durch die Wärme dehnt sich das Aluminium so weit, dass der Deckel ohne weiteres vom Lager fällt.

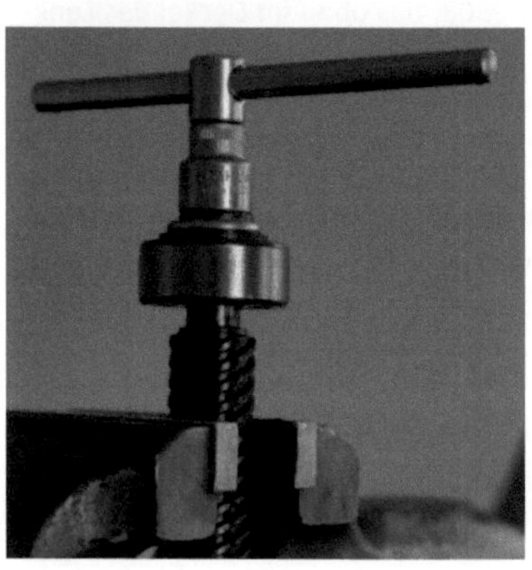

Wenn wir nun das Lager von der Lenkspindel ziehen wollen, kommen wir leider nicht direkt an den Innenring heran, denn da ist kein Spalt, in dem die Abzieherklauen Platz hätten. Wir müssen also wohl oder übel die Abziehkraft über den Außenring und die Kugeln leiten – etwas, was man eigentlich unterlassen soll, zumindest beim Einbau neuer Lager. Aber da wir dieses Lager sowieso erneuern werden – das alte hatte etwas Axialspiel - legen wir eine große, kräftige Scheibe unter, die mit wenig Spiel über die Lenkspindel passt. Diese Scheibe sorgt dafür, dass der Lageraußenring, der ja pendeln kann, sich beim Anziehen der Abzieherspindel nicht schräg stellt.

Das neue Pendelkugellager 2303 am oberen Ende der Lenkspindel könnten wir ohne langes Federlesen mit Hammer und Schlaghülse auf den Zapfen treiben, aber elegant ist diese Haudruffmethode nicht. Wir wollen's erst mal im Guten versuchen, also ohne Schläge. Dabei kommt uns entgegen, dass der Zapfen an seinem Ende ein M10-Gewinde hat. Ist es auch kurz, so erlaubt es doch das Aufziehen des Lagerinnenrings. Wir müssen nur Schritt für Schritt arbeiten und immer dann, wenn das Gewinde zu Ende ist, ein paar zusätzliche Beilagscheiben unterlegen. So genügt auch das kurze Gewinde, um den Lagerinnenring mit Hilfe einer M10-Mutter schonend auf die Lenkspindel zu drücken.

Nachdem der Innenring auf der Spindel ist, kommt der Außenring an die Reihe. Den Aufwärmtrick wenden wir auch bei der Montage des Lagerdeckels wieder an: Wir heizen den Aludeckel auf 100 °C, greifen ihn mit einem hitzefesten Handschuh und lassen ihn auf den Lageraußenring fallen. Währenddessen hängt die Lenkspindel in einem Rohr. Der Lageraußenring stützt sich auf die Stirnseite dieses Rohres, so dass er nicht kippen kann. Dann flutscht der Aludeckel drüber, ohne zu verkanten.

Vorher befetten wir das Lager, weil wir ohne den Aludeckel besser drankommen. Hierfür ist jedes gute Wälzlagerfett geeignet. Wenn die beiden Pendelrollenlager nicht eindeutig als Ursache der Knackgeräusche in Frage kommen, liegt der Verdacht nahe, dass zwischen Lenkspindel und Lenkmutter durch Verschleiß zuviel Gewindespiel entstanden ist.

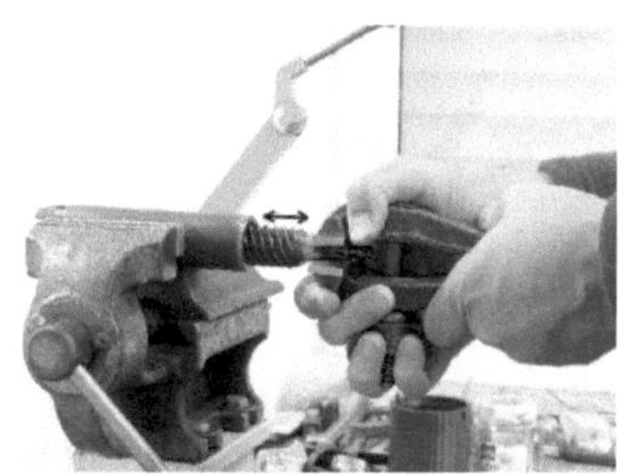

Das prüfen wir, indem wir die Lenkmutter in den Schraubstock spannen und die halb eingeschraubte Spindel in Längsrichtung hin- und herzubewegen versuchen, ohne sie zu drehen. Den soliden „Anpack" gibt uns dabei ein aufgeklemmter Feilkloben mit V-Prisma. Wenn Axialspiel fühlbar ist, und in diesem Beispiel war das so, dann müssen wir uns um ein gutes Pärchen Gebrauchtteile bemühen. Denn als Nachbau gibt es diese Teile nicht, dazu sind sie fertigungstechnisch zu anspruchsvoll.

Die Herstellung derartiger Gewinde ist nichts für den Hinterhofkrauter, der zufällig eine altersschwache Leitspindeldrehbank herumstehen hat, sondern etwas für eine auf lange Gewindespindeln spezialisierte Fabrik. Bewegungsgewinde wie diese, die lang im Verhältnis zu ihrem Durchmesser sind, werden durch Wirbeln hergestellt. Das ist ein Schraubfräsverfahren, für das es spezielle Wirbelmaschinen gibt; sie sind teuer. Dabei rotiert ein angetriebener Wirbelring mit innenverzahnten Schneiden aus Vollhartmetall exzentrisch mit Axialvorschub um das langsam drehende Werkstück. Zum gewünschten Gewindeprofil wird ein bestimmtes Schneidenprofil errechnet und speziell für dieses Gewinde angefertigt – wieder teuer.

Für das Innengewinde der Lenkmutter braucht man ein schlankes, ebenfalls angetriebenes und exzentrisch rotierendes Werkzeug – abermals teuer. Daraus wird deutlich, dass eine Nachfertigung der Isetta-Lenkspindel und -Lenkmutter kein Klacks ist, sondern kostspielige Werkzeuge und Maschinen erfordert, die erst einmal bezahlt werden wollen. Immerhin ist das Gewinde nicht nur lang, groß in der Steigung und spielarm, sondern dabei auch noch sechsgängig, das ist schon eine Herausforderung. Darum reißt sich kein Mensch um eine solche Nachfertigungsaktion, sondern es werden lieber alte Lenkspindeln und Muttern, mitunter auch solche, die nicht zusammengehören, als *spielfrei und ohne hakeln drehbar*" für 120 EUR angeboten. Die gute Nachricht ist: Lenkspindel und Lenkmutter sind bei Isetta und 600 gleich, so dass die zahlreich vorhandenen Isettateile in diesem Fall auch den wenigen überlebenden 600ern nützen.

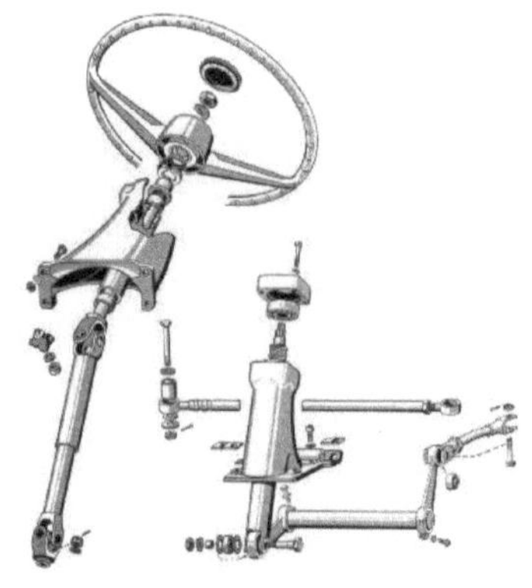

Darüber bei der Lenksäule und darunter beim Lenkstockhebel hört die Gleichheit sofort wieder auf. Der Lenkstockhebel des 600 ist - abgesehen vom gleichen Lager darin - größer dimensioniert, auch ist die Lenkwelle im 600 5 mm dicker. Aber immerhin kann, wer zum Beispiel aus einer wenig gelaufenen Unfall-Isetta ein kaum benutztes Lenkgetriebe herumliegen hat, dessen Innereien ohne Änderung für den BMW 600 verwenden.

So wurde das auch hier gemacht. Und siehe da: Das Lenkgetriebe dieser im Jahr 1976 als Teilespender angeschafften 1957er Isetta hatte sogar ein Trapezgewinde, das ohne Axialspiel läuft. Rund 40 Jahre lang gebunkert und gut abgehangen. Selbst bei seitlichem Bewegen war so gut wie kein Wackelspiel fühlbar – anders als an sämtlichen zum Vergleich erprobten Lenkgetrieben mit Spitzgewinde, die ausnahmslos mehr wackelten.

Das führt zur Frage, was getan werden kann, wenn man nicht das Glück hatte, ein Pärchen spielfrei ineinander passender Teile aufzutreiben. Die Lenkmutter enger zaubern? Das ist mit seriösen Methoden nicht möglich. Die Lenkspindel dicker machen? Das geht schon eher. Man kann sie aufchromen lassen. Dabei wird eine Hartchromschicht galvanisch auf die stählerne Gewindespindel aufgetragen. Dieses Verfahren ist freilich ein Geduldsspiel, weil zwischendurch immer wieder die Spindel aus dem Bad genommen und in der Lenkmutter probiert werden

muss, ob sie noch wackelt, bereits spielfrei passt oder gar schon zu dick ist. Um eine solche Gedulds-Dienstleistung zu erhalten, muss man sich mit dem Galvaniseur schon sehr gut anfreunden. Hier sieht man die Gewindearten nebeneinander. Oben Trapezgewinde, unten Spitzgewinde. Sechsgängig sind sie beide, Durchmesser 27 mm und Steigung 6 mal 6 mm sind gleich.

Lenkspindel und Lenkmutter gab es nur paarweise, weil die Gewinde beider Teile mit dem Ziel möglichst geringen Spiels aufeinander eingeläppt wurden. Deshalb hatten beide Teile gemeinsam auch nur eine einzige Ersatzteilnummer. Damit man in der Serienfertigung vorübergehend voneinander getrennte Teile wieder korrekt zusammen-

118

führen konnte, trugen Spindel und Mutter dieselbe Sortiernummer, meist einen Buchstaben und eine dreistellige Zahl. Normalerweise sind diese Nummern eingeschlagen und daher im Gegensatz zu so mancher verschwundener Farbmarkierung auch nach Jahrzehnten noch gut zu finden, bei der Spindel an der unteren Stirnseite, bei der Lenkmutter am Umfang. Diese Pärchen sollen also wie die Höckerschwäne immer zusammenbleiben.

Das Gewinde hat sechs Gänge, damit aus einer einzigen Lenkradumdrehung eine stattliche Axialverschiebung von 36 mm resultiert. Da das Gewinde mehrgängig ist, kommt es darauf an, dass die richtigen Gänge von Spindel und Lenkmutter zusammenkommen, eben jene, die einst aufeinander eingeläppt worden sind. Darum ist an der Spindel einer der sechs Gewindeanfänge mit einem Körnerschlag gekennzeichnet. Der damit korrespondierende Gewindeanfang an der Lenkmutter ist ebenfalls mit einem Körner markiert, der aber dummerweise nicht an der Stirnfläche, sondern ein Stückchen entfernt außen am Umfang sitzt. Es ist klug, von dort hochlotend zusätzlich einen Markierungspunkt an der Stirnseite der Lenkmutter anzubringen, denn den werden wir beim Einbau brauchen.

Das Einfädeln der richtigen Gewindegänge ist am Fahrzeug frickelig, weil die Lenkmutter bereits im auf dem Bodenblech verschraubten Alugehäuse versenkt ist und die Spindel von oben kommend in den richtigen Gewindegang eingeschraubt werden muss. Das geht natürlich nur, wenn man das Ende der Lenkmutter sehen kann. Um dies zu ermöglichen, müssen die Vorderräder ganz nach rechts eingeschlagen sein. Nur dann steht die Lenkmutter hoch genug, um eine Markierung erblicken zu können.

Die mit graphitiertem Fett eingesalbte Spindel schraubt man in die ebenfalls befettete Lenkmutter, natürlich in den richtigen Gewindegang, also Punkt auf Punkt. Der Aludeckel wird wieder mit seinen vier Schrauben am Gehäuse befestigt. Dann stecken wir das Kreuzgelenk der Lenksäule auf die Keilverzahnung und schrauben es fest.

An der Isetta wird hier eine normgemäße M10-Sechskantmutter mit Schlüsselweite 17 nebst Sicherungsblech verwendet, während am BMW 600 eine kerbverzahnte M10-Spezialmutter eingebaut wurde, für die man einen nur um teures Geld zu beschaffenden Matra-Sonderschlüssel 296a braucht. Vielleicht deshalb, weil es diese Kerbzahnmutter und das Spezialwerkzeug seinerzeit schon im BMW-Motorradprogramm gab und man darum nichts Neues zu erfinden brauchte, getreu dem bewährten Konstrukteursmotto *„Haben ist besser als brauchen".* Um diesem Ärgernis aus dem Weg zu gehen, hat es sich bewährt, eine alte M8-Mutter von vor 1963, die noch den 14 mm-Sechskant hat, auf M10 aufzubohren. Ein schlanker Ringschlüssel für Schlüsselweite 14 passt in den Freiraum unter dem Kreuzgelenk, um die Mutter anzuziehen. Mit SW 15 geht's auch noch gerade so.

Beim BMW 600 müssen wir zum Schluss noch das Lenkrad auf Geradeausstellung ausrichten. Dank der kerbverzahnten Lenksäule geht das dort ebenso bequem wie an den späten Isetten mit Zweispeichenlenkrad. An den älteren Isetten, bei denen das Dreispeichenlenkrad auf einem Konus sitzt, geben wir uns schon unten beim Aufsetzen des Kardangelenks auf die Keilverzahnung der Lenkspindel etwas Mühe, dass die Lenkradspeichen in einer für Geradeausfahrt vernünftigen Position stehen. Da die Verzahnung sechs Keile hat, haben wir alle 60 Grad eine Möglichkeit.

Bevor wir das Lenkgetriebegehäuse wieder am Bodenblech befestigen, spendieren wir ihm eine neue Papierdichtung.

Das Resultat unserer Arbeit ist, dass es in der Lenkung nicht mehr knackt und sie etzt spielfrei geht – so soll es sein. Der Verschleiß im Gewinde war die Ursache des Knackgeräusches. Beiläufig für zwei neue Pendelkugellager rund 50 Euronen springen zu lassen, ist keine Verschwendung, wenn schon einmal alles auseinander ist. Der Lohn der Mühe: Ein völlig neues Lenkgefühl, das wieder für ein paar Jahrzehnte reichen sollte.

Oben haben wir bereits den Lenkstockhebel kennengelernt. Er überträgt die Bewegung der Lenkmutter auf die Lenkwelle. Das Pendelkugellager darin lässt sich erneuern, wie wir gesehen haben. Am Lenkstockhebel selbst geht gewöhnlich nichts kaputt, ausnahmsweise aber schon.

### 1.2.6 Wenn der Lenkstockhebel bricht ...

... dann möchte man lieber nicht drinsitzen.

Die von einer hessischen Stammtischgemeinschaft geplante Bezwingung des Großglockners mit vier Isetten endete für eine der vier bereits nach der ersten Etappe in Ingolstadt. Beim langsamen Überfahren eines Bordsteins sagte es vernehmlich

120

„knack", und sofort war die Verbindung zwischen Lenkrad und Vorderrädern unterbrochen. Stellen Sie sich das bitte einmal vor. Sie wollen lenken, doch nichts von Ihrer Lenkraddrehung kommt an den Vorderrädern an. Stellen Sie sich nun noch vor, dass Sie mit 80 km/h dahinrollen und die Lenkung mitten in einer Kurve versagt. Stellen Sie sich abschließend bitte noch vor, dass neben dieser Kurve ein Abgrund gähnt. Nach soviel Imagination werden Sie mir sicherlich zustimmen: Man darf es Glück im Unglück nennen, dass diese Panne nicht in einer Haarnadelkurve der Alpen auftrat, sonst stünde dort jetzt ein Gedenkkreuz und in der Zeitung eine Traueranzeige.

Was war geschehen? Der Lenkstockhebel war gebrochen. Das ist, wie wir bereits wissen, das Teil unten im Lenkgetriebe, das die geradlinige Bewegung der Lenkmutter in eine Drehbewegung der Lenkwelle umsetzt. Die Lenkwelle ist der beidseitig verzahnte Rundstab, der vom Lenkgetriebe in den linken Vorderradkasten führt. Dort außen sitzt der Lenkhebel drauf, der den linken Achsschenkel bewegt.

Es ist erhellend, etwas Ursachenforschung zu betreiben, um Antworten auf drei Fragen zu finden:

1.     Was war die wahrscheinliche Ursache des Schadens?

2.     Kann dieser Schaden auch an anderen Isetten auftreten?

3.     Was kann getan werden, um das Risiko zu minimieren?

Die Verzahnungen der Lenkwelle sind an beiden Enden gleich. Es handelt sich um eine Kerbverzahnung 17x20 mit 33 Zähnen. Darin bedeutet 17 den Nenn-Innendurchmesser der Nabe in mm, der in Wahrheit etwas größer ist, damit sich Nabe und Welle fügen lassen. 20 bedeutet den Nenn-Kopfkreisdurchmesser der Wellenverzahnung in mm, der in Wahrheit etwas kleiner ist. Anders als Zahnräder, deren Zahnflanken gerundet sind, haben die Zähne hier schnurgerade Flanken. Der Lückenwinkel zwischen



zwei Zähnen an der Welle beträgt 60 Grad, wie in der Zeichnung zu sehen ist. Die Ausführung der Wellen und Naben regelte die Norm DIN 5481 nach dem Stand vom Januar 1952, die während der gesamten Bauzeit der Isetta unverändert galt.

Die Kerbverzahnungen auf Wellen werden gewöhnlich gewalzt, also spanlos geformt, was der Festigkeit des Fertigteils zugute kommt. Wer jemals gesehen hat, wie Rändel oder Gewinde gewalzt werden, weiß, dass der Anfangsdurchmesser kleiner sein muss als der Fertigdurchmesser, weil das Metall beim Eindrücken der Kerben nach außen quillt. Dadurch vergrößert sich der Durchmesser. Das ist an jeder Fahrrad- oder Motorradspeiche nachprüfbar, denn Drahtspeichen haben ausnahmslos immer gewalzte Gewinde, niemals geschnittene. Der Durchmesser am Schaft der Speiche ist also stets kleiner als am Gewinde. Übertragen auf die Kerbverzahnung bedeutet dies, dass der Anfangsdurchmesser je nach der Kaltverformbarkeit des Stahls so gewählt werden muss, dass sich nach dem vollständigen Auswalzen des Kerbzahnprofils der richtige Außendurchmesser (in obiger Zeichnung $d_3$) und vor allem auch der richtige Flankendurchmesser ($d_5$ in der Zeichnung) ergibt. Mit anderen Worten: Wer kerbverzahnte Wellen herstellen will, muss es können. Ob es der Hersteller der nachgefertigten Lenkwelle gekonnt hat, müssen wir also zuerst beleuchten.

Aber warum widmen wir unser Augenmerk überhaupt der nachgefertigten Lenkwelle? Gebrochen ist doch schließlich das Gegenstück, der völlig serienmäßige Original-Lenkstockhebel. Wir suchen nach dem Auslöser des Bruchs, der Ausdruck einer Überlastung ist. Dieser Überlastung wollen wir auf die Spur kommen. Dazu müssen wir die Welle als mögliche Ursache durchaus unter die Lupe nehmen.

Beim Ausbau der Lenkwelle fiel auf, dass ihre Verzahnung am Außendurchmesser etwas kleiner als jener der Originalwelle ist. Die Verzahnung der Nachbauwelle misst außen 19,5 mm, die einer Originalwelle 19,7 mm. Für einen Schreiner oder Maurer klingen diese zwei Zehntelmillimeter nach sehr wenig. Sollten sie eine so große Rolle spielen, dass dadurch der Bruch des Lenkstockhebels provoziert werden kann? Das will auf den ersten Blick unglaublich scheinen.

Schauen wir einmal, welche Durchmessertoleranzen die Väter der DIN 5481 gestattet haben. Sie legten für den Außendurchmesser das Toleranzfeld a 11 fest. Das ist eine relativ große Toleranz, die dem Walzverfahren geschuldet ist. Sie bedeutet für einen Nenndurchmesser von 20 mm, dass alle Verzahnungsaußendurchmesser zwischen 19,57 mm und 19,7 mm erlaubt sind, also eine Toleranzbreite von 0,13 mm. Das heißt: Die Verzahnung der Originalwelle (gemessen mit 19,7 mm) war auf Toleranzobergrenze gefertigt, hatte also zufällig die höchstzulässige Dicke. Obacht: Das muss nicht für alle Originalwellen gelten; es mögen und werden in der Serienfertigung durchaus kleinere dabei gewesen sein. Die Nachbauwelle erhält hier aber ihren ersten Punktabzug, ist sie doch um 0,07 mm kleiner, als sie sein dürfte, nämlich nur 19,50 statt 19,57 mm.

Nun ist der Außendurchmesser einer solchen Zahnwelle nicht allein kriegsentscheidend. Wichtiger für die Funktion, nämlich für eine feste Verbindung zwischen Welle und Lenkstockhebel, ist die Maßhaltigkeit des Teilkreisdurchmessers. Dieser liegt auf halber Höhe zwischen Fuß- und Kopfkreis, also bei 18,5 mm, sagt uns das Normblatt.

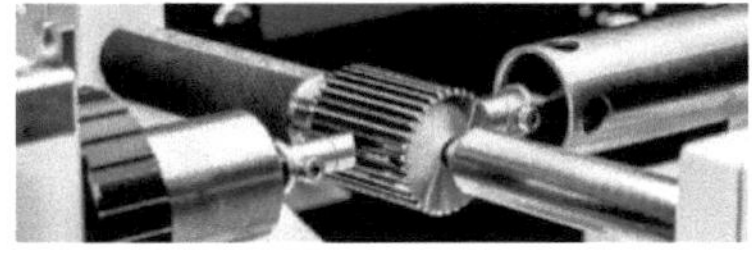

Leider können wir den Teilkreisdurchmesser mit werkstattüblichen Messzeugen nicht unmittelbar messen. Selbst angesehene Messtechnikunternehmen greifen hier zur legitimen Hilfskrücke des „Zweikugelmaßes" oder des „Zweistiftemaßes". Dabei werden in zwei gegenüberliegende Zahnlücken zwei gleich dicke Kugeln oder zylindrische Stifte eingelegt, über die dann der Teilkreisdurchmesser indirekt gemessen werden kann. Der Kugel- oder Stiftdurchmesser wird so gewählt, dass die Flanken der Zähne ungefähr am Teilkreisdurchmesser berührt werden.

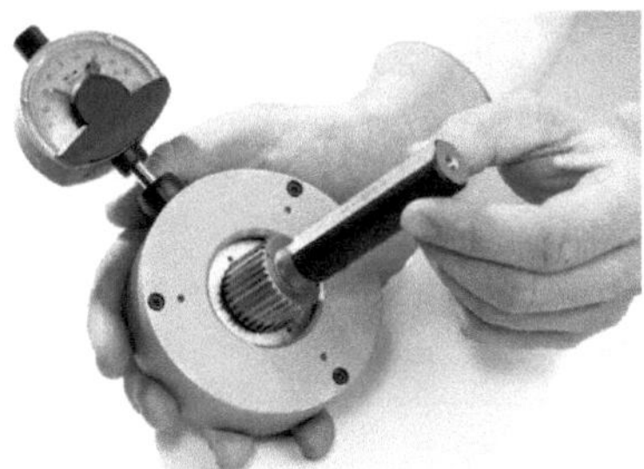

Hier sehen wir eine hochherrschaftliche Messeinrichtung für diesen Zweck. Sie ist etwas für den Feinmessraum. Wir haben sie natürlich nicht. Man erkennt einen der Taststifte. Bild: Unima Präzisionsmaschinen GmbH

Eine solche handbediente Messvorrichtung ist eher für die fertigungsbegleitende Prüfung in der Werkhalle geeignet. Etwas derart Feines schaffen wir armen Vettern uns nicht an, weil wir es doch nie brauchen.
Bild: Unima Präzisionsmaschinen GmbH

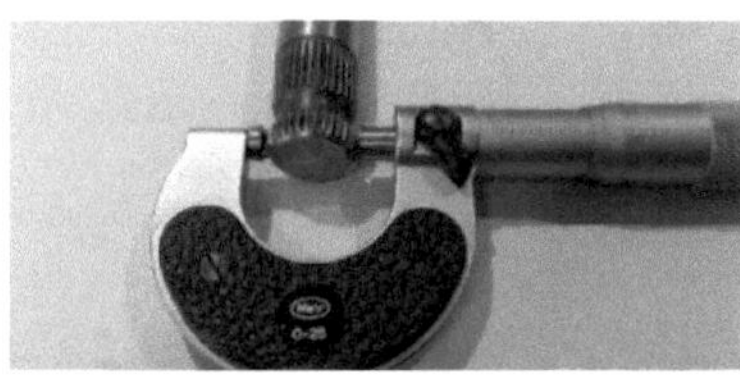

Das Zweistifte-Messverfahren eignet sich insbesondere zum Vergleich mit einer Maßverkörperung, die als Kalibriernormal dient. Ein solches Kalibriernormal, also eine gehärtete und genauestens geschliffene Zahnwelle mit bekannten Istmaßen haben wir natürlich auch nicht zufällig herumliegen. Doch weil es uns nur um eine Vergleichsmessung zwischen einer Originalwelle und einer Nachbauwelle geht, dürfen wir durchaus improvisieren. Wer genau hinschaut, entdeckt zwischen den Messflächen der Bügelmeßschraube und der Zahnwelle zwei kleine Stiftchen. Sie haben beide einen Durchmesser von genau 1,5 mm. Es sind übrigens Lagernadeln, die aus einem Pilotlager des BMW 600 / 700 gewonnen wurden.

Hier eine Detailaufnahme, die das Messen über zwei Stifte aus der Nähe zeigt. Der Durchmesser der Meßstifte ist so gewählt, dass sie an zwei Zahnflanken anliegen und außen etwas über den Kopfkreisdurchmesser hinausragen, damit sie von den Tastflächen der Meßschraube berührt werden können. Die beiden Stifte sind mit Fett angeklebt, damit sie nicht der Schwerkraft folgen.

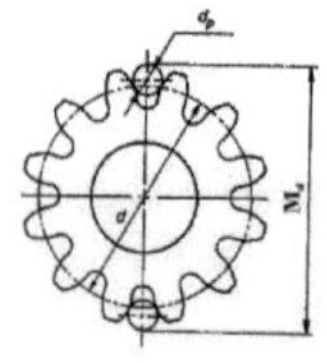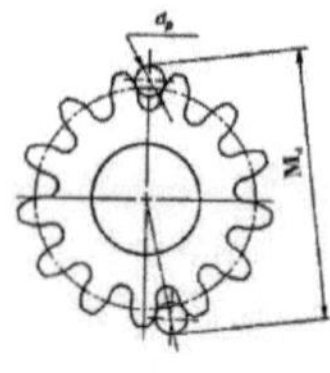

Weil unsere Verzahnung 33 Zähne, also eine ungerade Zähnezahl hat, liegen sich nicht zwei Zähne genau gegenüber. Darum nimmt man hilfsweise zwei Zähne, die sich annähernd gegenüberliegen. Wir haben also die Situation wie im rechten dieser beiden Schemabilder, die stellvertretend Zahnräder

mit gerundeten Zahnflanken zeigen. Bild: tandwiel.info

Da die Lenkwellen bereits benutzt worden waren, wiesen sie teilweise verdrückte Zähne auf. Auf derart verzerrten Zähnen kann man keine brauchbaren Messergebnisse erzielen.

Oben sehen wir die Nachbauwelle, unten ein Originalteil. Es ist deutlich tordiert, was veranschaulicht, dass an dieser Stelle ein hohes Drehmoment wirkt. Um zu verlässlichen Messwerten zu gelangen, wurde jeweils am gut erhaltenen, unbeschädigten kurzen Ende

der Verzahnung angetastet.

An jedem Wellenende wurden zwei Messungen über Kreuz vorgenommen. An der Nachbauwelle fanden sich auf der einen Seite 21,27 mm und 21,21 mm. Mittelwert 21,24 mm. Auf der anderen Seite 21,21 mm und 21,23 mm. Mittelwert 21,22 mm. Mittelwert aus beiden Seiten 21,23 mm.

An der Originalwelle wurden auf der einen Seite 21,51 mm und 21,37 mm gemessen, Mittelwert 21,44 mm. Auf der andere Seite waren es 21,51 mm und 21,38 mm, Mittelwert 21,45 mm.

Daraus ist zu erkennen, dass die Zweistiftemaße beider Wellen sich um gut 0,2 mm unterscheiden. Die Verzahnung der Nachbauwelle ist also nicht nur im Außendurchmesser, sondern auch im Flankendurchmesser 0,2 mm kleiner als die Originalwelle. Und damit kommen wir dem Täter auf die Spur.

Denn 0,2 mm im Durchmesser bedeuten etwas mehr als 0,6 mm am Umfang. Will man nun eine um 0,2 mm kleinere Zahnwelle ebenso fest in die geschlitzte Nabe des Lenkstockhebels klemmen wie die dickere Originalwelle, muss der 2 mm breite Schlitz des Hebels um 0,6 mm = immerhin 30% von 2 mm enger zusammengespannt werden. Durch das heftige Zusammenspannen des Schlitzes entsteht eine hohe Zugspannung im Lenkstockhebel, und zwar besonders an dessen Außenhaut. Mit anderen Worten:

Je kleiner die Welle ist, desto stärker muss die Klemmschraube angeknallt werden, denn der Hebel muss ja bombenfest ohne jegliches Wackelspiel auf der Welle sitzen.

Wird nun noch fleißig hin- und hergelenkt, überlagern sich der hohen (durch die Klemmschraube im Lenkstockhebel hervorgerufenen) statischen Zugspannung zusätzliche Biegespannungen wechselnder Richtung, die durch die Lenkkräfte verursacht werden. Aus Dauerschwingversuchen weiß man, dass es von der Kraftamplitude und der Beanspruchungsdauer abhängt, wann ein derart beanspruchtes Bauteil durch Bruch versagt.

Damit sind wir an einem Punkt angekommen, an dem wir einen genauen Blick auf den zerbrochenen Lenkstockhebel werfen sollten. So sieht er im zusammengelegten Zustand aus. Fast so, als sei gar nichts gewesen. Die Bruchstelle ist schon mal gekennzeichnet, weil man in dieser Ansicht schön erkennen kann, dass sie – kein Zufall – an der Stelle höchster Materialspannung liegt. Stellen Sie sich bitte vor, wie die kräftig angezogene Klemmschraube diese Stelle biegt. Maximaler Abstand ergibt größte Biegebeanspruchung.

Die Bruchfläche zeigt das typische Aussehen eines langsam fortschreitenden Ermüdungsbruchs, den man auch Dauerbruch nennt, weil er durch dauernde Wechselbeanspruchung ausgelöst wird. Erkennbar ist er an den sogenannten Rastlinien, die an sich ausbreitende Wellen oder an eine Muschel erinnern. Dieser relativ glatte, mattgraue Teil der Bruchfläche macht ungefähr drei Viertel der Gesamtfläche aus. Das restliche Viertel, rauher und körniger, ist der finale Gewaltbruch, der zum Versagen des Lenkstockhebels führte.

Wohlgemerkt: Die Schraube war zwar noch drin, aber sie konnte den zerbrochenen Hebel jetzt nicht mehr auf der Welle festklemmen. Der Ursprung der Rastlinien, zugleich der Anfangspunkt des Risses, der schließlich zum Bruch führte, liegt dem Spannschlitz genau gegenüber an der Oberfläche. Dort nahm die Spannung im Material ihren Höchstwert an. Die Rastlinien liegen konzentrisch um den Ort des Rissbeginns. Beim Wechsel der Belastungsrichtung trat ein Stillstand des Risses ein; dadurch entstanden die Rastlinien. Das zeigt uns dieses Bild schön deutlich. Vom Rissbeginn aus nahm das Unheil seinen Lauf. Dort geht das Versagen los, langsam und schleichend. So lange, bis man ins Leere lenkt. Damit haben wir die Antwort auf Frage 1: Die wahrscheinliche Ursache des Schadens war kein fehlerhafter Lenkstockhebel, sondern eine Lenkwelle mit nicht maßhaltiger (zu kleiner) Kerbverzahnung. Das Aufklemmen des Hebels auf die zu kleine Wellenverzahnung führte zu einer überhöhten Spannung im Lenkstockhebel. Diese hohe Materialspannung, zu der sich die Lenkkräfte wechselnder Richtung addierten, resultierte in einer von der Oberfläche nach innen fortschreitenden  Rissbildung und schließlich im Ermüdungsbruch.

Die für den Bruch des Lenkstockhebels offenbar ursächliche Lenkwelle erwarb der unangenehm überraschte Isettafahrer im Jahr 1991 und fuhr damit immerhin etwa 30.000 km, bevor der Schaden eintrat. Damit können wir sogleich Frage 2 beantworten: Es ist nicht auszuschließen, dass dieser Schaden auch an anderen Isetten auftreten kann oder bereits eingetreten ist. Bestellungen gebrauchter Lenkstockhebel bei einem einschlägigen Ersatzteilanbieter (*„Seltsam, die gehen doch eigentlich nie kaputt"*) stützen diese These.

Et voilà: Hier haben wir ein weiteres Beispiel, gesehen beim Clubtreffen 2019 in Uetze. Auch an diesem Lenkstockhebel zeigt sich der Dauerbruch, der am Außendurchmesser begann und langsam zum Innendurchmesser fortschritt (mattgraue Bruchfläche). Daran schließt sich der Gewaltbruch des verbleibenden Querschnitts an, der bis nach innen zur Verzahnung durchgeht. Die Bilder gleichen sich. Es sind also mehrere untermaßige

Lenkwellen eingebaut worden.

Frage 3 lässt sich so beantworten: Um das Risiko zu minimieren, sollte man nachschauen und nachmessen, was für eine Lenkwelle man in seiner Isetta hat. Konkret:

Jeder, der schon einmal einen gebrochenen Lenkstockhebel zu beklagen hatte, sollte die Lenkwelle ausbauen und den Außendurchmesser der Verzahnung prüfen. Ist er kleiner als 19,6 mm, ist die Lenkwelle gegen eine besser maßhaltige auszutauschen. Soll: Mindestens 19,6 mm, besser 19,7 mm.

Jeder, der eine nachgefertigte Lenkwelle gekauft und eingebaut hat, sollte dasselbe tun: Ausbauen und messen. Wenn zu klein, ersetzen.

Es bleiben diejenigen Neueinsteiger, die eine fertig restaurierte Isetta gekauft haben und nicht wissen, was der Restaurator eingebaut hat. Ein wenig mag beharrliches Nachfragen helfen. Besser ist es allemal, selber nachzuschauen und zu messen. Die 30.000 gefahrenen Kilometer bis zum Bruch des Lenkstockhebels zeigen, dass es lange dauern kann, bis ein solcher Schaden eintritt. Das muss aber nicht immer so sein und sollte niemanden in Sicherheit wiegen. Zum Bruch kann es auch rascher kommen.

Als Indiz, dass der Lenkstockhebel bereits angerissen ist, darf gelten, dass trotz sonst vollkommen intakter Lenkmechanik – also vier einwandfreien Silentblöcken in den Spurstangenenden, im linken Achsschenkel und im Lenkhebel, spielfreien Gleitlagerbuchsen der Lenkwelle, spielfreier Lenkspindel und -mutter sowie einwandfreien Pendelkugellagern im Lenkgetriebe beim Fahren am Lenkradumfang mehrere (ca. fünf) Zentimeter Lenkspiel fühlbar sind, die bei aufgebockter Vorderachse seltsamerweise restlos verschwinden. Im hier beschriebenen Fall war das so. Dieses zunächst unerklärliche Verhalten deutet auf einen bereits angerissenen und infolgedessen auf der Lenkwellenverzahnung herumwackelnden Lenkstockhebel hin, der nur unter Last nachgibt und sich am bereits begonnenen Riss aufspreizt. Wer also das Phänomen *„Deutliches Lenkspiel beim Fahren, aber kein Lenkspiel mehr, sobald aufgebockt"* beobachtet, sollte Unrat wittern und schleunigst Lenkwelle und Lenkstockhebel genau unter die Lupe nehmen.

Fazit: Das Thema ist zu lebenswichtig, um es dem Zufall zu überlassen.

Nachsatz 1: Es liegt mir fern, arglose Isettafahrer mit dieser Bruchgeschichte verrückt zu machen. Um die Schadensanalyse wurde ich gebeten von jenem glücklichen Manne, den der zerbrechende Lenkstockhebel gottlob nur bei Schrittgeschwindigkeit ereilte. Da ich nicht der Doktor Allwissend aus Grimms Märchen bin und keine hellseherischen Fähigkeiten habe, bleibt eine Restunsicherheit und ich mag mich mit meiner Deutung der Schadensursache irren. Doch viel lieber irre ich mich, als dass ich mit dem Gedanken leben will, so einen teuflischen Schaden zwar gesehen, aber nicht gewarnt zu haben.

Nachsatz 2: Dieser Fall ist eine leider schon typisch zu nennende Folge gut gemeinter, aber schlecht gemachter, weil ahnungslos-hemdsärmliger Nachfertigungsaktionen nach dem Prinzip *„Hier haste 'n Muster, so muss das aussehen, mach' ma."* Das genügt eben oft nicht. Weder darf man erwarten, dass der Fertigungsbetrieb rückwärts konstruiert (neudeutsch: *Reverse Engineering* macht), also versucht, aus einem zufällig ausgewählten Muster eine verbindliche Zeichnung mit allen erforderlichen Angaben über Maße, Toleranzen, Werkstoff, Wärmebehandlung, Bearbeitungszugaben / Aufmaße, Oberflächengüten, mitgeltende Normen etc. herzuleiten. Selbst wenn er es versuchte, wären die Fehlerquellen zahlreich, weil er nur das Einzelteil sieht, nicht aber die Gegenstücke, mit denen das Einzelteil als Baugruppe zusammenarbeiten und harmonieren muss. Die Nachfertigung von Sicherheitsteilen – und als solche sind Lenkungskomponenten fraglos anzusprechen – ist nichts für Hobbyisten und auch nichts für Nur-Kaufleute.

Wir haben guten Grund, noch ein wenig bei der Lenkung zu verweilen. Wenn Sie sich zwischendurch im Kapitel 1.3.2 den Erfahrungsbericht des Vorbesitzers über seine alptraumartigen TÜV-Besuche zu Gemüte führen, wird klar, dass der BMW 600 reichliche Gelegenheit bietet, den Kampf gegen das Lenkspiel bis zur Neige auszukosten. Er hat doch diese hochdekorative Teleskoplenksäule ...


### 1.2.7    Schiebeverzahnung der Lenksäule am BMW 600

*Der will nur spielen*

Als ich meinen BMW 600 in den siebziger Jahren im Alltagsbetrieb bewegte, verliefen Besuche beim TÜV sehr uneinheitlich: Einerseits stellten Durchrostungen am Karosserieboden kein Problem dar, denn es konnten ja, dem massiven Rohrrahmen sei Dank, kaum jemals tragende Teile durchrosten. Andererseits war der Untersuchungspunkt *Lenkspiel* immer eine Zitterpartie. Der Aufforderung des Prüfers *"Wackeln Se mal am Lenkrad!"* folgte gewöhnlich ein bedenkliches Kopfschütteln und der Ausruf: *"Oouuh, das ist aber viel!"*

War es ein sachverständiger Prüfer, dann urteilte er milde: *"Da sind aber auch derart viele Umlenkungen dran, viel mehr als bei einem normalen Auto, deshalb wollen wir in diesem Fall mal nicht so streng sein."*

Handelte es sich um einen Prüfer, der ohne Ansehen der konstruktiven Besonderheiten seines Amtes waltete, dann gab es keine Gnade: *"Nee, nee, das müssen Se machen lassen!"* Beachte: "lassen". Als ob es an jeder Ecke Werkstätten gegeben hätte, die sich darum rissen, einem Veteranen das Lenkspiel zu nehmen.

Tatsächlich hat der BMW 600 außerordentlich gute Chancen, übergroßes Spiel in der Lenkung anzusammeln. Vergegenwärtigen wir uns einmal den verzwickten Weg vom Lenkrad bis zu den Rädern.

Da ist, nächst dem Lenkrad, das obere Kreuzgelenk. Es kann verschleißen und wackelt dann. Weil es  anders als das Kreuzgelenk der Isetta nicht zerlegbar, sondern mindestens verstemmt, meist aber mit Schweißpunkten gesichert ist, ist es nur nach Wegfräsen der Schweißperlen durch den Einbau eines neuen Gelenkkreuzes mit neuen Lagerbuchsen reparabel. Diese Arbeit tun sich nur wenige Perfektionisten an; normalerweise hat also das obere Kreuzgelenk schon ordentlich Klapperspiel.

128

Dann kommt das Schiebestück der Lenksäule. Es hat eine Kerbverzahnung, also eine Mitnehmerverzahnung mit geraden Zahnflanken. Diese Verzahnung verschleißt mit der Zeit, so dass sich unerwünschtes Verdrehspiel bildet.

Anschließend kommt das untere Kreuzgelenk: Es verschleißt wie das obere und ist ebenfalls nicht für eine Instandsetzung gebaut, nicht einmal abschmierbar.

Nun ist unsere Lenkbewegung bei der Lenkspindel angelangt, deren sechsgängiges Gewinde im Zusammenspiel mit der Lenkmutter trotz jeder Menge Schmierfetts verschleißt. Das Pendelkugellager der Lenkspindel, oben im Lenkgetriebedeckel, ist hoffentlich tadellos in Ordnung, sonst wackelt die Lenkspindel dort auf und ab, was wieder das Lenkspiel erhöht.

Unsere Lenkmutter schiebt sich nun auf der Spindel fröhlich aufwärts (für Rechtskurven) oder abwärts (für Linkskurven). Tun wir mal so, als passe das Spindelgewinde wirklich spielfrei in die Lenkmutter - als beide Teile neu waren, war das der Fall. Unten dran sitzt der Lenkstockhebel mit seinem Pendelkugellager. Spiel an dieser Stelle - im Pendelkugellager selbst oder an der etwas dünn dimensionierten Paßschraube dort, deren feines Gewinde von kräftigen Schlosserarmen, wie wir gesehen haben, gern überdreht wird - addiert sich wieder zum Lenkspiel.

Hoffen wir, dass der Lenkstockhebel mit seiner verzahnten Nabe richtig fest auf der Lenkwelle sitzt. Auch das ist nicht immer der Fall: Was an der Klemmstelle wackelt, macht unser Lenkspiel nochmals größer.

Die Lenkwelle ist in zwei Gleitlagerbuchsen gelagert. Die sind zwar abschmierbar; weil sich aber der Schmiernippel unter dem Abdeckblech des Fußhebelwerks verbirgt, wird er gern vergessen. Auch wer noch so sorgfältig schmiert, wird feststellen, dass die beiden Gleitlager verschleißen, denn die Kräfte, die auf die Lenkwelle wirken, sind erheblich. Und Spritzwasser vom linken Vorderrad hat fast ungehinderten Zugang zur äußeren Lagerbuchse.

Nun ist die Lenkbewegung endlich im linken Radkasten angekommen. Hoffen wir erneut, dass der Lenkhebel dort mit seiner Klemmverzahnung fest auf der Lenkwelle sitzt, sonst sammeln wir wieder Spielpunkte. Sind die Silentblocs im Lenkhebel und im linken Achsschenkel nicht tadellos in Ordnung, so wackelt's dort weiter. Dehnen wir diese Feststellung auch gleich auf die beiden Silentblocs in der Spurstange und auf die Lagerbuchsen der Achsschenkelbolzen aus, denn was dort gespielt wird, werden wir ebenfalls in der Lenkung spüren. Das Thema Silentbloc haben wir bereits weiter oben im Kapitel 1.2.1 erörtert.

Es leuchtet wohl ein, dass bei dieser Von-hinten-durch-die-Brust-ins-Auge-Umlenkung ausnahmslos *alle* Gelenk- und Lagerstellen in gutem Zustand sein müssen, wenn man nicht mit einer Handbreit Lenkspiel leben will. Geht man die aufgezählten Spielmacher in Gedanken einmal durch, so kann man eigentlich überall Entwarnung geben, denn fast alle Lenkspielverursacher lassen sich durch neue Lagerbuchsen, neue Silentblöcke oder neue Kugellager in den Griff bekommen. Alle bis auf einen. Dieser eine ist die Schiebeverzahnung. Sie ist wahrlich eine harte Nuss.

Mitunter findet man, dass jemand die untere Hälfte der Lenksäule an ihrem oberen Ende geschlitzt hat. Wohl im dumpfen Glauben, sie danach im Schraubstock enger drücken zu können, auf dass die obere Lenksäulenhälfte mit weniger Spiel hineinpassen möge. Das kann nichts werden, denn selbst wenn die untere Lenksäulenhälfte dem Schraubstockdruck nachgäbe, ohne zurückzufedern, so würde sie, wenn sie nur einen einzigen Schlitz hat, oval gedrückt. Wie ungleichmäßig dann die einzelnen Zähne der Kerbverzahnung tragen oder auch überhaupt nicht mehr tragen, das kann sich wohl jeder ausmalen.

Es scheint also, als sei gegen eine verschlissene Kerbverzahnung kein Kraut gewachsen - außer der Verwendung von wunderseltenen Neuteilen oder einer kostspieligen Nachfertigung (*"Gu'n Tach, ich hätt' gern so zwei Teile mit 'ner Kerbverzahnung, das ist doch sicher kein Problem für Sie, oder?"*). So eine anspruchsvolle Übung liegt jenseits des für einen Heimwerker Realisierbaren. Aber geben wir nicht gleich auf, sondern strengen wir mal ganz in Ruhe unseren Hirnskasten an. Genehmigen wir uns dazu ein Gläschen Single Malt, eine Pfeife oder was immer beim Denken helfen mag.

Um das unerwünschte Verdrehspiel aus der Kerbverzahnung herauszubekommen, muss entweder die Welle dicker oder die Hülse enger werden. Das erstere scheidet aus, Viagra nützt da nichts. Unsere Überlegungen müssen sich also darauf konzentrieren, die Hülse durch irgendeinen Trick enger zu machen, und zwar so gleichmäßig, dass sie dabei rund bleibt, und so feinfühlig, dass das geringe Verdrehspiel (es handelt sich ja nur um Bruchteile eines Winkelgrades) gerade eben verschwindet.

Das ist erreichbar, wenn man die Möglichkeit schafft, das Lenksäulenunterteil mit einem System aus 3 Schlitzen, einem Feingewinde, einem Konus und einer Spannmutter stufenlos zu verengen.

Dazu erhält das Lenksäulenunterteil am oberen Ende einen Konus mit einem Kegelwinkel von etwa 10 Grad, ein ca. 15 mm langes Feingewinde M28x1 (weil die Lenksäule dort 28 mm dick ist) und drei um 120 Grad gegeneinander versetzte Schlitze von 1 mm Breite. Dazu passend wird auf der Drehmaschine eine Spannmutter angefertigt, die einen Innenkonus von 10 Grad und ein Innengewinde M28x1 hat. Wer beim Herstellen des Innengewindes nicht mit der Leitspindel arbeiten mag, isst immer brav seinen Teller leer und wünscht sich zu Weihnachten einen Gewindebohrer M28x1.

Schraubt man nun die Spannmutter auf die Lenksäule, so wird aus der im Gewinde erzeugten Axialkraft der Spannmutter mit Hilfe des Konus eine Radialkraft, welche die Kerbverzahnung enger stellt. Dabei geben die drei Schlitze den notwendigen Federweg her.

Die runde Spannmutter darf außen nicht größer als 32 mm sein, damit sie bei zusammengeschobener Lenksäule in der Schutzhülse des Lenksäulenoberteils verschwinden kann. Die Gesamtlänge der Spannmutter beträgt 40 mm. Am oberen Ende erhält die Spannmutter eine eingefräste Nut von 4 mm Breite und 4 mm Tiefe, in die bei Bedarf ein 4 mm dickes Stück Flachstahl als Schlüssel eingeschoben oder an der ein Hakenschlüssel angesetzt werden kann. Alternativ können seitlich zwei Schlüsselflächen angefräst oder angefeilt werden. Es genügt schon ein ganz leichtes Anziehen, ein Bruchteil einer Umdrehung, um die Verzahnung merklich enger und damit spielfrei zu stellen.

Bevor wir das Lenksäulenoberteil in das nun stufenlos enger einstellbare Unterteil einfädeln, ziehen wir die Spannmutter sachte an. Können wir gerade noch so eben das Lenksäulenoberteil mit sanften Kunststoffhammerschlägen in das Unterteil treiben, ist die Einstellung ziemlich richtig, das heißt eng genug. Denn erst in zusammengeschobener Stellung, also bei geschlossener Fronttür, hat die Kerbverzahnung im Lauf des Betriebs das meiste Spiel erworben, weil sie in dieser Lage bevorzugt verschleißt.

Weil wir bei zusammengeschobener Lenksäule die Spannmutter nicht mehr erreichen können, müssen wir durch gefühlvolles Anziehen der Spannmutter auf Verdrehspielfreiheit einstellen, *bevor* die Spannmutter in die Schutzhülse des Lenksäulenoberteils eintaucht.

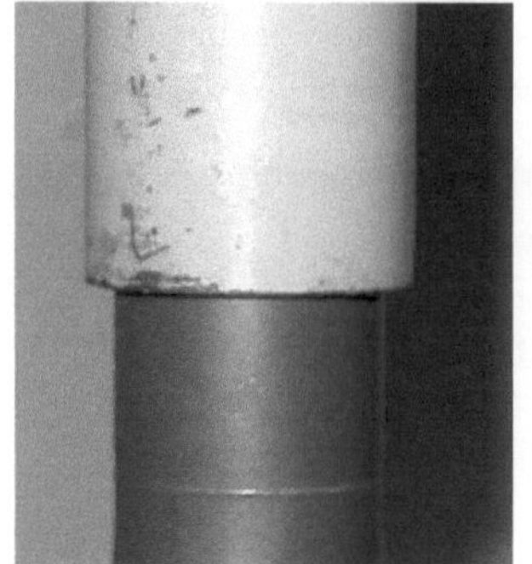

Sind die Lenksäulenhälften zusammengebaut, sieht man von der Nachstellmutter nichts, auch dann nicht, wenn bei geöffneter Fronttür die Lenksäule ihre größte Länge erreicht hat.

Nachdem wir jetzt auch die kniffligste Stelle der Lenkspielgeschichte im Griff haben, können wir der nächsten Hauptuntersuchung gelassen entgegensehen und bis dahin zielgenau um die Kurven zirkeln.

Auf eines sei der guten Ordnung halber hingewiesen, weil wir heute im Zeitalter der verbraucherschützenden Rechtsprechung leben. Immerhin wurde Mc Donald's mit Schadenersatzprozessen überzogen, weil eine Kundin einfältig genug war, sich beim Losfahren von der Drive In – Getränkeausgabe einen Becher heißen Kaffees über empfindliche Körperteile zu schütten. Die spinnen, die Amis, mag da mancher sagen. Aber auch Honda Deutschland wurde verurteilt, weil ein Verkleidungshersteller nicht ausreichend getestetes Zubehör auf den Markt gebracht hatte, das *Gold Wings* zum Schlingern bringen konnte und das Honda – obwohl es sich um ein Fremdprodukt handelte – nicht ausreichend auf Eignung geprüft hatte.

Daher: Auch wenn oben öfters „wir" gestanden hat, liegt es dem Verfasser fern, andere Leute zum Ansägen ihrer Lenksäulen anzustiften. Was hier beschrieben wurde, ist keine Bauanleitung. Darum ist auch keine Zeichnung dabei. Es handelt sich lediglich um einen Bericht über eine Problemlösung, die sich im Wagen des Verfassers seit langer Zeit vorzüglich bewährt hat. Niemand braucht sie nachzuahmen. Und wenn doch, dann auf eigene Gefahr.

Die wackelnde Schiebeverzahnung haben wir nun überlistet. Da wäre es doch gelacht, wenn wir es nicht auch mit den ausgeklapperten Kreuzgelenken aufnehmen könnten.


## 1.2.8    Kreuzgelenke der Lenksäule am BMW 600 erneuern

Es ist schon ein Kreuz ...

... mit diesen Gelenken. Kreuzgelenke für schnell laufende Kardanwellen haben generell nadelgelagerte Gelenkkreuze, die durch elastische Dichtringe abgedichtet sind, um einen Verlust des Schmierfetts zu vermeiden. Bei der Lenksäule des 600 hielt BMW diesen Aufwand offenbar für überflüssig: Die beiden Gelenkkreuze sind dort nur in simplen Gleitlagerbuchsen gelagert, es gleitet einfach ein 8 mm-Stahlzapfen in einer Stahlbuchse. Schlimmer noch: Die Gelenke sind weder abgedichtet noch nachschmierbar. Die Folge ist, dass nach nicht allzu langer Betriebszeit der Schmierfilm durchgedrückt wird, Metall auf Metall reibt, die Bohrungen in den Lagerbuchsen immer größer

132

und die Zapfen des Gelenkkreuzes immer kleiner werden. Mit anderen Worten: Die Lagerstellen der Lenksäulengelenke verschleißen am BMW 600 recht schnell.

Ist das wenige Fett aus der Erstbefüllung erst einmal herausgedrückt, kann Feuchtigkeit ungehindert eindringen und Korrosion zwischen Lagerzapfen und -buchse erzeugen. Da Rost ein größeres Volumen einnimmt als Stahl, wird das Spiel im Gelenk scheinbar geringer. Dies ist jedoch ein Trugschluss, denn das schwarzbraune, bröckelige Gemisch aus Rost und Resten verharzten Schmierfetts führt nicht zur wundersamen Selbstheilung, sondern es klemmt den Lagerzapfen in seiner Buchse derart fest, dass das Gelenk sich nur noch unter erhöhtem Kraftaufwand bewegen lässt. Manchmal macht geduldiges, wiederholtes Einsprühen mit Kriechöl (Caramba, WD 40, Ballistol oder ähnliches) in Verbindung mit unermüdlichem Hin- und Herklappen von Hand das Gelenk wieder gangbar, doch danach fühlt man noch mehr unerwünschtes Spiel als vorher.

Wir müssten verschleißfeste Lager in die Kreuzgelenke hineinpraktizieren, aber wie? Um das Maß der Schwierigkeiten vollzumachen, hat BMW die Lagerbuchsen in den

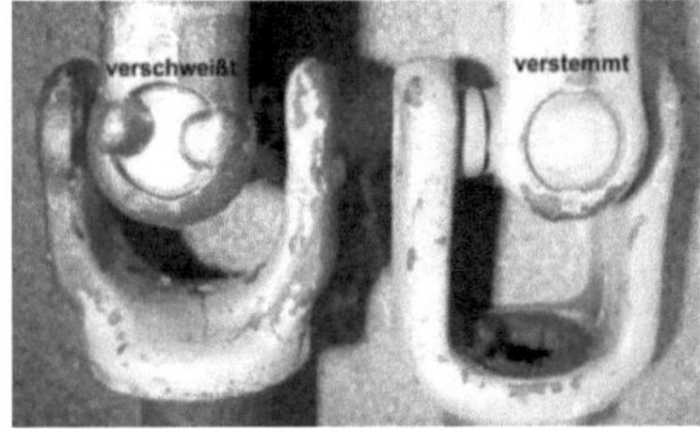


Kreuzgelenkgabeln je nach Baujahr entweder verstemmt oder durch Schweißpunkte gesichert. Hier regierte der Rotstift sparsamer Kalkulatoren. Ein verantwortungsvoller Konstrukteur hätte die Lagerbuchsen durch Seegerringe gesichert, wie das bei anständigen Kreuzgelenken auch damals schon üblich war.

Konstrukteure setzen sich gegenüber Betriebswirten allerdings nur selten durch, sind Techniker doch, wie böse Zungen behaupten, die Kamele, auf denen die Kaufleute zum Erfolg reiten. Seegerringe hätten eine Nut in jedem Gelenkgabelauge und je Lenksäule acht zusätzliche Montagevorgänge zum Einsetzen der Ringe erfordert. Außerdem wäre dazu die Wanddicke der Gelenkgabeln dicker ausgefallen, um Bauraum für die Seegerringe zu bieten. Dies hätte zu Mehrkosten geführt, die man augenscheinlich sparen wollte.

Zwar ist das vor dem Hintergrund des starken Wettbewerbs in der damaligen 600er Klasse verständlich, doch dass der Fahrzeughersteller nicht nur primitive Gleitlager verwendete, sondern darüber hinaus die Zerlegung und Instandsetzung dieser Kreuzgelenke bewusst erschwert hat, bleibt ein Ärgernis. Wie die Fettfüllung reagierte, wenn sie zuerst durch die Schweißhitze dünnflüssig und anschließend durch die Lacklösemittel beim Lackieren nochmals herausgelöst wurde, lässt sich denken. Wir haben allen Grund zur Annahme, dass die Lagerzapfen dieser Kreuzgelenke bereits im Neuzustand nahezu trocken liefen. Die Konstruktion gehört nicht zur Rubrik ingenieurwissenschaftlicher Großtaten.

Dieses Beispiel zeigt, dass die beabsichtigte Nichtreparierbarkeit keineswegs eine neuzeitliche Errungenschaft ist. Sie ist nicht nur an modernen Fahrzeugen oder an Haushaltsgeräten zu finden, sondern auch der BMW 600 war in dieser Hinsicht *fortschrittlich*.

Ein nicht kaufmännischen Sparanweisungen verpflichteter Konstrukteur hätte statt offener Gleitlager abgedichtete Nadellager gewählt. Warum, steht oben im zweiten Satz.

Obwohl die Lenksäulen unzähliger BMW 600 diese Beobachtungen ausnahmslos bestätigen, behauptet die Ersatzteilliste etwas anderes. Nämlich, dass die Lagerbuchsen der Kreuzgelenke als Ersatzteile erhältlich gewesen seien. Und darüber hinaus, man lese und staune, dass es an jedem Kreuzgelenk vier Dichtringe gegeben habe, im Bild mit Nr. 52 gekennzeichnet. Die Dichtringe hatten sogar eine eigene Ersatzteilnummer 32312079509. So war das offenbar beabsichtigt, wurde aber nie verwirklicht. Papier ist eben geduldig.

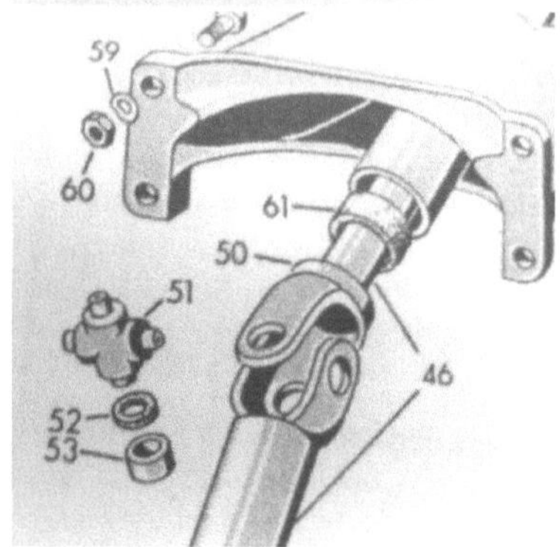



| | | | | |
|---|---|---|---|---|
| 51 | 32 31 2079506 | 2 | | Für Gelenk, oben und unten |
| 52 | 32 31 2079509 | 8 | | Zapfenkreuz |
| 53 | 32 31 2079512 | 8 | | Dichtring |
| | | | | Buchse |

Ziehen wir die Reparaturanleitung zu Rate, so erfahren wir, dass zumindest die verschweißten Gelenke nicht zerlegbar waren, was unmittelbar einleuchtet. Die verstemmten Gelenke sollten demnach reparabel sein – tatsächlich bekommt man sie mit weniger Aufwand auseinander als die verschweißten. Zerlegbar sind beide Varianten. Das wird weiter unten gezeigt. Zunächst aber noch der links zitierte Brüller zur Erheiterung und Einstimmung. Wie dieser hoffnungsfrohe Satz nahelegt, besitzt die Konstruktion das ewige Leben und bedarf keiner Wartung, geschweige denn einer Reparatur.

7. Die durch Schweißpunkte in den Gelenkgabeln gesicherten Zapfenkreuz-Lagerbüchsen sind nicht auswechselbar. Durch Kerbschläge gesicherte Büchsen sind bei vorhandenem Axialspiel des Zapfenkreuzes nachzusetzen und durch zwei elektr. Schweißpunkte zu sichern.
**Bild 302**

Die Zapfenkreuzlager sind mittels Molykotepaste dauerhaft geschmiert und bedürfen keiner Wartung.

Wenn aber doch, so wechsele man einfach entweder die komplette obere oder die untere Hälfte der Lenksäule aus. Über die acht Dichtringe verliert die Reparaturanleitung kein Sterbenswörtchen. Kein Wunder, es gibt ja auch keine.

134

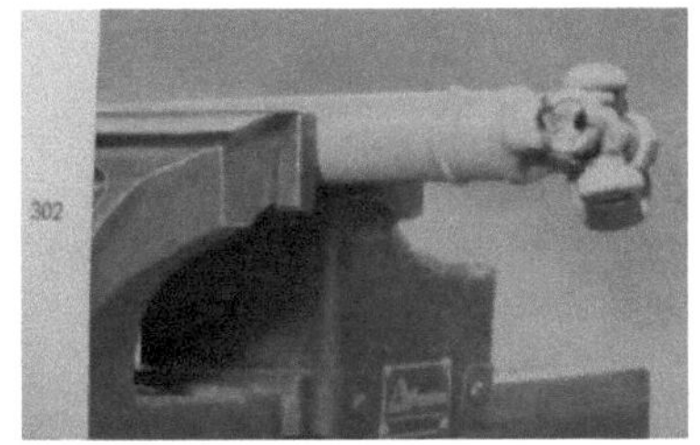

Stattdessen instruierte man den Leser der Reparaturanleitung, nachträglich Schweißpunkte auf die Lagerbuchsen zu braten. Auch wenn die Werks-Anleitung uns hier nicht wirklich hilft, ist sie näher an der Realität als die Ersatzteilliste. Wie lässt sich diese enttäuschende Sparlösung verbessern?

Hätten die Bohrungen in den Gelenkgabeln 12 mm statt 13 mm Durchmesser, könnten wir eine Instandsetzung mit Nadelbüchsen anstelle der Gleitlagerbuchsen erwägen. Denn katalogmäßig erhältliche Nadelbüchsen für Zapfendurchmesser 8 mm haben einen Außendurchmesser von nur 12 mm (Typ BK0810A). Ein Ausbuchsen der Bohrungen in den Gelenkgabeln von 13 auf 12 mm scheidet aus, da die Buchse mit einer Wandstärke von nur 0,5 mm zu dünn würde. Und selbst wenn das gelänge, würden Nadellagerbüchsen allein auch nicht viel bringen, denn die vier Zapfen eines gebrauchten Gelenkkreuzes sind ja bereits verschlissen und nicht mehr zylindrisch. Der unvermeidliche Verschleiß lässt sie unrund werden, und ein unrunder Zapfen ist als Lauffläche für Lagernadeln denkbar ungeeignet. Selbst wenn katalogmäßig erhältliche Nadelbüchsen passen würden, hätten wir immer noch kein neues Gelenkkreuz.

Fänden wir aber neue Gelenkkreuze mit Zapfen, die nicht kleiner als 8 mm sind (wegen der Festigkeit) und mit abgedichteten Nadellagern, die einen Außendurchmesser von 13 mm haben (wegen des vorhandenen Bohrungsdurchmessers in den Gelenkgabeln), und deren Baugröße überhaupt zur Weite der Gelenkgabeln passt, dann und nur dann könnte man die Lenksäule des BMW 600 endlich auf einen technischen Stand bringen, der nicht mehr fragwürdig ist.

Solche feinen Gelenkkreuze gibt es tatsächlich. Dem Hersteller musste zwar erst durch gutes Zureden die Angst genommen werden, sie überhaupt einzeln zu liefern – kann man doch beim Zusammenbau von Kardangelenken einiges falsch machen, was in der Folge zu raschen Defekten und womöglich zu strittigen Reklamationsfällen führt. Unternehmen, die Gelenkkreuze fertigen, würden deshalb am liebsten alle ihre Kreuzelein selber einbauen. Schlussendlich lieferte der Gelenkemacher unter einem zu seiner Nervenberuhigung vorgeschlagenen Gewährleistungsausschluss aber doch, so dass die Sache ausprobiert werden konnte und hier nun gezeigt werden kann, wie nadelgelagerte Gelenkkreuze in die Lenksäule des BMW 600 eingebaut werden.

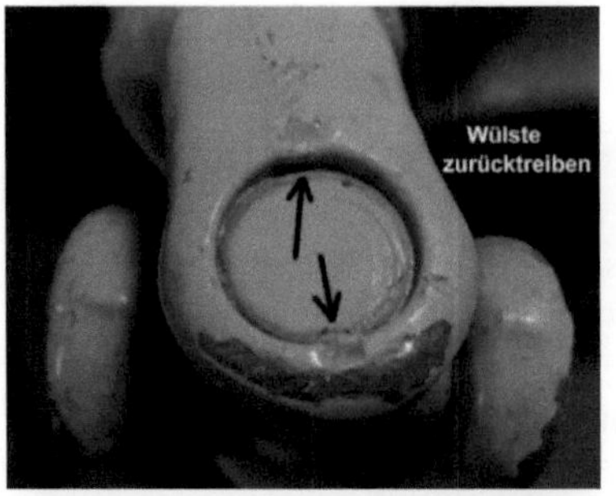


Zunächst gilt es, die Verliersicherungen der alten Gelenkbuchsen unwirksam zu machen. Ist die Buchse verstemmt, so sind an den im Bild gekennzeichneten Stellen die in die Bohrung hineinragenden Metallwülste nach außen zurückzutreiben.

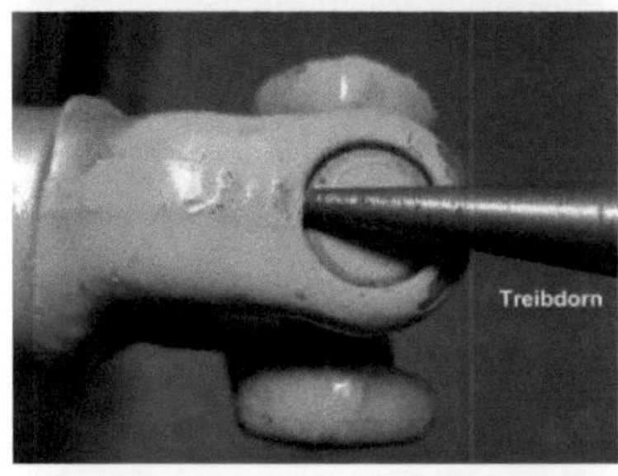


Das geht problemlos mit einem Treibdorn und ein paar gezielten Hammerschlägen.

Ragen die Wülste besonders weit in die Bohrung hinein, wie zum Beispiel bei diesem Gelenk, ...

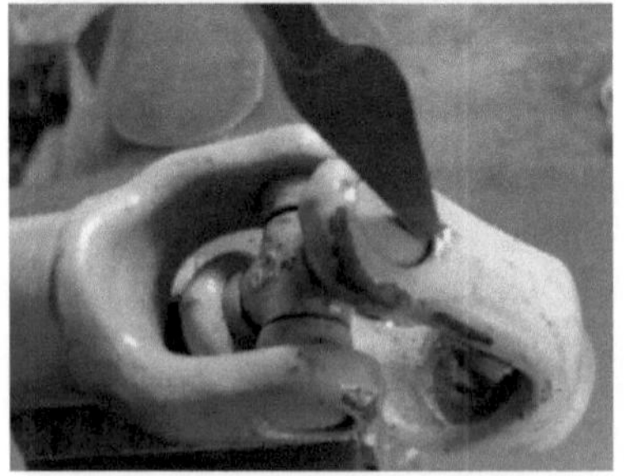

... so greift man besser zu einem schmalen Meißel, um das Material zunächst aufzurichten und es anschließend mit dem Dorn vollends zurückzutreiben.

Sind die Lagerbuchsen durch Schweißpunkte gesichert, verwandeln wir auf der Fräsmaschine mit einem Fingerfräser vorsichtig die Schweißpunkte in Spänchen. Mit handgeführtem Fräserlein oder Schleifsteinchen à la Dremel & Co. ist hier nicht viel zu machen, weil man damit nicht weit genug in die Ecke gelangt. Man braucht einen scharfkantigen

Fräser. Leider sind die Schweißpunkte oft durch schnelles Abkühlen hart geworden. Also langsam fräsen.

Zum Auspressen der alten Lagerbuchsen brauchen wir ein paar Hilfswerkzeuge, die wir uns anfertigen müssen. Zunächst einen Druckring, der außen etwas kleiner ist als der Außendurchmesser der Lagerbuchse, also ein wenig kleiner als 13 mm, sagen wir 12,7 mm. Innen muss er etwas größer sein als der Lagerzapfen des Gelenkkreuzes, somit größer als 8 mm, sagen wir mal 8,2 mm.

Sodann benötigen wir eine Hülse, in der die herausgepresste Lagerbuchse Platz hat. Diese Hülse erhält einen Innendurchmesser von etwas mehr als 13 mm und eine Länge von rund 15 mm. Darunter ist im Bild der Innenring eines kleinen Kugellagers zu sehen, der als Druckhülse benutzt werden kann, falls sein Außendurchmesser zufällig etwas kleiner als 13 mm ist. Solche Ringe aus geschlachteten Wälzlagern leisten gute Dienste bei Ein- und Auspressarbeiten, weil sie verformungsbeständig und planparallel geschliffen sind.

Eine weitere Druckhülse benötigen wir, und zwar eine geschlitzte. Deren runde Kontur entsteht auf der Drehmaschine. Außendurchmesser 12,7 mm, Länge 6 mm.

Den Schlitz von 8,1 mm Breite sägen und feilen wir im Schraubstock. Bestens ausgestattete Edelschrauber können dazu ihre Fräsmaschine nutzen.

Vervollständigt wird unser Werkzeugsatz durch ein Stück Flachmaterial (Aluminium, Stahl oder Messing), das wir genau passend auf die lichte Weite der Gelenkgabel zurechtfeilen, um die Gabel beim Auspressen der Lagerbuchsen nicht zu verbiegen.

Nun kann's losgehen. Wir setzen wir die große Hülse außen auf die eine Seite der Gelenkgabel dorthin, wo wir die erste Lagerbuchse herausholen wollen. Im Schraubstock pressen wir durch Druck auf das Gelenkkreuz die Lagerbuchse so weit heraus, dass ihr innerer Rand bündig mit der Innenfläche der Gelenkgabel ist und der Boden außen heraussteht. Beim Pressvorgang ist der Flachstahl in die Gabel eingelegt, damit sie sich unter der Presskraft nicht verbiegt.

In den so entstandenen Zwischenraum ...

... legen wir die C-förmige, geschlitzte Druck-hülse ein. Wir brauchen sie als Druckstück, um den Pressvorgang fortsetzen zu können.

Jetzt pressen wir die Lagerbuchse vollends heraus, wobei die C-Hülse die Presskraft überträgt.

Im Bild ist zu sehen, wie die obere Lager-buchse ihre Bohrung nach unten verlässt und dabei das Gelenkkreuz vor sich herschiebt. Das Gelenkkreuz drückt über die C-Hülse die untere Lagerbuchse heraus, in die große Hülse hinein, ...

... bis die Lagerbuchse fast völlig draußen ist. Ein Stückchen von ihr steckt noch in der Bohrung. Weiter auspressen können wir sie von innen her nicht, weil jetzt das Mittelstück des Gelenkkreuzes an der Gabel anschlägt.

Das macht aber nichts, denn nun können wir die Lagerbuchse zwischen den Schraubstockbacken einspannen, einen leichten Schlag mit dem Kunststoffhammer auf die Gelenkgabel geben ...

... und die Buchse auf diese Weise ganz aus der Gabel herausholen. Der Schraubstock im Bild hat Aluminiumbacken, um die Buchse nicht zu beschädigen. Eigentlich sind solche Schonbacken in diesem Fall unnötig, denn die alten verschlissenen Buchsen wandern sowieso in den Schrott.

Es sei denn, jemand will sie als Reliquie in die Vitrine legen, sind sie doch schließlich authentisch patinierte *Oginool*teile mit mehr als sechzigjähriger Geschichte, wenn sie auch nicht unbedingt als *kraftfahrzeughistorisches Kulturgut* durchgehen würden.

Blicken wir auf die Bohrung, in der soeben noch die Lagerbuchse saß, so sehen wir darin unsere C-Hülse. Links ragt das Stück Flach-Alu heraus, das die Gelenkgabel vor dem Verbiegen schützt.

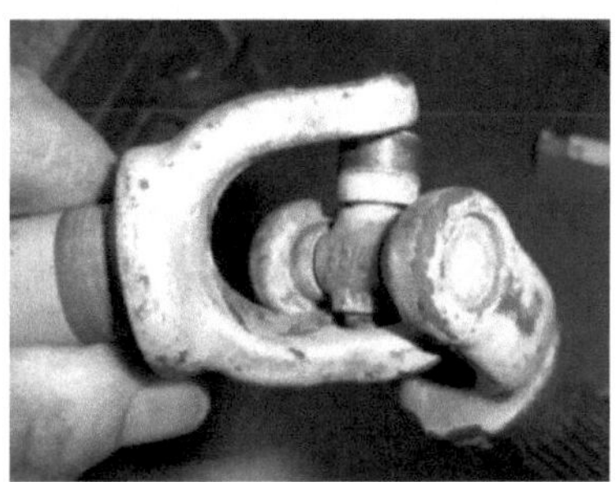

Aber leider, leider lässt sich das Gelenkkreuz so noch nicht aus der Gabel nehmen. Wie man sieht, lässt es sich nicht weit genug kippen, sondern es stößt mit der anderen Lagerbuchse an der Gabel an. Diese zweite Lagerbuchse muss also zuerst auch noch herunter. Das geht nur, wenn man sie zurück in ihre Aufnahmebohrung presst. Dazu müssen wir uns noch eine Kleinigkeit einfallen lassen.

Werfen wir also noch einmal die Drehmaschine an und drehen ein Druckstück, das außen wieder 12,7 mm misst und innen eine Ausdrehung von 8,1 mm Durchmesser hat, so dass sich der Zapfen des Gelenkkreuzes darin zentrieren kann.

Mit diesem Druckstück pressen wir die widerspenstige Lagerbuchse zurück in ihre Aufnahmebohrung ...

... weiter, in die Hülse hinein, ...

... so dass die Lagerbuchse allmählich ganz in ihrer Aufnahmebohrung verschwindet ...

... und das Mittelteil des Gelenkkreuzes an der Innenseite der Gabel anschlägt.

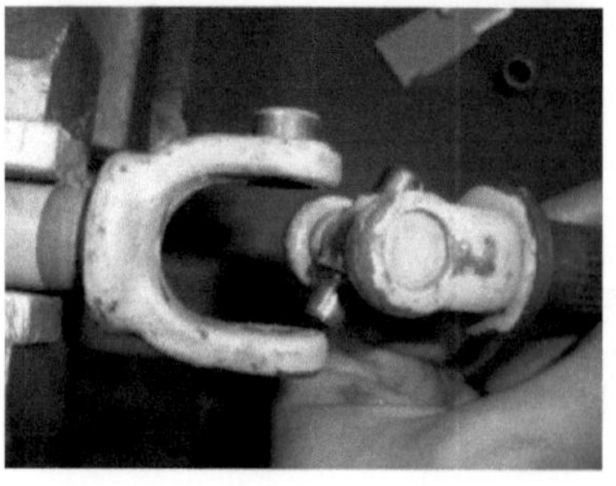

Dann endlich lässt sich das Gelenkkreuz herauskippen.

Nun legen wir die Gelenkgabel auf die Schraubstockbacken und klopfen die Lagerbuchse mit einem zylindrischen 12 mm-Dorn vollends heraus.

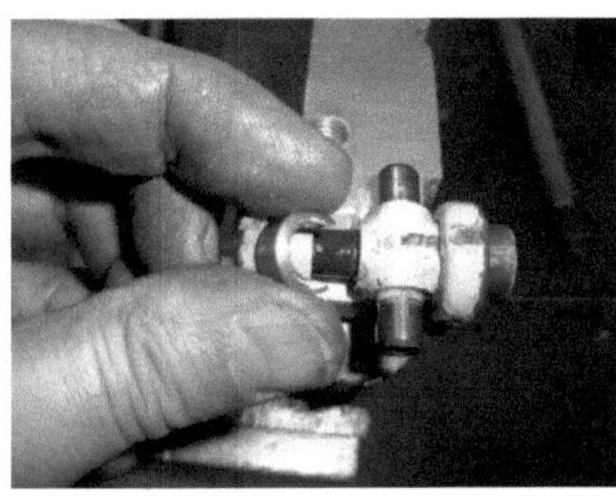

Aus der anderen Gelenkgabel holen wir die Lagerbuchsen auf die gleiche Weise heraus, wieder im Pilgerschrittverfahren: Erst vor, dann wieder zurück. Die hässliche dunkle Pampe am linken Zapfen des Gelenkkreuzes im Bild ist ein Gemisch aus Rost und eingetrocknetem Fett. Dies genügt als Beweis, wie absurd einst die vollmundige Behauptung war, die Gelenke *bedürfen keiner Wartung*.

Hier ist zu erkennen, wie stark der linke Gelenkzapfen eingelaufen ist: Man sieht den Durchmessersprung des Zapfens direkt neben dem Mittelteil, wo schon einige Zehntelmillimeter dem Verschleiß zum Opfer gefallen sind. Dementsprechend wacklig wird dann die Passung des Zapfens. Das Ergebnis ist unerwünschtes Verdrehspiel des Kreuzgelenks, das sich am Lenkradkranz natürlich in weit größerem Betrag zeigt.

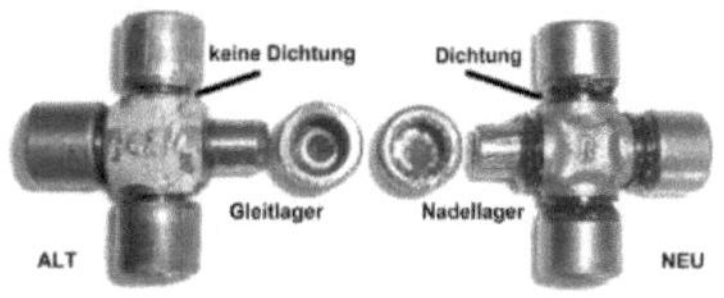


Doch zum Glück gibt es Abhilfe. Hier ein Vergleich des serienmäßig lausigen Gelenkkreuzes (links) und des nadelgelagerten und abgedichteten neuen Kreuzes (rechts).

Deutlich ist zu erkennen, dass das Nadellager „vollnadelig" ist, also ohne Käfig, mit dicht nebeneinander gepackten Nadeln. Dies ergibt eine hohe Tragfähigkeit. Auf jedem Lagerzapfen steckt ein elastischer Dichtring aus öl- und fettbeständigem Gummi, der den Schmierstoff zuverlässig im Lager hält.

Das neue Nadellager hat keine lange Einführfase wie die serienmäßige Gleitlagerbuchse, so dass eine scharfkantige Aufnahmebohrung das Risiko des Verkantens birgt. Um dies zu vermeiden, fasen wir die Außenkante der Aufnahmebohrung mit einem Schaber oder mit einer Rundfeile gut an. Erst danach pressen wir die Nadelbüchse ein.

Die erste neue Nadellagerbuchse ist an der Aufnahmebohrung der Gelenkgabel angesetzt. Nun brauchen wir ein Einpresswerkzeug, das nicht auf die gesamte Gabel drückt, sondern nur auf den Gabelzinken, in den das Lager hinein soll. Denn wir wollen und dürfen die beiden Zinken der Gabel dabei nicht verbiegen.

Als ein solches Werkzeug bietet sich ein großer Feilkloben an. Da dessen Backen nicht genau parallel spannen, legen wir unter die eine Backe zum Ausgleich einen Blechstreifen. Es kommt darauf an, dass die obere Backe vollflächig auf dem Boden des Nadellagers aufliegt und parallel zur Außenkontur der Gabel steht, damit das Nadellager geradlinig in die Bohrung gepresst wird, ohne zu verkanten.

Durch Anziehen der Spannmutter am Feilkloben pressen wir das Nadellager in die Bohrung. Hier ist es schon halb drin.

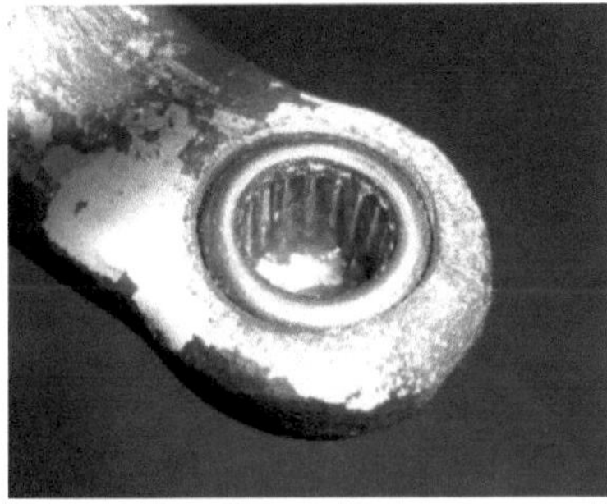

Wir pressen so weit, bis das Lager bündig mit
der Innenseite der Gabel ist.

Nun können wir das neue Gelenkkreuz in die
Gabel einfädeln ...

... und einen seiner vier Lagerzapfen in die soeben eingepresste Nadelbüchse schieben.

Jetzt wird es spannend, denn wie sollen wir die zweite Nadelbüchse einpressen, ohne die Gabel zu verbiegen? Wir könnten wieder unser Flachaluminiumstück einschieben, um die Gabel innerlich zu stützen, und dann die zweite Lagerbuchse im Schraubstock einpressen. Wenn das Flachmaterial spielfrei passt, ist dagegen nichts einzuwenden.

Eleganter geht es mit dem abgebildeten Werkzeug, das eigentlich ein Abzieher für schlecht zugängliche Zahnräder ist. Der geschlitzte Fuß des Werkzeugs greift unter die Gabelzinke, während die Gewindespindel die Lagerbuchse einpresst. Der Vorteil: Die Gabel bleibt hierbei völlig frei von Biegekräften. Die Gewindespindel drückt nicht unmittelbar auf den Boden der Lagerbuchse. Um dort keine Kratzspuren zu hinterlassen, ist ein Alu-Druckstück zwischengelegt.

So sieht das von unten aus. Die Aussparung im Werkzeug ist breit genug, dass die Nadelbüchse durchpasst.

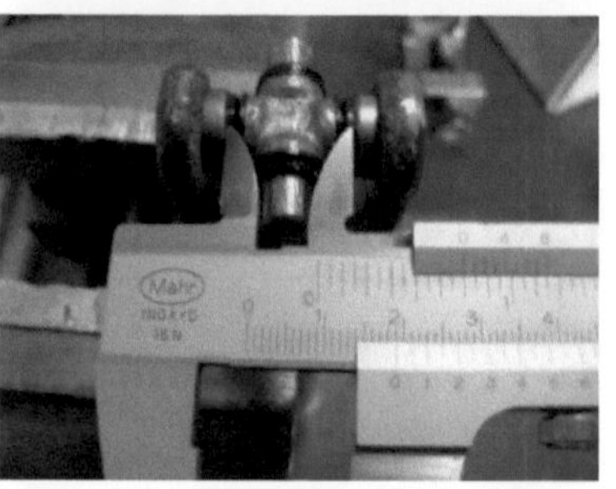

Damit die elastischen Dichtungen am Gelenkkreuz die richtige Vorspannung erhalten, müssen die Nadelbüchsen symmetrisch auf ein bestimmtes Maß eingepresst werden. Hier ist Sorgfalt notwendig, denn bei diesem Arbeitsgang gilt die alte Sozialistenregel: *Vorwärts immer, rückwärts nimmer!* Ist die Nadelbüchse einmal zu weit eingepresst, gibt es keine Möglichkeit mehr, ihre Position zu korrigieren, ohne die Dichtung zu zerstören. Selbstverständlich kann eine derart weiche Gummidichtung keine Presskräfte übertragen.

Nachdem das neue Gelenkkreuz wohlbehalten in einer der beiden Gabeln sitzt, können wir es nun in die andere Gabel einfädeln. Die eine Lagerbuchse sitzt darin links bereits in Lauerstellung.

Wir schieben den Zapfen nach links ins Lager.

Jetzt setzen wir erneut unser Werkzeug an, um die vierte Lagerbuchse einzupressen. Zwischen der Gewindespindel und der Lagerbuchse liegt wieder das Druckstück aus Aluminium.

Endlich sind alle vier Nadellager an ihren Plätzen. Wir haben uns einen kühlen Hopfenblütentee verdient.

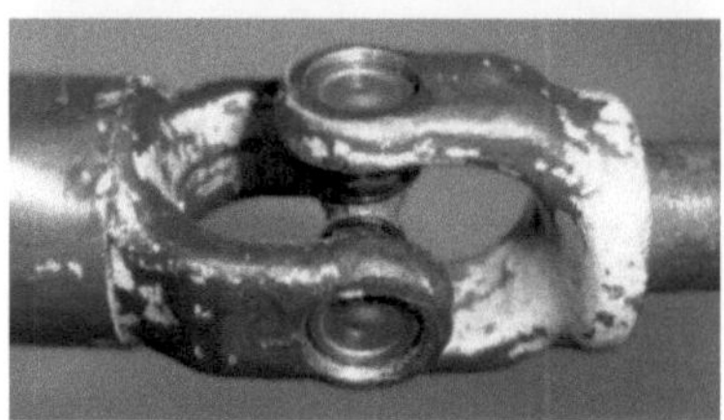

So sieht das zusammengebaute Kreuzgelenk aus. Der Lohn der Mühe: Es ist absolut leichtgängig und spielfrei, fettgefüllt für den Rest des Lebens, abgedichtet auch – hach, es ist eine Lust. So viel kann man im Rest des Lebens gar nicht mehr lenken, um diese edlen Nadellager zu verschleißen.

Obwohl die Nadellagerbuchsen fest eingepresst sind und kein Risiko besteht, dass sie herauswandern, wird ein ordentlicher Mensch sein Gewissen dadurch beruhigen, dass er sie durch eine zusätzliche Sicherungsmaßnahme am Verlassen ihrer Aufnahmebohrungen hindert. Mit den Brachialmethoden des Verstemmens oder gar Verschweißens wollen wir selbstverständlich nicht wieder anfangen. Wozu gibt es heutzutage gute zweikomponentige Methylacrylatklebstoffe? Davon rühren wir eine kleine Menge an und geben sie auf den zuvor mit Bremsenreiniger entfetteten Boden des Nadellagers. Nach ein paar Minuten ist der Kleber durchvernetzt. Ruhe sanft! Zu erwähnen bleibt noch, dass beim nachfolgenden Lackieren die Gummidichtringe zweckmäßig gegen den Lacksprühnebel abgeklebt werden sollten. Dazu eignet sich Linierband.

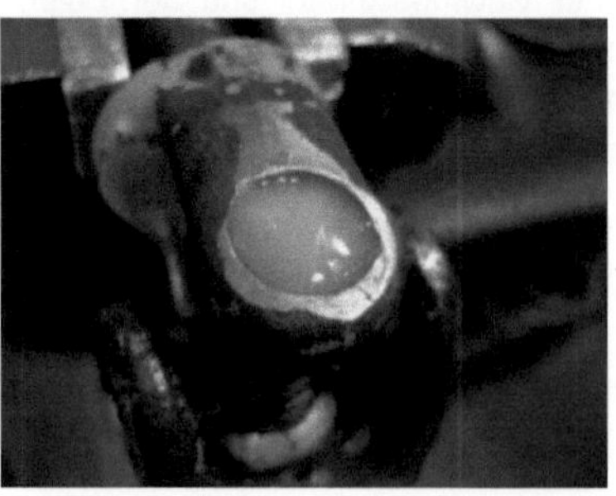

Wenn jetzt auch noch die Lenkwelle in ihren beiden Gleitlagerbuchsen spielfrei läuft – dabei können wir nach der Werks-Reparaturanleitung verfahren – dann haben wir alles getan, was zur Reduzierung des Lenkspiels möglich ist.

Sollten wir dennoch bei bestimmten Geschwindigkeiten eine Unruhe in der Lenkung verspüren, überzeugen wir uns davon, ob der grundsätzlich empfehlenswerte hydraulische Lenkungsdämpfer funktionsfähig und richtig montiert ist. Sollte das nicht zur erwünschten Ruhe in der Lenkung führen, ist es Zeit, an die Auswuchtung der Laufräder zu denken. Dazu kommen wir im übernächsten Kapitel 1.2.10. Zuvor kümmern wir uns um Reifen, Felgen und das, was damit zusammenhängt.


## 1.2.9    Reifen und Räder

Dieses Kapitel könnte auch „Reifen und Felgen" heißen. Doch dann würden in Stahlräderfabriken beschäftigte Normstellenmitarbeiter mit Ärmelschonern, die TÜV-Mitarbeiter Günter und Walter aus dem Werner-Comic und sonstige Wissende ersticken, wenn sie nicht sofort mit erhobenem Zeigefinger und wichtigem Gesichtsausdruck einwenden dürften, dass ein unbereiftes Rad aus *Felge* und *Schüssel* besteht.

Ein wenig Erbsenzählerei: Nach dem Benennungsschema der Stahlradmacher ist die *Felge* nur das runde Teil, auf dem der Reifen sitzt. Die *Schüssel* ist das flache Teil mit den Löchern, das an die Nabe geschraubt wird. Diese Schüssel ist mit der Felge durch Schweißung oder Nietung verbunden.

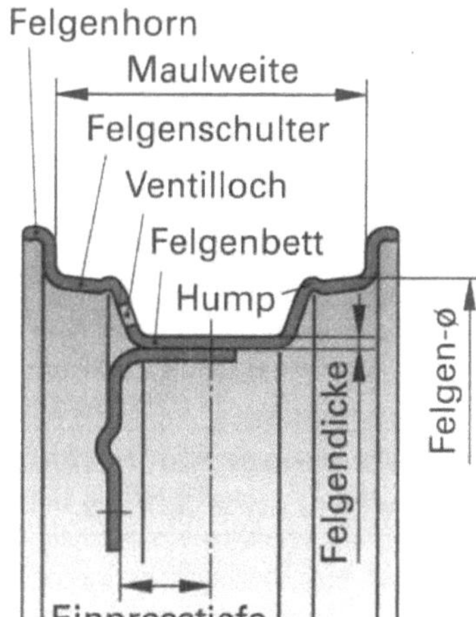


Den Zusammenbau aus Felge und Schüssel wie im Schemabild links findet man heute fast nur noch an landwirtschaftlichen Maschinen, nachdem an Personenwagen das einteilige Leichtmetallrad fast vollständig das aus zwei Teilen gebaute Stahlrad verdrängt hat. Vor dem Schweißen wurde die Schüssel auf eine bestimmte Tiefe in die Felge eingepresst. Das ist die berühmte Einpresstiefe, die Sie in diesem Augenblick anstrengungslos kennenlernen, falls Sie zuvor den Begriff zwar schon gehört hatten, aber sich nicht so recht etwas darunter vorstellen konnten. Die Einpresstiefe ist der Abstand zwischen der Felgenmitte und der inneren Auflagefläche des Radflansches. Je geringer sie ist, desto breiter wird die Spurweite. Man stellt sich das am anschaulichsten so vor, als ob die Schüssel mit der Wölbung voran (andersherum ginge es ja auch schlecht) von der Fahrzeugmitte her in die Felge eingepresst worden sei. Bild: Tabellenbuch Kraftfahrzeugtechnik

Umgangssprachlich versteht so gut wie jeder Autofahrer unter einem Rad die Kombination aus Reifen und Felge. Mit Felge meint er das, was hyperkorrekte Techniker ein Rad nennen. Eine Schüssel kennt der gemeine Autofahrer allenfalls aus der Küche. An den heute üblichen Leichtmetallrädern, die gegossen oder geschmiedet werden, geht die Schüssel nahtlos in die Felge über, so dass die alte Unterteilung eigentlich obsolet ist. Dennoch hat sich die Einpresstiefe als Begriff und wichtiges Maß wacker gehalten und ist sogar auf der Innenseite der Leichtmetallräder eingegossen. Denn sie ist für die Freigängigkeit des Rades entscheidend, damit beispielsweise die Radspeichen nicht am Bremssattel schleifen.

Die Reifen- und Leichtmetallradanbieter haben sich längst dem Umgangssprachgebrauch gebeugt; sie sprechen von Reifen und Felgen. Manche nennen ihr ganzes Unternehmen so. https://www.fuchsfelge.com/de/rund-ums-rad.html

Der Aufbau eines Stahlrades aus Felge und Schüssel führt uns direkt zu den beiden Bauarten der Isetταräder, die wir getreu dem Obigen umgangssprachlich-salopp *einteilige und zweiteilige Felgen* nennen.

Zweiteilige Felge

BMW-Isetten der Baujahre 1955 bis Anfang 1957 hatten zweiteilige Felgen. Dabei ist das an die Nabe zu schraubende Teil nicht schüsselförmig, sondern eher scheibenartig geformt und recht dickwandig. Es reicht bis zum Reifen und bildet außen eines der beiden Felgenhörner. Die an dieser Außenscheibe mit kurzen M8-Schrauben befestigte Innenschüssel ist topfähnlich, ziemlich dünnwandig und bildet das innere Felgenhorn. Diese Felge ist also zerlegbar und für Schlauchlosreifen nicht geeignet, weil die Flanschverbindung der beiden Felgenteile nicht luftdicht sein kann. Ein Schlauch ist also zwingend erforderlich. Wer es möchte, kann höchstselbst ohne Reifendienst und ohne besondere Werkzeuge einen Reifen auf diese Felgen montieren. Das Ventilloch schaut seitlich aus der Felge, so dass ein Schlauch mit schrägem Ventil zu verwenden ist.

Da die zweiteiligen Felgen in ihren vier Nabenlöchern keine Kegelsenkung haben, sondern ein zylindrisches Durchgangsloch, sind Radmuttern mit einem zylindrischen Zentrierzapfen erforderlich.

Die einteiligen Felgen wurden im Frühjahr 1957 in die Serie eingeführt und bis zum Produktionsende 1962 beibehalten. Es handelt sich um luftdicht verschweißte Felgen, die mit Schlauchlosreifen 4.80-10 kombiniert wurden. Auch hier sitzt das Ventil seitlich in der Felge. Da die einteiligen Felgen von vornherein für schlauchlose Reifen vorgesehen waren, ist das Ventilloch darin für das gummiummantelte Schlauchventil zu klein. Die einteiligen Felgen verlangen Radmuttern mit Kugelbund.

## Einteilige Felge mit Schlauch

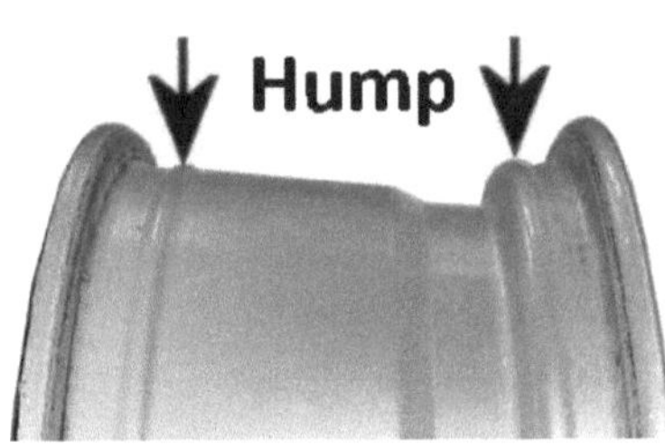


An modernen Felgen sollen zwei Humps als Sicherheitswülste verhindern, dass bei einem Druckverlust der Reifen ins Tiefbett der Felge rutscht und dadurch seine Luftfüllung schlagartig entweicht. Da die einteiligen Isetta-Räder keinen solchen Hump (das englische Wort für Rundbuckel) haben, ist es empfehlenswert, einen Schlauch zu montieren.

Obwohl der serienmäßige Diagonalreifen 4.80-10 deutlich steifere Flanken hat als ein Gürtelreifen und somit auch bei niedrigem Reifendruck kaum gefährdet ist, ins Tiefbett der Felge zu rutschen, ist es kein Fehler, im Reifen 4.80-10 einen Schlauch zu verwenden. Die Montage von Gürtelreifen 145 R 10 auf dem Serienrad 3 x 10 wird von manchen Reifenherstellern (Dunlop) nur toleriert, wenn ein Schlauch verwendet wird. Andere Hersteller (Sumitomo) raten vom Schlauch ab, möglicherweise ohne in ihre Entscheidung einbezogen zu haben, dass der schlauchlose Reifen auf eine humplose Felge montiert werden soll.

Weil die einteiligen Isetta-Felgen für Schlauchlosreifen vorgesehen waren, haben sie ein kleines Ventilloch von nur etwa 9,5 mm Durchmesser, durch das kein gummiummanteltes Ventil eines Autoschlauches passt. Manche Reifenhändler wollen das Ventilloch in der Felge nicht vergrößern und  neigen deshalb dazu, Rollerschläuche zu verwenden, weil diese ein dünnes Metallventil haben, das durchs enge Felgenloch passt. Davon ist aus zwei Gründen abzuraten:

1.	Die üblichen Rollerschläuche sind meist nur für Rollerreifen bis 4.00-10, allenfalls 4.50-10 bemessen und damit zu klein, um einen Autoreifen 4.80-10, geschweige denn einen 145/80 R 10 auszufüllen.

2.	Das Ventil liegt für Rollerfelgen passend in der Mitte des Schlauches. Zwängt man dieses Ventil durch das seitlich liegende Ventilloch der Isettafelge, wird der Schlauch in sich verwunden und kann infolgedessen reißen.

Besser ist es, einen Autoschlauch mit seitlich liegendem, geradem Ventil zu verwenden.

Er bietet ein ausreichendes Volumen und sein Ventil liegt an der richtigen Stelle. Allerdings ist es dazu notwendig, vor der Reifenmontage das Ventilloch in der Felge zu vergrößern, damit das dickere, gummiummantelte Ventil des Autoschlauches hindurchpasst. Das geht am schnellsten mit einem Kegelfräser, ganz passabel aber auch mit einer Rundfeile. Das für ein gummiummanteltes Autoschlauchventil vergrößerte Loch soll 11 mm Durchmesser haben. Beide Seiten müssen gut entgratet werden!

Verwendet man einen Schlauch in einem Schlauchlosreifen, droht von einer ganz unerwarteten Seite Verdruss: Es ist darauf zu achten, dass sich auf der Innenseite der Reifen keinerlei eingeklebte Etiketten befinden. Denn der Rand solcher Aufkleber wölbt sich durch den darauf scheuernden Schlauch hoch und ist so scharf, dass er den Schlauch nach wenigen hundert Kilometern zerschneiden kann. Sogar dann, wenn der Aufkleber nur aus Papier besteht. Selbst so erlebt. Also bitte etwa vorhandene Etiketten restlos entfernen!



Felgen 3.5 x 10 vom BMW 600 auf der Isetta

Der BMW 600 hatte ab Werk die Felgengröße 3.5x10 und die Reifengröße 5.20-10. Die 600er Felgen sind somit 1/2 Zoll = 12,7 mm breiter als die der Isetta. Sie ragen auch weiter nach außen heraus, so dass sie spurverbreiternd wirken, wenn sie auf eine Isetta montiert werden. Besonders dann, wenn Gürtelreifen 145 R 10 darauf montiert sind.

Die breite Spur sieht zwar dekorativ aus, es ist damit aber gut möglich, dass beim Einfedern der Reifenaußenrand an der Kante des Radkastens kratzt. Zu Zeiten, als der TÜV sich bei der Eintragung von Gürtelreifen kleinlich anstellte und eine Felgenbreite von mindestens 3,5 Zoll dafür verlangte, waren die Räder des BMW 600 der einzige Ausweg für Isettafahrer, die Gürtelreifen fahren wollten. Da die 600er Felgen rund 13 mm breiter sind und offensichtlich auch eine andere Einpresstiefe haben als die Isettafelgen, stehen sie weiter heraus.

Das bedeutet: Wenn der Sachverständige sich davon überzeugen kann, dass Felge und Reifen auch bei vollem Lenkeinschlag und beim Einfedern allseits, also nach innen zum Federgehäuse und zum Schwingarm / zur Bremshalterstütze, nach außen zum Rand des Radausschnitts freigängig sind, ohne irgendwo zu schleifen, spricht nichts gegen eine Eintragung der Radialreifen 145/80 R 10 oder, falls das jemand heute noch will, auch der Diagonalreifen 5.20-10 auf Felge 3.5x10. Doch sind da gewisse Zweifel angebracht. Das Bild oben verdeutlicht, dass die Reifen 145/80 R 10 doch ziemlich weit herausstehen. Beim Diagonalreifen 5.20-10 werden es auf jeder Seite ca. 5 mm weniger sein. Aber auch dann könnte es kratzen, wenn ein Zweizentnermann drinsitzt und mit Schmackes durch eine Bodenwelle rauscht.

## Gürtelreifen 145/80 R 10 auf Isettafelge 3x10

Um Probleme mit außen an der Karosserie kratzenden Reifen zu vermeiden, ist man auf der sicheren Seite, wenn die serienmäßigen Isettafelgen 3x10 beibehalten werden. Darauf können und dürfen Gürtelreifen 145/80 R 10 montiert werden; das ist bei technischen Prüfstellen wie TÜV oder DEKRA heute kein Problem mehr und erfordert keine besondere Überzeugungsarbeit. Wie weiter oben schon erläutert wurde, sollte ein Schlauch montiert werden, damit ein Schlauchlosreifen bei zu niedrigem Reifendruck nicht plötzlich ins Tiefbett der humplosen Felge rutschen kann. Das gilt übrigens auch für die breiteren Felgen des BMW 600. Nach den Zuordnungsempfehlungen der Reifenhersteller wird für den Gürtelreifen 145/80 R 10 zu einer Felge 3.5x10 geraten.

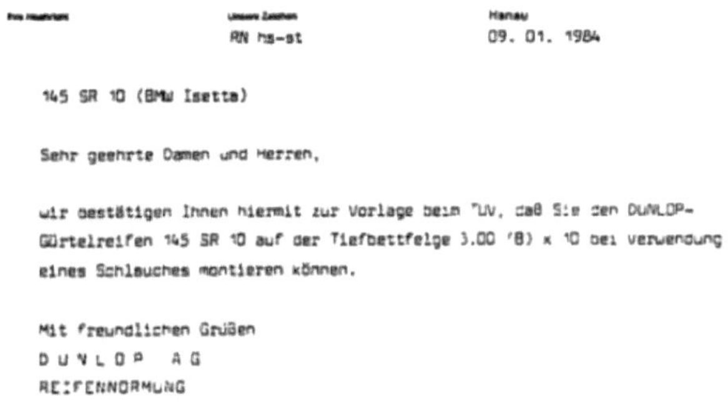



Doch gibt es Unbedenklichkeitsbescheinigungen verschiedener Reifenhersteller, welche die Montage des Reifens 145 R 10 auch auf dem schmaleren Isettarad 3x10 erlauben. Dunlop verlangte dabei ausdrücklich einen Schlauch, stellt aber inzwischen keine Reifen dieser Dimension mehr her. Die Meinungen der verschiedenen Reifenhersteller, ob ein Schlauch verwendet werden soll oder nicht, gehen auseinander. Schauen wir also genauer hin.

## Mit oder ohne Schlauch?

Von Sumitomo Rubber gibt es für den Falken-Reifen 145/80 R 10 69S mit dem Profil SN 807 die Freigabe, ihn auf Felgen mit Breiten zwischen 3,0 und 5,0 Zoll zu montieren, was die serienmäßige Isetta-Felge 3x10 einschließt. Bei einer zulässigen Achslast von 340 kg vorn und 300 kg hinten empfiehlt Sumitomo einen Reifendruck von 1,8 bar sowohl vorn als auch hinten. Auf Anfrage rät Sumitomo von der Verwendung eines Schlauchs im Schlauchlosreifen ab, wenn der Reifen innen nicht glattflächig ist. Als Grund wird genannt, dass die Innenseite des Reifens Falken Sincera SN 807 eine nicht glatte Innenseite habe. Dies liege an der eingesetzten Membran, die für den Vulkanisationsvorgang erforderlich sei.

Kumho Tire Europe GmbH gestattete die Verwendung des inzwischen nicht mehr lieferbaren Reifens 145/80 R 10 69T mit dem Profil 758 Power Star auf der serienmäßigen Isettafelge 3x10, empfahl ebenfalls rundum einen Reifendruck von 1,8 bar und sagte nichts zum Thema Schlauch.

Der Vergölst-Reifenmonteur meines Vertrauens mit 34 Jahren Berufserfahrung meint dazu, er habe noch niemals erlebt, dass Reifen, die innen nicht glatt waren, einen Schlauch beschädigt hätten.

Sein erstes Argument: Bestünde diese Gefahr, so dürften Schlauchlosreifen für Motorräder, die innen häufig Rippen aufweisen, nicht mit Schlauch auf den nicht luftdichten Speichenradfelgen montiert werden. Das dürfen sie aber ausdrücklich, und es funktioniere anstandslos.

Zweites Argument: In Speichenradfelgen bilden sich die Speichennippel durch das Felgenband hindurch ab und drücken kleine Dellen in den Schlauch. Dasselbe gilt für Sicherheitskerben in Speichenradfelgen. Beides macht dem Schlauch nichts aus.

Erste Warnung an Autofahrer: Was einen Schlauch zerstören kann, sind auf die Innenseite des Reifens geklebte und vor der Montage nicht restlos entfernte Etiketten. Über diese leidvolle Erfahrung steht bereits weiter oben etwas.

Zweite Warnung an Motorradfahrer: Was einen Schlauch ebenfalls zerstören kann, ist ein verhärtetes Kunststoff-Felgenband bei Speichenrädern. Oder, noch schlimmer, Polyesterklebeband (z. B. Tesafilm) anstelle eines Felgenbandes.

Der Reifenfachmann rät klar und eindeutig zum Schlauch, denn

1.      Die Felgen des BMW 600 haben keinen Hump, also keinen Rundbuckel, der bei zu niedrigem Reifendruck das Hineinrutschen des Reifenrandes in das Tiefbett der Felge verhindern könnte.

2.      Frühe Schlauchlosfelgen wie die unsrigen erhielten keinen solchen Hump, weil sie schlicht keinen brauchten. Denn die damals üblichen Diagonalreifen mit ihren Textilfadeneinlagen hatten eine viel steifere Seitenwand als die heute üblichen Stahlgürtelreifen und neigten deshalb konstruktionsbedingt nicht zum Hineinrutschen ins Felgentiefbett. Dies ist der Grund, warum Dunlop 1984 empfahl, in Schlauchlos-Gürtelreifen auf humplosen Felgen zusätzlich einen Schlauch zu montieren.

3.      Gefragt, ob jemals ein Fahrer eines älteren Autos beklagt habe, ihm sei ein schlauchloser Gürtelreifen ins Tiefbett der humplosen Felge gerutscht und habe dabei schlagartig alle Luft verloren, konnte er sich an kein einziges solches Ereignis erinnern. So gesehen könne man eigentlich auf den Schlauch verzichten. Wohl aber sei ihm ein

Bagger untergekommen, dessen schlauchloser Gürtelreifen auf humploser Felge dadurch plötzlich die Luft verlor, dass der Fahrer auf der Stelle wendete. Dabei wurde der Reifen, der wohl vorher schon zu wenig Druck hatte, derart verwürgt, dass er ins Tiefbett der Felge rutschte und die Luft entwich.

4.        Aus den oben geschilderten Gründen hält er nicht glatte Reifeninnenseiten für unkritisch und empfiehlt bei Gürtelreifen auf humplosen Felgen immer einen Schlauch, um auf der sicheren Seite zu sein. Die Frage werde ihm häufiger gestellt, auch z. B. von Käferfahrern. Noch nie habe er daraufhin Schlauchschäden gesehen.


## Diagonalreifen 5.20-10 auf Isettafelge 3.00x10

Der ab Werk auf dem BMW 600 montierte Diagonalreifen 5.20-10 war etwa 10 mm schmaler als ein Radialreifen 145/80 R 10 und ca. 10 mm breiter als ein serienmäßiger Isetta-Diagonalreifen 4.80-10. Von daher dürfte ein Reifen 5.20-10 auf der serienmäßigen Isettafelge 3x10 keine Probleme verursachen. Doch würde man dafür wieder eine Unbedenklichkeitsbescheinigung des Reifenherstellers für die Verwendung der schmaleren Isettafelge 3x10 brauchen, weil für den Reifen 5.20-10 die Felge 3.5x10 vorgesehen war. Nachdem Diagonalreifen 5.20-10 so sehr aus der Mode gekommen sind, dass sie kaum noch erhältlich sind, lohnt sich die Mühe nicht. Denn das Fahr-, Lenk- und Federungsverhalten ist mit einem Radialreifen 145/80 R 10 haushoch besser.


## Eintragungen alternativer Reifengrößen in die Zulassungspapiere

In http://de.wikipedia.org/wiki/Zulassungsbescheinigung ist zu finden:

„Probleme bereitet mitunter die Übertragung alter Informationen in die neuen Papiere. So wird in Deutschland in *Teil I*, Ziffer 15 (Bereifung), beispielsweise nur noch eine Reifengröße eingetragen. Die Dokumentation etwaiger alternativer Eintragungen oder Befreiungen von Reifenbindungen sowie aller weiteren eintragungspflichtigen technischen Änderungen zum Serienzustand **soll in Feld 22 (Bemerkungen und Ausnahmen) mit entsprechender Referenzierung (im Fall der Reifenbindungen zum Beispiel zur Ziffer 15) erfolgen**, dies wird allerdings regional nicht einheitlich gehandhabt.“

In http://www.continental-reifen.de/www/reifen_de_de/themen/reifentipps/lexikon/umruestung_de.html findet man:

„Bei allen Erstzulassungen und Änderungen (z.B. bei Halterwechsel) werden seit 01.10.2005 neuartige Fahrzeugpapiere ausgegeben:

Die **"Zulassungsbescheinigung Teil I"** ersetzt den Kfz-Schein.

Die **"Zulassungsbescheinigung Teil II"** ersetzt den Kfz-Brief.

Die **"EG-Übereinstimmungsbescheinigung"** (oder auch **COC**, Certification of Conformity) kommt neu hinzu. Der Endverbraucher erhält diese ab sofort mit den Fahrzeugunterlagen beim Kauf eines Neufahrzeugs vom Hersteller.

Bei bestehenden Fahrzeugen ohne Halterwechsel behalten die alten Dokumente ihre Gültigkeit.

In den neuen Fahrzeug-Dokumenten ist nur noch eine mögliche Basisbereifung in der Zulassungsbescheinigung Teil I aufgeführt. Angaben zu alternativen Rad-/Reifenkombinationen sind nur im COC zu finden. Die auf dem Fahrzeug montierte Reifengröße ist möglicherweise nicht in der Zulassungsbescheinigung Teil I eingetragen. Ob diese zulässig ist, lässt sich nicht ohne weiteres nachvollziehen. Bei der Umrüstberatung sind weitere Alternativen nur im COC aufgeführt.

Die herkömmliche Umrüstung mit Hilfe technischer Fahrzeug-Daten ist jedoch weiterhin möglich: Die Tragkraft des Reifens x 2 muss die tatsächliche Achslast in Ziffer 7.1 bzw. 7.2 der Zulassungsbescheinigung Teil I abdecken. Bei Umrüstungen sind gesetzliche Auflagen und Hinweise des Fahrzeugherstellers, der Rad- und Reifenhersteller zu beachten. **In jedem Fall muss insbesondere die Freigängigkeit des Rades und eine ausreichende Tragfähigkeit des Reifens gewährleistet sein.** Reifengrößen und Felgen, die nicht in den Fahrzeugpapieren eingetragen sind, dürfen nur nach Ausstellung einer Unbedenklichkeitsbescheinigung des Fahrzeug- und des Reifenherstellers bzw. einer technischen Prüfung durch eine technische Prüfstelle und daraufhin ausgestellter Anbaugenehmigung verwendet werden."

Die Tragfähigkeit des Reifens ist bei der leichtgewichtigen Isetta kein Thema, die Freigängigkeit aber schon. Da wir für unsere Fahrzeuge kein *Certificate of Conformity* besitzen, weil es diese Errungenschaft vor sechzig Jahren noch nicht gab, ist es für den Fahrzeughalter ratsam, bei jeder Neuausstellung von Fahrzeugscheinen darauf Wert zu legen, dass alternative Reifengrößen im Feld 22 „Bemerkungen und Ausnahmen" eingetragen werden. Dies beugt Diskussionen bei Hauptuntersuchungen oder Verkehrskontrollen vor und kann so aussehen:

| | | | | | |
|---|---|---|---|---|---|
| BAYER.MOT.WERKE-BMW | | | 145R10 50J | | |
| PERSONENKRAFTWAGEN | | | 145R10 50J | | |
| GESCHLOSSEN | | | − | | |
| EMISSIONSKL.NICHT BEK. | | | Rot | 3 | |
| EMISSIONSKL.NICHT BEK. | | | − | | |
| Benzin | | | − | E | UE593364 |
| 0001 | 0088 | 295 | − | | |
| ZU 15.1 U.15.2:OD.4,80-10* | | | | | |

Nach der Umrüstung auf Reifen 145/80 R 10 berichten manche Isettafahrer, dass Distanzringe zwischen Nabe und Radflansch notwendig wurden, weil sonst der Reifen am Federdom schleift. Das ist nicht an jeder Isetta gleich. Einige brauchen Distanzringe, andere nicht. Vielleicht liegt das bloß daran, dass an einer Isetta die Stahlblechbremstrommeln mit ihrem dünnwandigen Boden montiert sind und an der nächsten die Graugusstrommeln mit ihrem dickeren Boden, der das Rad bereits etwas weiter vom Federdom weg nach außen rückt. Es ist auch nicht auszuschließen, dass es Felgen mit unterschiedlichen Einpresstiefen gegeben hat. Wie in der Sendung mit der Maus: *Klingt komisch, ist aber so.*

Wird die Dicke der Distanzringe, deren typisches brauchbares Maß dem Vernehmen nach bei 6 mm liegen soll, zu reichlich bemessen, lassen sich die Radmuttern nicht mehr vollständig auf die Stehbolzen schrauben. Die Gewinde der Radmuttern sollen aber nach dem Willen der Konstrukteure auf ihrer gesamten Länge vom Radbolzen gefüllt sein, sonst hätten sie die Muttern nicht so hoch gemacht. Dass der Radbolzen sogar aus der Mutter herausschaut, wie man es an vielen Isetten hinten links, wo keine Bremstrommel ist, beobachten kann, ist weder nötig noch hübsch oder von irgendwelchem Zusatznutzen. Aber die Radkappe verhüllt das ja gnädig.

Wenn der Radbolzen infolge eines Distanzrings oder bereits dank einer dickwandigeren Graugussbremstrommel nicht die ganze Mutternlänge durchdringt, ist das ein Schönheitsfehler, aber nicht kriegsentscheidend, weil ohnehin die ersten Gewindegänge, die der Radschüssel zugewandt sind, den Löwenanteil der Last tragen. Die Zugspannung in der Schraube wird U-förmig am aufliegenden Ende der Mutter als Druckspannung in die Radschüssel geleitet. Das geschieht vorwiegend durch die Gewindegänge, die der Radschüssel am nächsten liegen. Man kann also so kühn sein zu behaupten, dass es keine nennenswerte Bedeutung habe, wenn der Bolzen an seinem Ende einen oder zwei Gewindegänge kürzer ist als die aufgeschraubte Radmutter. Aber die unteren beiden Drittel der Mutter haben schwer zu schuften, weshalb bei einem gar zu kurzen Bolzen der Spaß definitiv aufhört. Zwei Drittel, besser drei Viertel der Mutter sollten schon tragen. Auch wenn das soeben Beschriebene Trost spenden mag, werden sich von Berufs wegen vorsichtige TÜV-Mitarbeiter kaum auf eine derartige Diskussion einlassen, sondern kategorisch verlangen, dass der Radbolzen die gesamte Länge der Radmutter zu durchdringen habe, Ende der Durchsage. Wenn das nicht anders zu erreichen ist, helfen nur längere Radbolzen.

Der manchmal zu hörende Ratschlag, die ganze Radnabe weiter nach außen zu rücken, indem zwischen die Bremsankerplatte und das innere Radlager anstelle der dort serienmäßig eingebauten gelochten Anlaufscheibe ein 3 bis 4 mm dicker Distanzring eingelegt wird, ist mit äußerster Vorsicht zu genießen. Denn dieselben 3 bis 4 mm fehlen dann außen am Ende des Zapfens dort, wo die Kronenmutter ordentlich versplintet werden muss, wenn man nicht unterwegs das Rad verlieren will.

## Anziehdrehmoment der Radmuttern

Der Besitz eines Drehmomentschlüssels lässt in manchem Hobbyschrauber den Wunsch keimen, mit diesem vornehmen Werkzeug die Radmuttern gleichmäßig anzuziehen. Man sieht das in den Reifenwerkstätten, wo die Jungs das ebenso machen. Doch welches ist das richtige Drehmoment? In der Betriebsanleitung und den sonstigen Unterlagen ist dazu keine Vorgabe zu finden. Ein Vergleich mit anderen Fahrzeugen, die mit Stahlfelgen herumfahren, hilft nicht weiter. Hier findet man breit streuende Werte zwischen 50 Nm und 170 Nm.

Der eingeborene Kölner wird nun fragen: *„Wat sull dä Quatsch? Isch dunn minge Raadmottere nooch Schnüss aantrecke un han noch nie ens e Raad verloore."*

Befolgt man den Ratschlag eines Reifenhändlers "*Ich ziehe alle Radmuttern mit 100 Newtonmetern an*", so ist zu befürchten, dass entweder die Radmuttern mit ihrem Kugelbund die Löcher der Felgen aufweiten oder das Gewinde überdreht wird.

Der Reifenfritze ist an moderne Autos gewöhnt, wo es kein Radschraubengewinde unter 12 mm Durchmesser gibt. Daher ist sein Daumenwert von 100 Nm für die Isetta viel zu hoch, hat die Ärmste doch nur mickrige M10-Gewinde an ihren zierlichen Radnäbchen zu bieten.

Ein Blick in diese oder jene Tabelle zeigt, dass 90 Nm als niedrigster Wert für Feingewinde M12 x 1,25 und 100 Nm als niedrigster Wert für Feingewinde M12 x 1,5 erscheinen. Leider kennen wir die Festigkeitsklassen der Radschrauben und der Muttern nicht. Von ihnen hängt das zu wählende Anziehmoment ab, weil der Schraubenstahl bis kurz vor seine Streckgrenze vorgespannt werden soll. Die Techniker mögen da keine Verschwendung.

Ein Vergleich mit dem Regelgewinde M12 (das eine Steigung von 1,75 mm hat) zeigt 87 Nm für Festigkeitsklasse 8.8 und 122 Nm für Festigkeitsklasse 10.9. Feingewinde liefern aufgrund ihrer höheren Übersetzung schon bei geringeren Anzugsdrehmomenten die gleiche Vorspannkraft wie das gröbere Regelgewinde. Daher sind die empfohlenen Anzugsmomente für Feingewinde oft geringer als die für Regelgewinde. Die 90 bis 100 Feingewinde-Nm sind mit den 122 Grobgewinde-Nm (für M12) zu vergleichen, woraus zu schließen ist, dass der Stahl von Radschraubengewinden zumindest an heutzutage üblichen Pkws anscheinend die Festigkeitsklasse 10.9 hat – und nicht weniger. Das hätte auch Sinn, denn die Gewinde werden von den Reifenknechten so gnadenlos angefackelt, dass man sich den Kollaps einer handelsüblichen 8.8-Schraube unter diesen Bedingungen lebhaft vorzustellen vermag.

Die hoffnungsvolle Annahme, die Festigkeitsklasse der Radschrauben sei bei der Isetta vor sechzig Jahren auch schon so üppig gewählt worden, würde zu dem Schluss führen, dass wir den Drehmomentwert für M10 - 10.9 aufzusuchen hätten, der 70 Nm beträgt.

Hat unser Radbolzen aber nur die biedere Festigkeitsklasse 8.8, was durchaus sein kann, so wären 70 Nm schon deutlich zu viel, und 50 Nm wären angemessen. Vielleicht steht auf den Köpfen der Radbolzen, die in die Nabe eingepresst sind, ja sogar die Festigkeitsklasse drauf. Anständige Zulieferer würden das getan haben. Also schaue jeder selbst. Alt 8G ist neu 8.8, alt 10K ist neu 10.9.

Kleiner Scherz: Wenn nichts draufsteht und es jemand trotzdem genau wissen will, spanne er einen Radbolzen in eine Zugprüfmaschine ein, belaste ihn bis zum Zerreißen und messe die Dehnung über der Zugkraft. Dann wird sich schon herausstellen, wieviele N/mm² der Schraubenstahl erträgt und bei wieviel Prozent der Zugfestigkeit die Streckgrenze liegt. Man opfere freigiebig mindestens zehn intakte Originalteile, damit eine hinreichende statistische Aussagesicherheit gegeben ist.

Über die Festigkeit der Radmutter wissen wir dann immer noch nichts. Aber die Mutter ist ja sehr hoch; ihr Gewinde ist lang und dadurch nur schwer zu überdrehen, was Trost spenden mag. Vergleichen wir mit den vier langen 10.9-Schrauben zur Zylinderkopfbefestigung, die ebenfalls M10-Gewinde haben und mit 45 Nm angezogen werden sollen, so sollten wir den Radmuttern nicht mehr als diese 45 Nm zumuten.

### Soll man Felgen feuerverzinken lassen?

Wenn der Winter vor der Tür steht und die Fahrsaison vorüber ist, überlegt der eine oder andere Isetta-Fan, ob gewisse Einzelteile seines Fahrzeugs einer Schönheitskur bedürfen. Um Rostbefall an den Felgen dauerhaft zu bekämpfen, könnte er auf die Idee kommen, die Felgen feuerverzinken zu lassen. In den 1970ern, als ich meinen BMW 600 noch durchs Wintersalz quälte, habe ich das erprobt und rate davon ab. Die Räder verzogen sich im 450 °C heißen Zinkbad zwar nicht, erhielten aber eine ziemlich fiese Unwucht, weil sich das schmelzflüssige Zink beim Herausheben des Rades aus dem Zinkbad unten sammelt - in der Rille außen am Felgenrand. Einmal erstarrt, bekommt man es dort nicht mehr heraus. Die Rostschutzwirkung ist ebenso kolossal wie die Menge der benötigten Auswuchtgewichte.

### Soll man Felgen pulverbeschichten lassen?

Pulverbeschichtungen sind sehr strapazierfähig: Auf eine gute Pulverbeschichtung kann man mit der Hammerfinne schlagen, ohne dass etwas abplatzt. Darum droht durch die Reifenmontage keine Beschädigungsgefahr. Es gibt aber bei den aus zwei Teilen zusammengeschweißten Stahlrädern eine andere kleine Gemeinheit:

Bei der Pulverbeschichtung wird eine elektrostatisch geladene Pulverwolke erzeugt. Die gleichnamig geladenen Pulverpartikeln werden von der Werkstückoberfläche angezogen. Dort schlagen sie sich nieder, haften durch die elektrostatische Anziehung und bilden eine Pulverschicht, die anschließend im Ofen zu einer lackartig glatten Oberfläche aufgeschmolzen wird.

Und genau dort steckt ein Wurm drin: Weil die (als physikalische Modellvorstellung gedachten) Feldlinien der elektrostatischen Ladung die Eigenschaft haben, senkrecht in die Oberfläche zu laufen, verdrängen sie sich gegenseitig überall dort, wo V-förmig sich verengende Werkstückpartien sind. Die Pulverteilchen folgen auf ihrem Flug aus der Sprühpistole zum Werkstück weitgehend den Feldlinien. Das hat zur Folge, dass sich in Spalten und Ritzen fast kein Pulver niederschlägt, jedenfalls zu wenig, um eine geschlossene Schicht zu bilden. Bei Stahlrädern ist dies der Bereich, wo auf der Radaußenseite die Radschüssel in die Felge übergeht. In dieser Ritze muss nach dem Pulvern mit konventionellem Lack nachgepinselt werden, was ohne große Mühe zu machen ist und kaum auffällt. Man muss es nur wissen und es sofort nach dem Pulvern tun, sonst gibt es Enttäuschungen, weil sich in diesen Kerben schnell Rost bildet.

Vor vielen Jahren habe ich Isetta- und 600-Räder pulverbeschichten lassen und bin bis heute sehr zufrieden damit. Unmittelbar vor dem Beschichten wurden die Räder glasperlengestrahlt. Die Beschichtung hielt bisher perfekt. Wie beim Lackieren kommt es auch beim Pulverbeschichten auf eine gute Oberflächenvorbereitung an. Die Kunststoffbeschichtung haftet sehr gut, sie ist robust und dauerhaft, obendrein war sie preisgünstiger als eine Lackierung. Die Reparatur einer beschädigten Stelle ist allerdings nicht mit Pulver möglich, wohl aber mit Lack gleichen Farbtons.

Pulverbeschichtungen gibt es in allen RAL-Farbtönen. Für die Isetta-Räder kommen je nach Baujahr hellelfenbein RAL 1015 oder lichtgrau RAL 7035 in Frage, beim BMW 600 immer hellelfenbein RAL 1015. Ob man seidenmatt oder hochglänzend wählt, bleibt dem persönlichen Geschmack überlassen. Bei einem zweifarbig lackierten Fahrzeug wäre in den Augen eines Ästheten ein dritter Farbton für die Räder eine Farbe zuviel. Darum sollte niemand zögern, die Räder in der helleren (also meist der oberen) der beiden Karosseriefarben lackieren zu lassen. Wie so oft: Geschmackssache.

## Die Schrauben für geteilte Felgen

So sehen originale Schrauben, Muttern und Federringe aus, nachdem sie den teilbaren Felgen entnommen, glasperlengestrahlt, galvanisch verzinkt und gelb chromatiert worden sind. Man sieht deutlich die Korrosionsnarben, die der Rost hinterlassen hat. Ob sich die Mühe einer solchen Aufarbeitung lohnt, mag jeder selbst entscheiden. Warum nicht einfach neue Schrauben nehmen?

Dazu gibt es einerseits die Denkschule der Pragmatiker, andererseits jene der Originalitätsliebhaber. Ein Kriterium, an dem sich Diskussionen unter Puristen entzünden können, lautet schlicht: *Falsche Schlüsselweite.*

Um das Jahr 1963 wurde in den DIN-Normen der zum Gewinde M8 gehörende Sechskant an Schrauben und Muttern von 14 mm auf 13 mm verkleinert.

Seinerzeit ist übrigens auch der Sechskant für M5 von 9 mm auf 8 mm verkleinert worden  – jaaa, die Muttern auf den Zündspulenanschlüssen Ihrer Isetta müssen SW 9 haben. Wehe, Sie wollen mit Ihrem aufs Vorzüglichste restaurierten Motocoupé beim Concours d' Élégance in Pebble Beach oder an der Villa d'Este einen Preis gewinnen und die Zündspulenmütterchen haben SW 8, dann ist Ihr Traum vom ersten Preis noch geschwinder ausgeträumt als der Isettamotor anspringt. In Vorkriegszeiten gab's auch M6 mit SW 11 statt 10, diese Leute haben's noch schwerer. Doch auch für Sie lässt der Schmerz noch nicht nach: Die Gewindelänge 15 mm der Felgenschrauben wurde durch 16 mm ersetzt, als es den Normenfürsten gefiel, eine geometrische Reihe zur Grundlage der Längenabstufungen zu machen. Folglich hat heute eine handelsübliche Schraube für die zweiteilige Isettafelge die Schlüsselweite 13 statt 14 und die Gewindelänge 16 statt 15 mm. Das macht das Leben hart für alle, die Wert auf einen plusquamperfekten Originalzustand legen. Denn bereits die Vorstellung, dass der Preisrichter beim *Scrutinising* die Schraube herausdreht, die Schieblehre[17] zückt und die Länge nachmisst, verursacht schlaflose Nächte und gefährdet die Gesundheit.

Geschmiedete M8-Schrauben mit 14er Sechskant wurden jahrzehntelang nicht mehr gefertigt. *New old stock*-Bestände sind nach so langer Zeit wunderselten geworden.

Muttern, auf deren Festigkeit es nicht so sehr ankommt, lassen sich aus 14 mm - Sechskantstangen drehen, was von tüchtigen Nachfertigern auch längst gemacht wird. Bei

---

[17] Etwas fürs Lexikon des unnützen Wissens: Dieses Instrument hieß in DIN 862 *Meßschieber*, inzwischen umgetauft zu *Messschieber* mit drei s. Sicherlich, weil es ein Schieber ist, mit dem man messen kann. Und nicht, weil es etwa eine Lehre wäre, die man schieben kann  - obgleich sie genau dazu wird, sobald man ihre Feststellschraube anzieht. Eine *Lehre* ist nach der Definition der Messknechte eine Prüfvorrichtung, die nicht misst, sondern nur die Aussagen „passt" oder „passt nicht" erlaubt. In manchen Gegenden Süddeutschlands und in der Schweiz ist der Begriff *Schublehre* üblich, in Österreich *Schiebelehre* oder *Schublehre*. Als das Automobil noch in den Kinderschuhen steckte, hieß dieses Messzeug *Kaliber*. In der Forstwirtschaft spricht man von einer *Kluppe*, bei Gas- und Wasserinstallateuren vom *Knopfmaß*.

Schrauben ab Festigkeitsklasse 8.8 (also bei allen an der Isetta vorkommenden Schrauben) ist davon abzuraten, sie aus Vollmaterial zu drehen, weil die Festigkeit gewöhnlicher Automatenstähle nicht ausreicht und der berühmte Faserverlauf einer gedrehten Schraube ungünstig ist; der Kopf neigt dann zum Abreißen. Mit der Wechselfestigkeit bei dynamischer Beanspruchung ist es bei gedrehten Schrauben sowieso nicht weit her.

Man ist also auf eine Schraubenfabrik angewiesen, die Schrauben mit SW 14 nach dem üblichen Verfahren presst und das Gewinde der Festigkeit zuliebe spanlos aufrollt. Schraubenfabriken pflegen erst bei <u>sehr</u> großen Stückzahlen über eine von der Norm abweichende Ausführung nachzudenken, sind doch die Werkzeugkosten erheblich.

Nachdem z. B. bei [https://www.scooter-center.com/de/mutter-selbstsichernd-din-985-m8-sw-14-edelstahl-verwendet-fuer-felge-lambretta-li-lis-sx-tv-dl-gp-8010149](https://www.scooter-center.com/de/mutter-selbstsichernd-din-985-m8-sw-14-edelstahl-verwendet-fuer-felge-lambretta-li-lis-sx-tv-dl-gp-8010149) für eine einzige verzinkte Stopmutter M8 mit SW 14 aus laufender Produktion stolze 3,90 EUR aufgerufen werden, sind Kleineisenwaren erkennbar keine Pfennigartikel mehr.

Die <u>passende</u> Schraube ist also M8x16 DIN 933, Festigkeitsklasse 8.8, galvanisch verzinkt.

Die <u>richtige</u> Schraube für Anorak und Kniebundhosen tragende Krämerseelen ist M8x15 DIN 933 Ausgabe 1959, Festigkeitsklasse 8G mit SW 14, antiker Herstellername erhaben auf dem Schraubenkopf eingeprägt, phosphatiert und in Felgenfarbe kunstharzlackiert mit Schichtdicke nach Werksspezifikation. Weil die Nachfrage nach M8 mit SW 14 offenbar nicht abflaut, tauchen neuerdings solche Schrauben auf der Veterama auf und sorgen für beseelte Gesichter derer, die schon länger danach suchten. Inschrift wie schon in Vorkriegszeiten verbreitet: *RIBE* (für *R*ichard *B*ergner Verbindungstechnik, in 91126 Schwabach ansässig). Herkunftsland ist jedoch Polen.

Sitzt der neue Reifen glücklich auf der aufgehübschten Felge, ist es sinnvoll, das Rad dynamisch auswuchten zu lassen, auch wenn unsere schwach motorisierten Fahrzeuge keine hohen Geschwindigkeiten erreichen. Aber ach: Schon Vorbesitzer Herbert aus dem Kapitel 1.3.2 wusste, dass die Räder der Isetta und des BMW 600 sich nicht gut mit handelsüblichen Auswuchtmaschinen vertragen. Dazu lassen wir uns jetzt etwas einfallen.

## 1.2.10  Zentrierring zum Radauswuchten



*… haut's mein Buam in die Schlucht,* sangen 1974 Ambros, Tauchen und Prokopetz. Hier soll's aber nicht um den *Watzmann* und die *Gailtalerin* gehen, sondern um das Auswuchten der Räder. Denn wenn eine Unwucht ums Radlager rotiert, vibriert es in der Lenkung unangenehm, die Räder werden zum Flattern angeregt, die Radlager verschleißen rasch und die Reifen nutzen sich ungleichmäßig ab. Das ist in Isettas bescheidenen Geschwindigkeitsregionen zwar kaum ein Problem, aber beim schnelleren 600 kann es ein Thema sein, beim 700 sowieso und beim 700 Sport erst recht.

Unwuchten können jederzeit durch ungleichmäßige Abnutzung der Reifenlaufflächen und ungleiche Dichteverteilungen im Radkörper vorhanden sein. Zum Auswuchten gibt es im Kreise der Isettafahrer unterschiedliche Auffassungen von *„nicht nötig aufgrund der geringen Geschwindigkeiten"* über *„wünschenswert, aber schlecht durchführbar, weil man die Zehnzollfelgen mit ihrem kleinen Lochkreis auf den üblichen Auswuchtmaschinen nicht ordentlich zentrieren kann"* bis hin zur Empfehlung, dann eben nicht dynamisch, sondern nur statisch auszuwuchten – mit Hilfe eines Rollenprismas, wie beim Rad eines Motorrades. Was erst dann möglich wird, wenn man eine eigens präparierte Radnabe mit einer durchgesteckten Achse als Hilfsvorrichtung verwendet. Das ist zwar besser als nichts, aber ein Automobilrad sollte man aufgrund seiner Breite, die in der Regel größer ist als beim Rad eines Motorrades[18], dynamisch auswuchten. Denn die Unwucht kann „über Kreuz" liegen, so dass man beim statischen Auspendeln davon nichts bemerkt.

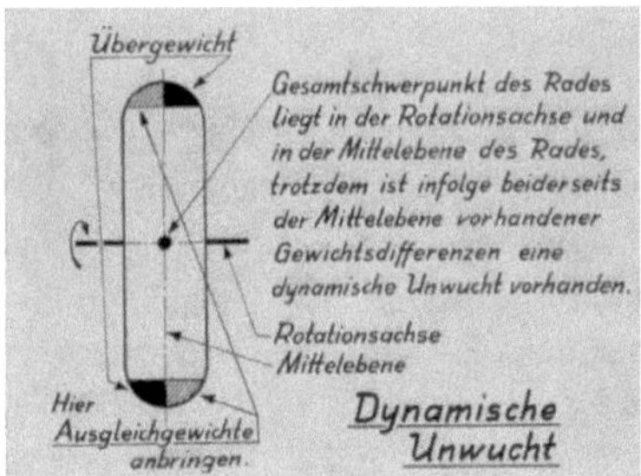


Warum das so ist, hat BMW damals so beschrieben. Auswuchtmaschinen bestimmen anhand einer Drehbewegung und einer dynamischen Kraftmessung an der Drehachse die Masse, den Winkel und die Seite der Felge, an der Ausgleichsgewichte angebracht werden müssen.

Bild: BMW-Reparaturanleitungen 600 & 700

Beim Aufnehmen auf einer Auswuchtmaschine soll das Rad nicht über sein Mittelloch, sondern über die vier Senkungen zentriert werden, in denen sonst die Radmuttern sitzen. Währenddessen muss es sich auf der Innenseite so abstützen, als ob es an der

---

[18] Solange kein solargebräunter Poser einen 360/30 R 18 auf sein Milwaukee-Eisen montieren ließ. https://www.youtube.com/watch?v=xKToYN4ZcaU

Bremstrommel anliege. Nur dann ist das Rad in gleicher Weise festgespannt wie am Fahrzeug.

Die Reifenwerkstätten verfügen zwar über Zentrierkonen, um Felgen notfalls auch über das Mittelloch zentrieren zu können. Das führt bei unseren Blechfelgen nicht zum Erfolg, weil das Mittelloch weder genau rund noch konzentrisch zum Radmutternlochkreis ist. Die vier Blechlappen, die am einteiligen Rad (also an allen BMW 600 und an den meisten Export-Isetten) am Rand des Mittelloches vorstehen, bewirken, dass ein dort hineingeschobener Konus nur an diesen vier Punkten anliegt. Damit bekommt man niemals eine reproduzierbare Zentrierung hin.

Versucht man es trotzdem, wird die Auswuchtmaschine uns beim ersten Mal anzeigen, wo wieviele Gramme Gewicht anzubringen sind. Nach deren Befestigung werden wir erfreut eine Restunwucht von Null ablesen. Spannen wir nun das Rad aus und anschließend wieder ein, stellen wir zu unserem Entsetzen fest, dass erneut eine erhebliche Unwucht angezeigt wird. Das liegt an der jedesmal anderen Stellung des Rades auf der Wuchtmaschinenwelle.

Mal ist der Planlauf besser, dann wieder schlechter, mal ist es der Rundlauf. Im Ergebnis werden wir eine viel zu große Ansammlung von Auswuchtgewichten auf unserem Rad spazierenfahren. Trotzdem wird die angezeigte Restunwucht immer noch nicht Null sein. Dieses Bild verdeutlicht wohl eindringlich genug, dass eine Radzentrierung über das Mittelloch nicht zufriedenstellend ist. Die durch mangelhafte Zentrierung veränderlichen Plan- und Rundlaufabweichungen machen jeden Auswuchtversuch zum Spiel ohne Grenzen. Die Zentrierung über einen Konus im Mittelloch können wir bei diesen Stahlblechrädern also getrost vergessen.

Um unsere Miniatur-Rädchen ordentlich auf einer Auswuchtmaschine aufzunehmen, brauchen wir einen Zentrierring. Er muss mit seinem Innendurchmesser möglichst spielfrei auf die Welle der Auswuchtmaschine passen und stirnseitig vier kegelige Zapfen haben, die so tun, als seien sie die Radmuttern. Diese Zapfen müssen auf dem Lochkreis sitzen, den die Felge aufweist. Das sind bei BMW 600 und Isetta 80 mm, beim BMW 700 sind es 100 mm. Nun spendet es zunächst Hoffnung, dass Reifenwerkstätten gewöhnlich über solche Zentrierringe mit Zapfen verfügen, sei es für Dreiloch-, Vierloch-, Fünfloch- oder sogar Sechslochfelgen, entweder mit festen Zapfen oder vielfältig verstellbar.

Hinderlich ist nur, dass der kleinste Lochkreisdurchmesser, für den es von den Auswuchtmaschinenherstellern serienmäßig erhältliche Zentrierringe gibt, 100 mm beträgt. Daran sehen wir schon, dass die Fahrer des BMW 700 es hier deutlich besser haben. Zwar gibt es bei manchen Reifendiensten auch Zentrierringe mit vier einzeln verschiebbaren Kegelzapfen, doch sind sie nicht für Lochkreise unter 100 mm gedacht. Man kann sie zwar überlisten, indem man die vier einzelnen Führungsschlitten mit ihren Kegelzapfen verkehrt herum einsetzt, so dass die Zapfen näher zum Zentrum rücken. Das ist aber nicht im Sinne des Erfinders und rächt sich, wenn man beim Umstecken nicht sehr aufpasst, durch schmerzhafte Hautabschürfungen. Der nette Vergölst-Mitarbeiter, der die Idee hatte und sie mir demonstrieren wollte, machte unfreiwillig diese Erfahrung und bereute seine Tat sofort.

Nach diesem nicht ganz unblutigen Versuch schien es zweckmäßig, etwas Arbeit in die Anfertigung eines Zentrierring-Pärchens zu investieren. Einer dieser Ringe soll die Bremstrommelseite nachbilden, der andere die Radmuttern. Die erforderlichen Breiten der Ringe misst man an der Auswuchtmaschine aus, ebenso den genauen Durchmesser von deren Welle. Weit verbreitet sind die Hofmann-Geodyna-Maschinen, deren Wellen-Nenndurchmesser 40 mm beträgt. Da die Zentrierringe spielarm passen sollen, wurde der tatsächliche Wellendurchmesser an der Auswuchtmaschine per Bügelmeßschraube in diesem Beispiel mit 39,96 mm gemessen. Nachahmer messen bitte selber, denn andere Maschinen können abweichende Wellendurchmesser haben. Bild: Hofmann

Ein mitgebrachter, innen auf 40,00 mm ausgedrehter Ring passte mit sehr wenig Spiel auf diese Wuchtmaschinenwelle, so dass anschließend als Innendurchmesser 40,00

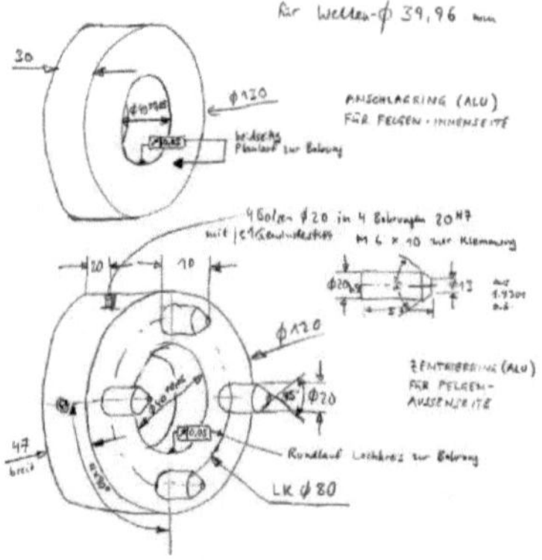

+0,05 mm festgelegt werden konnte. So würde sich ein Spiel zwischen 0,04 mm und 0,09 mm ergeben, also ungefähr so viel Spiel, wie ein Motorkolben im Zylinder hat.

Dem Verfasser sei die nicht normgerechte Freihandskizze verziehen. Er war zu faul, mehrere Ansichten zu zeichnen.

Die Anfertigung dieser Ringe verschlingt einige Stunden und verlangt präzises Arbeiten. Insbesondere sollen die beiden Stirnflächen des Anschlagrings (für die Innenseite der Felge, also die Bremstrommelseite) ohne Planlaufabweichung zur Mittenbohrung laufen. Beim Zentrierring kommt es darauf an, dass der Lochkreis für die vier Kegelzapfen genau konzentrisch zur Mittenbohrung sitzt. Die vier 20er Bohrungen fertigt man deshalb zweckmäßig auf einer Fräsmaschine. Zuerst wird das Zentrum der zuvor auf der Drehmaschine hergestellten Mittenbohrung mit Hilfe eines in der Fräsmaschinenspindel aufgenommenen Messtasters genau auf die Spindelachse ausgerichtet. Von dort fährt man jeweils +-40,00 mm in x- und y-Richtung, um die Aufnahmebohrungen für die 20er Kegeldorne mit 19,7 mm vorzubohren und auf 20 H7 fertigzureiben. Da die Kegeldorne verschiebbar und klemmbar sind, lassen sie sich auf einen einheitlichen Überstand von beispielsweise 10 mm einjustieren.

Das Resultat sieht dann so aus. Der in Bildmitte sichtbare Aluzylinder ist ein Lehrdorn, der auf den gleichen Durchmesser wie die Maschinenwelle gedreht wurde, in diesem Fall auf 39,96 mm. So kann man sich schon beim Bearbeiten der Mittenbohrung davon überzeugen, ob und wie der Ring auf die Welle passen wird. Die Kegellängen an den vier Dornen sind so bemessen, dass sie sowohl für die einteiligen Räder des BMW 600 und der Export-Isetta als auch für die zweiteiligen Räder der Standard-

Isetta passen. Die Probe auf der Auswuchtmaschine verlief erfolgreich, das Zentrieren klappt ebenso wie das maschinelle Spannen. Wer derart ausgestattet als Herr der Ringe eine Reifenwerkstatt betritt, kann dem dynamischen Auswuchten gelassen entgegensehen- das ist fürwahr eine Wucht, *hollaröhdulliöh!*

Wenn jemand solche Zentrierringe haben möchte, steht es ihm frei, ein Pärchen für seinen Eigenbedarf nach dieser Beschreibung anzufertigen. Anpumpversuche sind zwecklos, denn Leihen macht Freunde, Zurückfordern Feinde. Potentielle Anpumper mögen bitte dieses schöne Gedicht verinnerlichen:

> *Abends sinkt die Sonne nieder,*
> *morgens weicht die Nacht dem Licht.*
> *Alles siehst du einmal wieder,*
> *nur verborgtes Werkzeug nicht.*

Da wir gerade von den Laufrädern sprachen: Es ist in jeder Hinsicht von Vorteil, wenn die Radlager in Ordnung sind. Tragfähiger als die serienmäßigen Rillenkugellager, die mit einer Abstandshülse und Beilagescheiben genau ausdistanziert werden mussten, sind Kegelrollenlager. Wir können welche einbauen, müssen dabei aber ein paar Dinge beachten. Dazu kommen wir jetzt.

## 1.2.11 Radlagerung mit Kegelrollenlagern

Einen ruhigen Kegel schieben

Oft ist zu beobachten, dass die Außenringe der serienmäßigen Rillenkugellager in der Radnabe keinen festen Sitz mehr haben. Das macht sich dadurch bemerkbar, dass beim Abziehen der Radnabe das innere, größere Lager auf dem Achszapfen sitzen bleibt. Einkleben des Kugellageraußenrings mit Loctite Lager- und Buchsenkleber mag dann vorübergehend helfen, behebt aber nicht wirklich das Problem, dass der Lagersitz in der Radnabe zu weit geworden ist.

Die Vorderradlagerung kann von Rillenkugellagern auf Kegelrollenlager umgerüstet werden. Dazu benötigt man

a)      bei der Isetta

für das äußere Lager (innen 17 mm, außen 40 mm, 12 mm breit)
ein Kegelrollenlager 30203 anstelle des Rillenkugellagers 6203,

für das innere Lager (innen 20 mm, außen 47 mm, 14 mm breit)
ein Kegelrollenlager 30204 anstelle des Rillenkugellagers 6204.


b)      beim BMW 600


für das äußere Lager (innen 17 mm, außen 40 mm, 12 mm breit) wie bei der Isetta
ein Kegelrollenlager 30203 anstelle des Rillenkugellagers 6203,


für das innere Lager (innen 20 mm, außen 52 mm, 15 mm breit) abweichend von der
Isetta ein Kegelrollenlager 30304 anstelle des Rillenkugellagers 6304.


Beide Außenringe der Kegelrollenlager kommen in die Radnabe, die Innenringe mit den
Wälzkörpern auf den Achszapfen, und zwar so, dass die kleineren Enden der Kegelrollen zur Nabenmitte weisen. Die Distanzbuchse zwischen den beiden Lagerinnenringen
fällt ersatzlos fort.


Anders als Rillenkugellager werden Kegelrollenlager immer paarweise verwendet und

ohne Distanzbuchsen dazwischen gegeneinander „angestellt", das bedeutet, auf minimales Spiel justiert.

Das größere der beiden Lager gehört auf die
Innenseite der Nabe. Sein Innenring sitzt mit
fester Passung auf dem Achszapfen. Auf den
Ausbau kommen wir weiter unten zu sprechen.

Das kleinere Lager kommt auf die Außenseite
der Radnabe. Sein Innenring mit dem Kegelrollenkäfig wird erst aufgesteckt, nachdem
die Nabe auf dem Achszapfen sitzt.

Die Prinzipzeichnung einer derartigen Radlagerung ist unter http://www.skf.com/binary/49-150966/100 ... 150966.png zu finden.

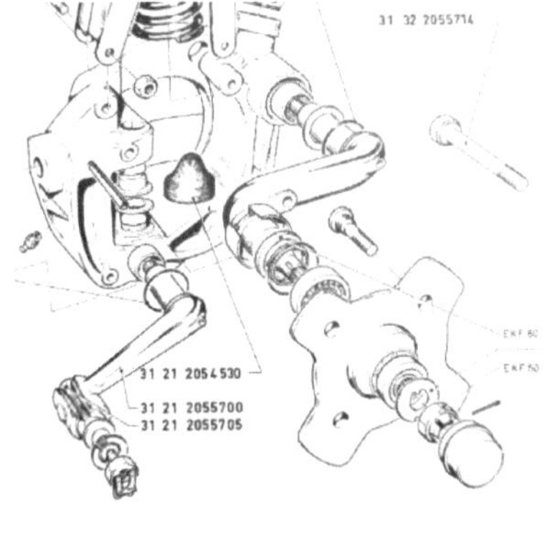

Der BMW 700 brachte bereits serienmäßig Kegelrollenlager in den Vorderradnaben mit, so dass seine Ersatzteilliste zur Erhellung beitragen kann. Wie die Zeichnung zeigt, liegt zwischen den beiden Kegelrollenlagern keine Distanzbuchse.

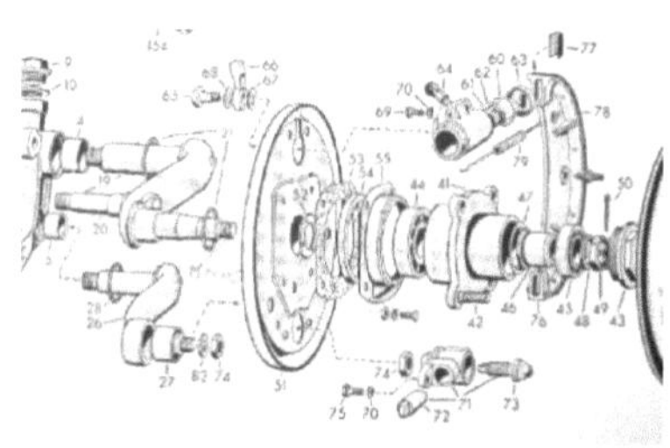

Hier zum Vergleich die serienmäßige Radlagerung des BMW 600. Teil 46 ist eine Distanzbuchse und Teil 47 eine Beilagescheibe. Beide Teile sind zur Ausdistanzierung der Rillenkugellager erforderlich. Sie fallen bei einer Umrüstung auf Kegelrollenlager ersatzlos fort.

Zum besseren Verständnis der Unterschiede folgt eine Erläuterung beider Systeme.

## Radlagerung mit Rillenkugellagern

Die Distanzbuchse (Teil 46) zwischen den beiden Kugellagern dient dazu, mit der Axialkraft der angezogenen Mutter beide Lagerinnenringe gegen die Schulter des Achszapfens zu drücken, ohne dabei diese Innenringe über die Kugeln in den Lagerrillen gegen die Lageraußenringe zu verspannen. Denn dies würde unerwünschte Kräfte auf die Kugeln und die Laufbahnen in den Lagerringen erzeugen. Die Kugellager ließen sich dann nur schwer drehen. Ihre Lebensdauer würde stark herabgesetzt.

Um sicherzustellen, dass beim Anziehen der Mutter keine axialen Spannkräfte auf die Kugeln wirken, soll die Buchse zwischen den Innenringen eine winzige Kleinigkeit kürzer sein als der Abstand zwischen den Außenringen, der ja durch den Schulterabstand der Lagersitze in der Radnabe bestimmt ist. Dieser kleine Betrag in der Größenordnung weniger Hundertstelmillimeter (0,02 bis 0,1 mm) darf nicht größer sein als das Axialspiel (der „Durchhang"), den die Rillenkugellager ab Fabrik ohnehin haben.

Erforderlichenfalls wird in die Nabe eine Beilagescheibe (Teil 47) geringer Dicke (0,18 oder 0,20 oder 0,24 mm) zwischen die Lagersitzschulter und den Lageraußenring eingelegt, welche die Lageraußenringe etwas weiter auseinanderrückt. Die Sechskantmutter (Teil 49) auf dem Gewinde am Ende des Achszapfens wird fest angezogen. Der Splint

(Teil 50) dient nur als Sicherung gegen ein Verlieren der Mutter. Würde der Splint fehlen, hätte man noch Chancen, dass die Mutter trotzdem sitzen bleibt, da sie gegen den Lagerinnenring festgezogen ist.


## Radlagerung mit Kegelrollenlagern

Zwischen den beiden Kegelrollenlager-Innenringen liegt keine Distanzbuchse, weil Kegelrollenlager nicht selbsthaltend sind, immer paarweise verwendet werden und gegeneinander „angestellt" werden müssen. Damit ist gemeint, dass die beiden Lagerinnenringe mit den Kegelrollen so weit gegeneinander geschoben werden, bis sich ein bestimmtes Spiel oder  — bei sehr langsamen Bewegungen um wenige Winkelgrade wie z. B. in Hinterradschwingen an Motorrädern — ausnahmsweise eine geringe Vorspannung und damit völlige Spielfreiheit ergibt.

Die Lager nicht angetriebener Räder an Personenwagen werden immer auf geringes Spiel eingestellt. Die Mutter wird darum nur so weit angezogen, bis das Lagerspiel gerade eben verschwunden ist. Dann wird sie geringfügig zurückgedreht, so dass die Lager ein ganz klein wenig fühlbares Wackelspiel erhalten. In dieser Lage wird die Mutter versplintet. Mit montiertem Rad einstellen, am Reifen anfassen und daran mit seitlicher Kraft hin und her wackeln, damit man einen genügend großen Hebelarm zur Verfügung hat, um ausreichende Kräfte auszuüben, sonst lässt sich das Spiel nicht richtig erfühlen. Die Mutter ist also nicht gegen einen festen Anschlag angezogen. Fehlt der Splint oder geht er verloren, löst sich unweigerlich die Mutter und die Nabe wandert vom Achszapfen. Man verliert das Rad, was wenig vergnüglich ist. Darum bitte sorgfältigst versplinten!

Theoretisch könnte man zwar auch zwischen die Innenringe zweier Kegelrollenlager eine in ihrer Länge derart genau abgestimmte Distanzbuchse legen, dass bei fest angezogener Mutter das Lagerspiel nahezu verschwunden wäre. Diesen unnötigen Aufwand vermeidet man aber, würde er doch ein genau bearbeitetes Teil mehr pro Nabe mit planparallelen Endflächen und einer Längentoleranz von wenigen Hundertstel Millimetern bedeuten. Die Scheibe vor der Bremsankerplatte (Teil 52) muss übrigens drinbleiben, sonst schiebt sich die Nabe zu weit auf den Achszapfen.

Die Kegelrollenlager sind mit Hilfe der Kronenmutter auf dem Ende des Achsstummels zunächst mit 35 Nm festzuziehen, damit sie sich setzen. Anschließend ist die Kronenmutter um mindestens 30° - also eine Zwölfteldrehung - zurückzudrehen bis zum nächsten Splintloch. Bei kräftigem seitlichen Wackeln am Rad darf gerade noch ein wenig Spiel fühlbar bleiben. Sehr wenig Spiel, damit die Kegelrollen nicht mit ihren Kanten tragen.


170

Einen kleinen Wermutstropfen bringt dieser Umbau mit sich: Der Innenring des inne-

ren, größeren Lagers sitzt auf dem Achszap-fen mit wenig Pressung fest und muss das auch. Man kann mit einem Klauenabzieher nicht dahinterfassen. Falls das innere Lager einmal vom Achszapfen abgezogen werden muss, sind wir also darauf angewiesen, die Abzugskraft über die Bremsankerplatte ein-zuleiten, indem der Abzieher außen am Rand der Bremsankerplatte angesetzt wird. BMW hat das in der Reparaturanleitung des 700 mit diesem Bild dargestellt. Wer es am not-wendigen Gefühl fehlen lässt, kann dabei aufgrund des großen Hebelarmes die Brems-ankerplatte verbiegen.

Ratsam ist deshalb, den Dreiarmabzieher am äußeren Rand der Bremsankerplatte an-zusetzen, die Druckspindel in der Senkung am Ende des Achszapfens zu zentrieren, die Spindel mittelfest anzuziehen und auf das Ende der Spindel ein paar Prellschläge mit dem Kunststoffhammer zu geben. Gewöhnlich löst sich dadurch der Lagerinnenring be-reits. Gegebenenfalls die Abzieherspindel erneut nur mäßig anziehen, wieder Prell-schläge geben und den Lagerinnenring auf diese Weise in mehreren Durchgängen ab-ziehen. Sehr vorsichtig darf auch von der Rückseite auf die Bremsankerplatte geklopft werden, zweckmäßig in der Nähe des Zentrums und unter Zwischenlage eines Stücks Hartholz oder Weichmetall.

Wem das zu umständlich scheint, der möge sich damit trösten, dass oft das serienmä-ßige Rillenkugellager mit seinem Außenring nicht fest genug in der Nabe sitzt, so dass es beim Abziehen der Nabe mit seinem Innenring fest auf dem Achszapfen verbleibt. Das ist natürlich nicht im Sinne des Erfinders und zwingt den Mechaniker ebenso zum beschriebenen Abziehverfahren über die Bremsankerplatte. Denn auch zwischen ei-nem sitzengebliebenen Kugellager und der Bremsankerplatte ist kein Platz, um mit Ab-zieherklauen dazwischen zu greifen.

Die Vorteile der Kegelrollenlager liegen in ihrer höheren Tragfähigkeit insbesondere bei Kurvenfahrt, ihrem ruhigeren Lauf, ihrem geringeren Verschleiß und in der viel einfa-cheren Einstellung des Radlagerspiels. Das umständliche Ausdistanzieren der beiden Lager mit Hilfe von Beilagescheiben entfällt.

Obwohl BMW Isetta Export, 600 und 700 sich das Prinzip der spur- und sturzkonstanten Vorderradführung und -federung teilen, unterscheiden sich die Schwingarme in man-chen Details, wie das folgende Bild zeigt.

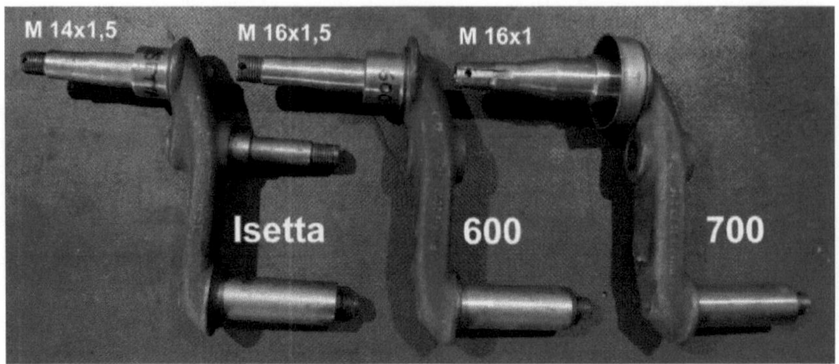



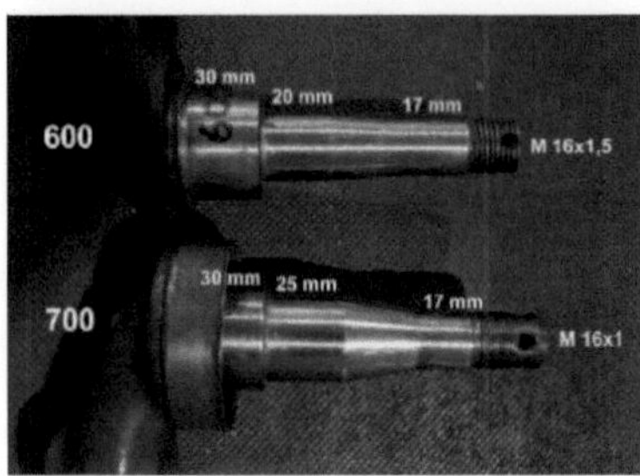



Die Gewindesteigung 1,5 mm der Kronen-muttern an Isetta und 600 ist zum feinfühli-gen Einstellen des Lagerspiels an Kegelrollen-lagern etwas grob. Späte BMW 700 hatten hier nicht ohne Grund eine feinere Gewin-desteigung von nur 1 mm. Es geht aber den-noch auch mit der 1,5 mm-Steigung. Nicht zu stramm einstellen, im Zweifel lieber etwas lockerer. Und niemals vergessen, die Kronen-mutter mit einem neuen Splint gegen Lösen zu sichern! Falls nach der Einstellung des geringen Lagerspiels ausnahmsweise keiner der sechs Schlitze in der Kronenmutter genau über einer der vier Bohrungen im Gewin-dezapfen steht, legt man eine auf Maß geschliffene Scheibe unter, damit auch nach dem zwanglosen Durchstecken und Umbiegen des Splintes das korrekte Lagerspiel er-

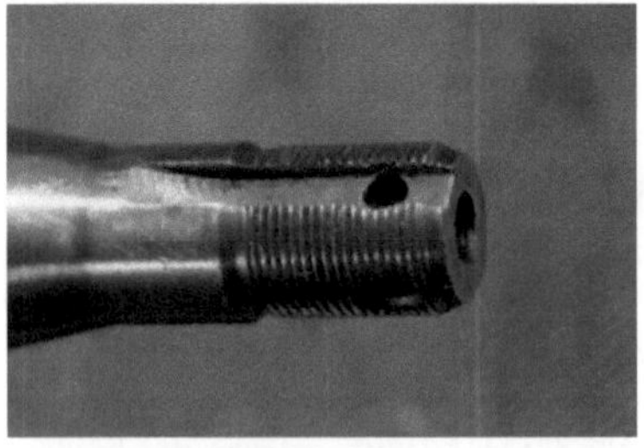

halten bleibt.Beim BMW 700 liegt zwischen der Kronenmutter und dem äußeren Kegel-rollenlager-Innenring eine Nasenscheibe, de-ren Nase in eine Nut im Achszapfen greift. Der Sinn dieser Nasenscheibe ist, die Druck-kraft der Kronenmutter rein axial ohne eine Drehmomentkomponente in den Innenring des äußeren Kegelrollenlagers einzuleiten. Die Nase dient der Scheibe als Verdrehsiche-rung. An nachstellbaren Konus-Kugellagern von Fahrrädern findet man ähnliche Kon-struktionen. Die Achszapfen der Isetta und des BMW 600 haben keine Nut für eine sol-che Nasenscheibe. Eine glatte Scheibe ohne Nase tut es an dieser Stelle auch.

Wer über zwei Schwingarme des BMW 700 verfügt, kann sie im BMW 600 verwenden. Das innere Kegelrollenlager, dessen Innenring auf den dort 25 mm dicken Achszapfen und dessen Außenring in die 52 mm große Nabenbohrung passt, heißt dann 30205. Der große Durchmesser zur Lagerung der Bremsankerplatte misst bei allen drei Fahrzeugen

30 mm. Auf ihn kommen wir anschließend zu sprechen.

## 1.2.12    Bremsankerplatte mit Nadellager

Mitunter kommt es vor, dass die Bremstrommel an der Bremsankerplatte schleift, meist im oberen Bereich. Während der Fahrt werden die Bremstrommel und das Laufrad heiß. Man glaubt zunächst, die Ankerplatte sei verbogen, weil sich der nebenstehend abgebildete Anblick zeigt. Die Ankerplatte steht nicht parallel zur Bremstrommel, wie sie das eigentlich soll. Nachdem es in den technischen Werksunterlagen keinerlei Hinweis zu diesem Phänomen gibt, müssen wir ihm selber auf den Grund gehen.

Die Bremse wird heiß, weil infolge der schrägstehenden Bremsankerplatte die Bremsbeläge mit ihren Kanten an der Bremstrommel schleifen. Als erstes ist zu prüfen, ob der Silentbloc mit dem Gewinde, der die Ankerplatte am Mitdrehen hindert, zu weit in die Bremshalterstütze eingepresst worden ist. Ist das der Fall, zieht sich die Ankerplatte unten zu weit nach innen, kippt um den Lagerungsmittelpunkt und kommt oben zu weit nach außen, so dass die Bremstrommel daran schleifen kann. Im Kapitel 1.2.1 über die dauerkranken Silentblocs ist beschrieben, wie weit dieser Silentbloc eingepresst werden muss und wie das zu messen ist. Auch die Bronzebuchse in der Mitte der Bremsankerplatte soll nicht zu sehr verschlissen sein. Wenn dort nennenswertes Spiel vorhanden ist, wird die Ankerplatte beim Bremsen zum Kippen neigen. Das führt dazu, dass sich die Bremsbeläge nur mit ihrer Kante statt mit ihrer gesamten Fläche an die Bremstrommel anlegen und ungleichmäßig verschleißen.

Ein Erneuern der Bronzebuchse allein hilft oft nicht viel, weil auch der stählerne Lagerzapfen des Schwingarms verschlissen ist, auf dem sich die Bronzebuchse dreht. Durch die hin- und hergehende Schwenkbewegung der Bremsankerplatte, einseitig wirkende Kräfte und oftmals vergessenes Abschmieren wird der Zapfen gern unrund. Der als Abdichtung gegen eindringendes Spritzwasser vorgesehene, zwischen Schwingarm und Bremsankerplatte eingelegte O-Ring wird seiner ihm zugedachten Funktion nur sehr bedingt gerecht. Trotz regelmäßigen Abschmierens kann im Winterbetrieb so viel Salzwasser eindringen, dass die Bronzebuchse auf dem Stahlzapfen festgeht und jegliche Federbewegung unterbindet. Die Vorderradfederung wird dann bocksteif.

Inspiriert durch die Nadellagerung, mit der späte BMW 700 ab Werk an dieser Stelle ausgerüstet waren, rüstete ich in den 1980er Jahren die Bremsankerplatten meines BMW 600 von Gleitlager auf Nadellager um. Der für den BMW 700 vorgesehene Nadelkranz passt zwar maßlich sowohl in die 35 mm - Bohrung der Bremsankerplatte (natürlich erst nach dem Auspressen der Bronzebuchse) als auch auf den 30 mm - Zapfen des Schwingarms. Das nützt aber nichts, denn die Nabe der Bremsankerplatte ist ein nicht gehärtetes Stahlgussteil, das zu weich ist, um als Lauffläche für die Nadeln dienen zu können. Darum kommt nur ein Nadellager mit Außenring in Frage. Auch auf einem bereits stark verschlissenen, unrunden und teilweise durch Rostnarben verunstalteten Zapfen des Schwingarms dürfen keine Nadeln laufen. Das Nadellager muss deshalb einen Innenring mitbringen.

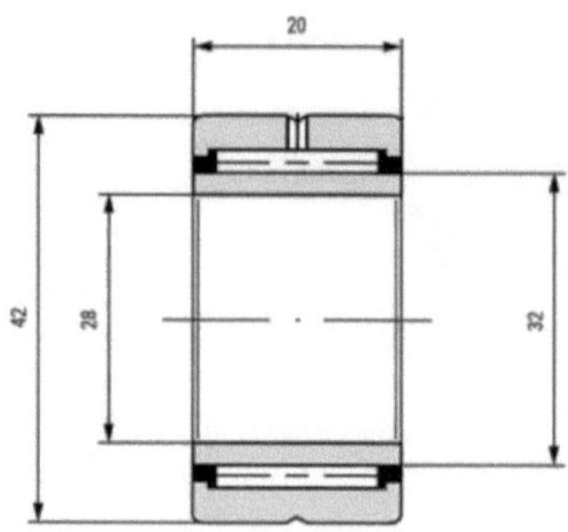

Um den Zapfen am Schwingarm nicht unnötig zu schwächen, soll der Innendurchmesser des Nadellagerinnenrings nicht wesentlich kleiner als 30 mm sein. Das bedeutet, dass sowohl die Nabe der Bremsankerplatte als auch der Schwingarm auf der Drehmaschine bearbeitet werden müssen, um den notwendigen Bauraum für ein Nadellager mit Außen- und Innenring zu gewinnen und um die Gegenflächen exakt rund und maßhaltig zu machen.

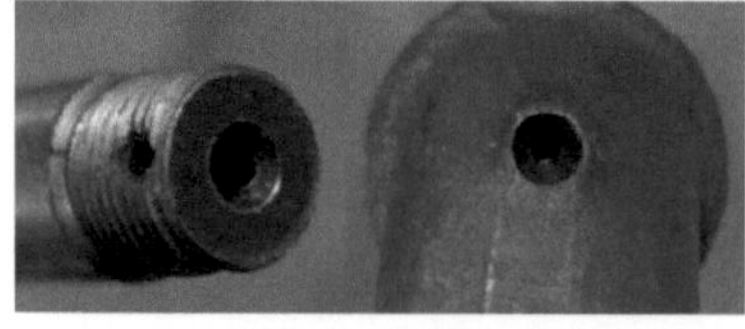

Als ich diese Umrüstung vornahm, habe ich versäumt, alle Arbeitsschritte mit der Kamera zu dokumentieren, was ich heute bedaure. Die Vorgehensweise lässt sich aber noch in Erinnerung rufen. Glücklicherweise hat der

Schwingarm Zentrierbohrungen, so dass man ihn zwischen Spitzen aufnehmen und den unrunden Zapfen feindrehen oder rundschleifen kann.

Weil der Durchmesser am Schwingarm für einen festen Sitz des Nadellagerinnenrings auf eine enge Maßtoleranz der Qualität 6, besser Qualität 5 bearbeitet werden muss, empfiehlt sich das Rundschleifen.

Das Originalmaß des Lagerzapfens war 30 mm. Oft ist er durch Verschleiß bereits mehrere Zehntelmillimeter dünner geworden. Ein geeignetes Nadellager ist NKI 28/20 (bei FAG heißt es NKJ 28/20A), dessen Innenring einen Zapfen von 28 mm Durchmesser verlangt. Für einen festen Sitz des Lagerinnenrings ist der Lagersitz am Schwingarm auf einen Durchmesser von 28 k6 = 28,002 bis 28,015 mm, besser auf 28 k5 = 28,002 bis 28,011 mm zu bearbeiten. Aufgrund der begrenzten Genauigkeit verfügbarer Messzeuge haben diese krummen, auf 1/1000 mm genauen Zahlen nur akademischen Wert.

Mit werkstattüblichen Messmitteln kann die dritte Nachkommastelle der genannten Maße nicht gemessen werden. Auch wenn eine Bügelmeßschraube immer noch häufig mit dem unverdienten Ehrentitel *Mikrometerschraube* angeredet wird, kann man mit ihr keine Mikrometer, also Tausendstel Millimeter messen, sondern nur Hundertstel mm.

Wir müssen uns darum auf die Ablesegenauigkeit von einem Hundertstel Millimeter beschränken und bringen den Achszapfen auf ein Maß zwischen 28,01 mm und 28,015 mm, machen ihn also ein bis eineinhalb Hundertstel Millimeter dicker als das Nennmaß. Das ist bereits eine Herausforderung, sollte aber bei einem Einzelstück, für das man sich genügend Zeit nehmen kann, gelingen. Ein halbes Hundertstel können wir auf der Trommel der Bügelmeßschraube gerade noch als Mitte zwischen zwei Teilstrichen ablesen. Da der Lagerinnenring nach minus toleriert ist und seine Bohrung zwischen 27,99 mm und 28,00 mm groß sein kann, wird er auf jeden Fall fest auf einem so bearbeiteten Achszapfen sitzen, und zwar mit einer Pressung zwischen 0,01 mm und 0,025 mm.

Die Bohrung in der Nabe der Bremsankerplatte soll nach den Vorgaben der Lagerhersteller auf eine Maßtoleranz der Qualität 7, besser Qualität 6 feingedreht werden. Da die Nabe außen eine kegelartige Rohteilkontur hat, kann man sie dort nicht ohne weiteres spannen. Darum habe ich mir so geholfen:

1.   Den Schmiernippel herausschrauben.

2.   Die Bronzebuchse aus der Nabe pressen.

3.   Einen Messingdorn genau passend zum Innendurchmesser der Nabe drehen.

4. Auf diesem Dorn die Nabe aufnehmen. Die 35 mm-Nabenbohrung wird auf den Dorn gesteckt und muss mit Haftsitz fest genug darauf passen, also nur mit einer gewissen Kraft auf den Dorn zu schieben sein; sie darf keinerlei Spiel auf dem Dorn haben und sie darf sich darauf nicht ohne eine erhebliche Kraft verdrehen lassen.

5. Die kegelige Rohteilkontur der Nabe auf einer Länge von etwa 5 mm mit geringer Spandicke zylindrisch drehen bis kurz vor das Gewinde für den Schmiernippel.

6. Auf diesen zylindrischen Durchmesser, der bei etwa 44 mm liegen wird, ein Feingewinde mit einer Steigung von 0,5 mm schneiden. Die Steigung ist so gering zu wählen, weil das Gewinde mit Rücksicht auf die an dieser Stelle nach dem Ausdrehen auf nur 1 mm begrenzte Wanddicke keinen großen „Tiefgang" haben darf. Außerdem kann das Gewinde nur kurz sein, es soll aber dennoch einige vollständige Gewindegänge aufweisen, so dass auch deshalb nur eine kleine Steigung geeignet ist. Der Gewindedurchmesser kann irgendein krummes Maß haben, es muss kein glattes Millimetermaß sein. Man nimmt den Durchmesser, der sich ergibt, sobald die ehemals kegelige Rohteilkontur zylindrisch gedreht worden ist. Das Gewinde ist mit der Leitspindel der Drehmaschine zu schneiden, <u>nicht</u> mit einem Schneideisen, um Fluchtfehler zu vermeiden.

7. Eine Aufnahme aus Messing mit einem dazu passenden Innengewinde gleicher Steigung drehen. Auch hier wird das Gewinde mit Hilfe der Leitspindel geschnitten, um Fluchtfehler zu vermeiden. Diese Warnung ist fast überflüssig, weil sowieso kaum jemand Gewindeschneidwerkzeuge mit einer derart exotischen Kombination von großem Durchmesser und feinster Steigung hat.

8. Die soeben hergestellte Aufnahme eingespannt lassen und die Bremsankerplatte dort hineinschrauben.

9. Den Innendurchmesser der Nabe auf den notwendigen Durchmesser für einen festen Sitz des  Nadellageraußenrings drehen. Toleranzfeld M7, besser M6. 42 M7 bedeutet 41,975 bis 42,000 mm, 42 M6 bedeutet 41,980 bis 41,996 mm.


Auch hier gilt wieder, dass die auf ein Mikrometer, also ein Tausendstel Millimeter genauen Maßangaben dem ISO-Toleranzsystem und den frommen Wünschen der Wälzlagerhersteller geschuldet sind. Es genügt, wenn wir die Nabenbohrung zwei Hundertstel Millimeter enger drehen als das Nennmaß, also 41,98 mm. Das ist anspruchsvoll genug, gerade bei einer Bohrung, weil sie sich schlechter messen lässt als ein Außendurchmesser. Da der Lageraußenring nach minus toleriert ist, kann sein Außendurchmesser zwischen 41,989 mm und 42,000 mm groß sein. Er wird also in einer auf 41,98 mm ausgedrehten Bohrung mit einer Pressung zwischen 0,01 mm und 0,02 mm festsitzen. Das genügt vollkommen.


Die Anfertigung des Drehdorns und der Gewindeaufnahme erfordert zwar einen nennenswerten Aufwand, doch stellt sie sicher, dass sich kein Winkelfehler einschleicht.

Voraussetzung ist, dass beide Werkstückaufnahmen zwischendurch nicht ausgespannt werden.

Die nadelgelagerten Bremsankerplatten haben sich im BMW 600 seit mehr als 25 Jahren ausgezeichnet bewährt. Der Achszapfen kann jetzt nicht mehr verschleißen, weil sich direkt auf ihm nichts mehr dreht. Die Vorteile des Nadellagers sprechen für sich: Spielfreie, exakte Führung der Bremsankerplatte ohne Wackelei, sehr leichtgängiges Ansprechen der Federung infolge verminderter Reibung. Schmierungsprobleme gibt es nicht, weil der Nadellageraußenring in der Mitte seiner Breite eine Schmiernut und eine Querbohrung aufweist, deren Lage bestens zum vorhandenen Schmiernippel passt. Damit das Gewinde des Schmiernippels nicht in die ausgedrehte Bohrung ragt, legt man einen passenden Dichtring aus Kupfer unter den Sechskant des Schmiernippels, so dass er sich weniger weit einschraubt.

Die Umarbeitung der Lagerstelle am Schwingarm zur Aufnahme eines Nadellagerinnenrings ist übrigens auch geeignet zur Rettung gnadenlos heruntergerittener Schwingarme, die an dieser Stelle bereits übel verschlissen und eingelaufen, völlig unrund und rostgeschädigt sind. Wollte man bei der verschleißanfälligen Gleitlagerung bleiben und das ursprüngliche Maß von 30 mm am Lagerzapfen wieder herstellen, wäre ein derart stark verschlissener Schwingarm nur noch durch aufwendiges Flammspritzen und anschließendes Rundschleifen zu retten.

Da ein Nadellager gegen eindringenden Schmutz geschützt werden will, steckt man vor der Montage der Bremsankerplatte wie gewohnt den O-Ring als Dichtung auf den Achszapfen. Später drückt man hin und wieder eine <u>kleine</u> Dosis Fett durch den Schmiernippel. Die Betonung liegt auf klein, weil das Nadellager bereits mit sehr wenig Schmierfett zufrieden ist. Der Hauptzweck des Abschmierdienstes an dieser Stelle ist, dass der nach außen hervorquellende Fettkragen eine Barriere gegen Schmutz und Wasser bilden soll. Bitte nicht zuviel Fett hineindrücken, damit es nicht den Weg auf die Bremsbeläge findet. Diese Warnung gilt selbstverständlich auch schon für die serienmäßige Gleitlagerung, das Nadellager bietet dem eingepressten Fett weitaus weniger Widerstand.

**Rund um die Radnabe sitzen bekanntlich die Bremsen. Die Bremstrommeln hatten wir ohnehin abgezogen, um an die Radlager zu gelangen. Auf den Bremsbacken finden wir hoffentlich tadellose Bremsbeläge. Falls nicht, ist Abhilfe nah.**

## 1.2.13    Bremsen belegen



*Eine Frau muss schweigen können.*
*Eine Ehe ohne Schweigen ist wie ein Auto ohne Bremsen.*
Charles Aznavour

Wer will schon ein Auto ohne Bremsen? Das ist doch in Wahrheit viel schlimmer als eine Frau, die nicht schweigen kann. Die Reibbeläge, die in den Bremstrommeln unserer Fahrzeuge ihre Arbeit verrichten, verschleißen und werden mitunter unabsichtlich durch Schmierfett oder Bremsflüssigkeit verunreinigt. Ab Werk waren die Beläge auf die Bremsbacken genietet. Meist wurden dazu Kupferniete verwendet; vereinzelt findet man auch Stahlniete. Sind die Bremsbeläge durch Abnutzung zu dünn geworden? Sind sie verschmutzt? Dann helfen weder Gebete noch Hexenmittel, sondern dann ist es Zeit, sie zu erneuern. Heute haben wir die Wahl zwischen genieteten und geklebten Belägen. Nieten können wir selber, kleben nicht.

In jedem Fall muss zuerst der alte Bremsbelag entfernt werden. Die Niete müssen also heraus. In alten Büchern liest man manchmal etwas von Ausbohren, das ist aber nicht erforderlich. Die Bohrmaschine brauchen wir gar nicht zu bemühen.

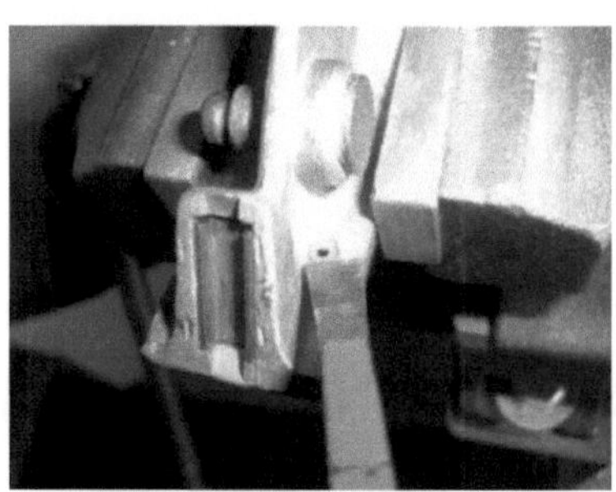

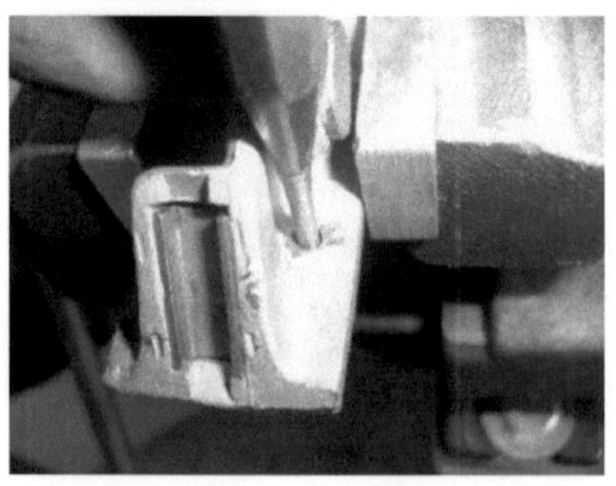

Es genügt, wenn wir den angestauchten Kopf des Niets wegmeißeln, anschließend lässt sich der Niet bereitwillig herausschlagen. Dazu spannen wir die Bremsbacke in einen Schraubstock mit Schonbacken aus Aluminium oder Kupfer so ein, dass die Bremsbelagseite unten ist. Dann meißeln wir die überstehenden Nietköpfe auf der Innenseite der Bremsbacke weg. Dazu benutzen wir einen schmalen, scharf geschliffenen Meißel. Sodann setzen wir einen Durchschlag (einen zylindrischen Dorn) an, dessen Durchmesser etwas kleiner ist als der Nietschaft. Mit einem Schlosserhammer geben wir ein paar Schläge auf das Ende des Dorns und treiben den Nietschaft durch die Wand der Bremsbacke …

… bis der Dorn durchs Loch fällt und der Niet auf gut bayrisch *heraußen* ist.

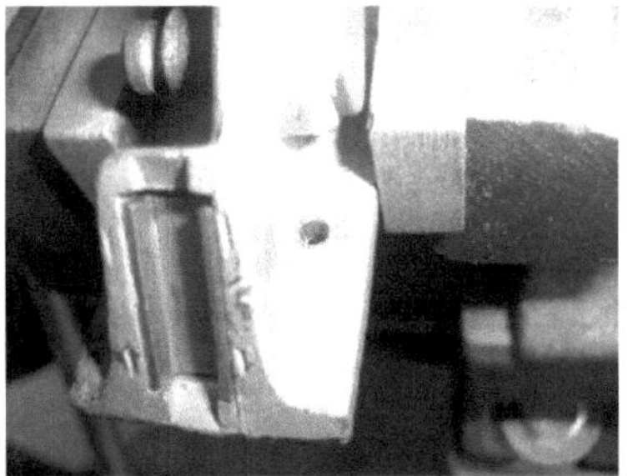

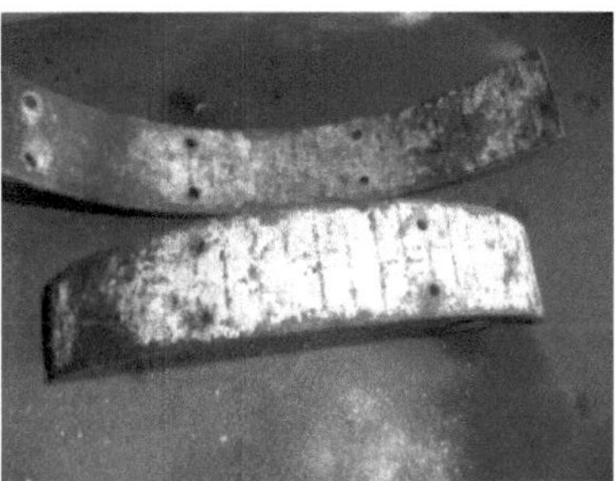

nach der Bremstrommel auszurichten.

Hier ist der Niet bereits draußen, wie man sieht. Die Bohrung ist frei.

Zwischen Belag und Backe hat sich häufig Feuchtigkeit eingenistet, die dort zu Korrosion führt. Das weißliche Aluminiumoxid, das wir auf der Bremsbacke vorfinden, muss entfernt werden.

Das geht am besten mit einem scharf geschliffenen Messer. Mit der Messerschneide kratzen wir das Oxid von der Oberfläche der Bremsbacke.

Wer es besonders gut machen will und die Möglichkeit dazu hat, kann die Bremsbacke anschließend glasperlenstrahlen. Falls der neue Belag aufgeklebt werden soll, wird der ausführende Fachbetrieb die Bremsbacke ohnehin glasstrahlen, damit der wärmeaushärtende Klebstoff gut auf der Metalloberfläche haftet.

Nachdem der alte Belag entfernt worden ist, haben wir die seltene Gelegenheit, die Justierschraube gangbar zu machen, ohne den Bremsbelag mit Rostlöserspray zu verschmutzen. Mit diesem Gewindestift lässt sich die Bremsbacke parallel zur Trommel einstellen. An der späteren Ausführung der Bremsbacken ist er wegrationalisiert worden; dort ist stattdessen eine feste Stütznase am Rand der Aluminiumbacke angegossen, die 1 mm hoch ist. Folglich soll auch die Stiftschraube den Rand der Bremsbacke auf 1 mm Abstand von der Bremsankerplatte halten. Es ist ein Fehler, die Schraube zu weit in Richtung Ankerplatte herauszudrehen, weil dies die Bremsbacke daran hindert, sich beim Betätigen der Bremse selbst

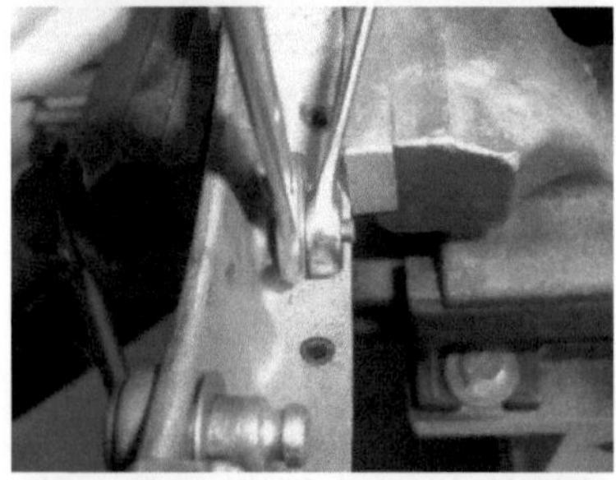

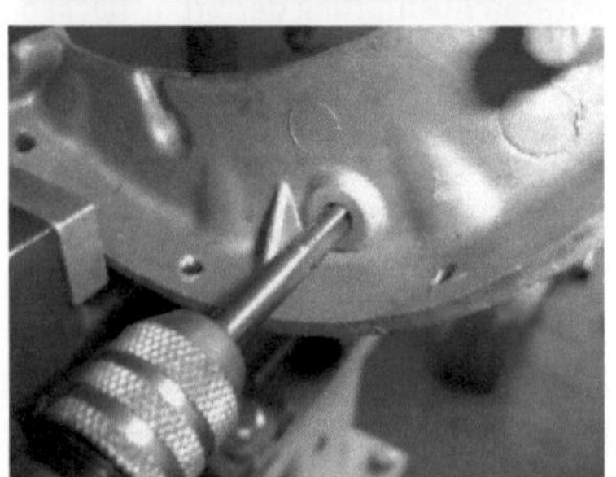

Wir sprühen Rostlöser auf das Gewinde und lösen zunächst die Kontermutter. Falls wir jetzt versuchen, die Stiftschraube mit dem Schraubendreher zu lösen, verwürgen wir nur ihren Schlitz, denn die Schraube ist zumeist im Aluminium der Bremsbacke festkorrodiert. Um sie zu lösen, brauchen wir viel mehr Drehmoment, als wir mit einer Schraubendreherklinge aufbringen können. Deshalb helfen wir uns mit einem kleinen Trick.

Wir gehen die Sache von der anderen Seite an, indem wir auf das lange Ende des Gewindestifts zwei M6-Sechskantmuttern aufschrauben. Diese beiden Muttern kontern wir gegeneinander. Mit dem inneren, der Bremsbacke zugewandten Schraubenschlüssel lockern wir nun den Gewindestift durch sachtes Hin- und Herdrehen mit immer größer werdendem Drehwinkel. Dabei halten wir mit dem äußeren Schlüssel gegen, damit sich die Muttern nicht lockern. Wir drehen aber den Gewindestift <u>nicht</u> nach dieser Seite heraus, damit nicht der an seinem Schlitz meist vorhandene Grat das Gewinde in der Alubacke beschädigt.

Stattdessen nehmen wir die beiden Muttern wieder ab und schrauben den nun gelockerten Gewindestift zu der Seite heraus, wo sein Schlitz ist. Dadurch schonen wir das Gewinde in der Bremsbacke. Um ganz sicherzugehen, dass das Gewinde frei von Oxid ist, schneiden wir es mit einem M6-Gewindebohrer nach. Dadurch wird sich der Gewindestift später zwanglos einschrauben lassen.

Den Gewindestift selbst entrosten wir mit Hilfe einer rotierenden Drahtbürste. Wer möchte, kann ihn galvanisch verzinken lassen. Das lohnt sich freilich nur, wenn sich eine genügend große Menge von Schrauben, Muttern und Bolzen angesammelt hat. Jede Schraube, die auch nur geringfügige Beschädigungen aufweist, ersetzen wir durch eine neue gleicher Festigkeitsklasse. Allzu große Sparsamkeit ist hier fehl am Platz.

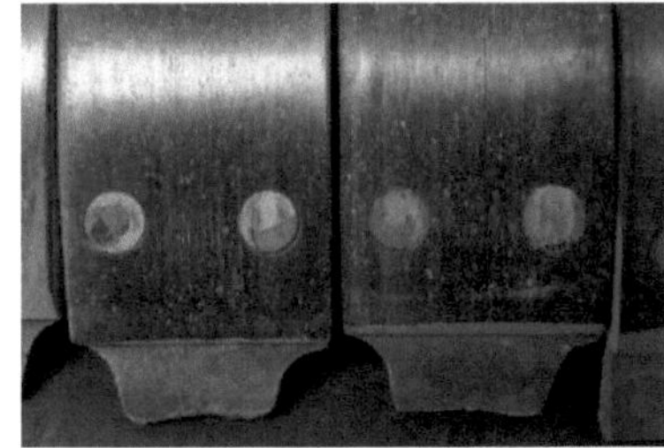

Bevor wir den Gewindestift ganz zum Schluss wieder einschrauben, werden wir ihm etwas $MoS_2$-Montagepaste gönnen, damit er in der unfreundlichen Atmosphäre der Bremse nicht festkorrodiert. Damit warten wir aber noch, weil zuerst der neue Belag auf die Backe geklebt werden soll. Der Fachbetrieb, der den Belag aufklebt, würde sowieso vorher den Gewindestift wieder herausdrehen. Denn im Wärmeofen, in dem der Klebstoff ausgehärtet wird, kann er kein heraustropfendes Fett gebrauchen.

Inzwischen sind unsere Bremsbacken wieder eingetroffen, schön sauber und mit neuen Belägen beklebt.

Die Nietlöcher sind selbstverständlich leer geblieben, eben weil dieser Belag aufgeklebt worden ist. Seine Dicke von 4 mm entspricht dem Originalbelag. Wer ausgedrehte Bremstrommeln verwenden will, kann die geklebten Beläge auch mit einer größeren Dicke ordern, beispielsweise Dicke 4,5 mm für Trommeldurchmesser 181 mm. Die seidenmatte Oberfläche des Aluminiums bestätigt übrigens, dass der Bremsbelag-Fachbetrieb die Backe vorher glasperlengestrahlt hat, wodurch der Klebstoff gut auf dem Metall haftet.

Diese beiden alten Bremsbeläge sind so weit abgenutzt, dass die Nietköpfe bereits sichtbaren Kontakt mit der Bremstrommel hatten. Weil es sich um weiche Kupferniete handelt, trug die Bremstrommel zwar keinen Schaden davon, aber so weit sollte man die Beläge nicht herunterraspeln.

Die Reibfläche eines geklebten Belags ist nicht mehr durch Nietbohrungen unterbrochen. Darum können notorische Sparbrötchen die Belagdicke fast vollständig und nicht nur bis zum Nietkopf abnutzen. Teurer als ein Belag zum Aufnieten ist der Klebespaß auch nicht. An modernen Fahrzeugen werden Bremsbeläge generell geklebt. Es gibt also keinen zwingenden Grund mehr, Beläge nach alter Sitte aufzunieten.

Trotzdem soll es hier gezeigt werden, falls jemand nietbare Beläge bevorzugt. Sie sehen dann so aus. Da mein in den siebziger Jahren angeschaffter Vorrat an nietbaren Isetta-Bremsbelägen inzwischen zur Neige gegangen ist, wird die Prozedur im Folgenden an einem Motorrad-Bremsbackenpaar gezeigt. Das Prinzip ist dasselbe.

Man braucht einen in Krümmungsradius, Länge, Breite, Dicke und Lochbild zur Bremsbacke passenden Belag. Ein anständiger Belaglieferant verkauft uns auch gern die passenden Kupferniete dazu. Es gibt Hohlniete, deren Bohrung wie bei einem Rohr durchgeht, so dass der im Belag versenkt liegende Nietkopf ein Loch hat wie im vorigen Bild. Alternativ gibt es Halbhohlniete, deren Bohrung nicht bis zum Kopf durchgeht. Länge und Durchmesser der Niete müssen zu unserer Kombination von Bremsbacke und Belag passen.

Muss ein zu langer Niet gekürzt werden, weil keine ausreichnend kurzen Niete erhältlich sind, können wir uns mit einer längsgeschlitzten Hülse helfen, durch die wir den Nietschaft stecken. Spannen wir diese Hülse in die Zange einer Drehbank, können wir den Niet auf die Soll-Länge abstechen und erforderlichenfalls auch die Bohrung tiefer bohren. Der Niet links hat 3 mm Durchmesser und ist 10 mm lang, die Hülse in Bildmitte ist außen 6 mm dick und damit 0,5 mm größer als der Nietkopf. Der gekürzte Niet rechts ist 8 mm lang.

Als erstes kontrollieren wir, ob sich ein einzelner Niet zwanglos durch alle Bohrungen der Bremsbacke stecken lässt. Ist das nicht der Fall, reiben wir die zu enge Bohrung mit einer passenden Reibahle nach. In diesem Fall mit 3H7. Wer keine solche Ahle greifbar hat, nimmt einen 3 mm-Bohrer, der tut's auch.

Nun legen wir den Belag auf die Backe und fädeln alle Niete durch die zugehörigen Löcher. Dabei merken wir schon, ob alle glatt durchgehen oder ob irgendwo etwas klemmt.

Klemmt's, reiben wir nochmals mit der Ahle oder mit dem Bohrer durch.

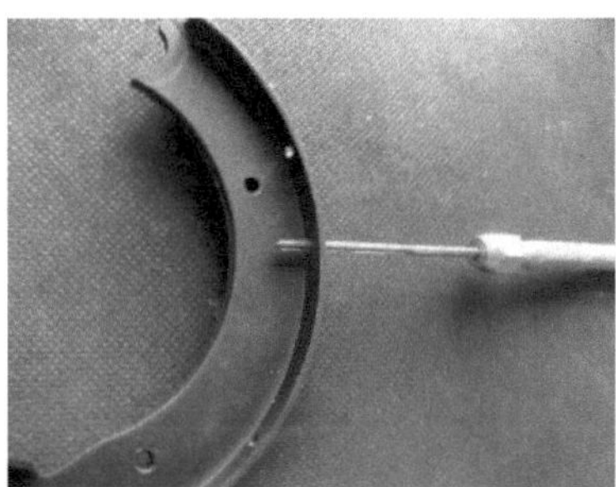

Die lose durchgesteckten Niete ragen auf der Innenseite der Backe heraus.

Mit dem Nieten beginnen wir in der Mitte des Belags und arbeiten uns von dort abwechselnd nach rechts und links bis zum Ende des Bremsbelags vor.

Beim Wort „Nieten" denkt fast jeder unwillkürlich zuerst an den König der Werkzeuge, nämlich den Hammer, ergänzt vielleicht um einen Döpper (Kopfmacher). Das Nieten mit dem Hammer ist in diesem Fall umständlich, weil man eine dritte Hand braucht, welche die Bremsbacke festhält und den Niet senkrecht über einem im Schraubstock eingespannten Dorn positioniert.

Viel einfacher geht es, wenn man sich vom Gedanken „Nieten ist Hämmern" löst. Es gibt so schöne parallel spannende, verstellbare Zangen, deren Hebelübersetzung ohne weiteres reicht, um einen 3 mm - Kupferhohlniet zusammenzustauchen. Dabei ist die Versuchung groß, das Ende zuerst mit einem Kegeldorn gleichmäßig aufzuweiten, wie das Bild es zeigt. Das ist kontraproduktiv, weil der Niet durch das Aufdehnen radial einreißt.

Dann sieht das Resultat nachher so aus. Es hält zwar, ist aber hässlich.

Also sparen wir uns getrost den Kegeldorn und begnügen uns mit einem simplen zylindrischen Druckstück, das in die Senkung der Bremsbacke passt – dort, wo der Nietkopf ist.

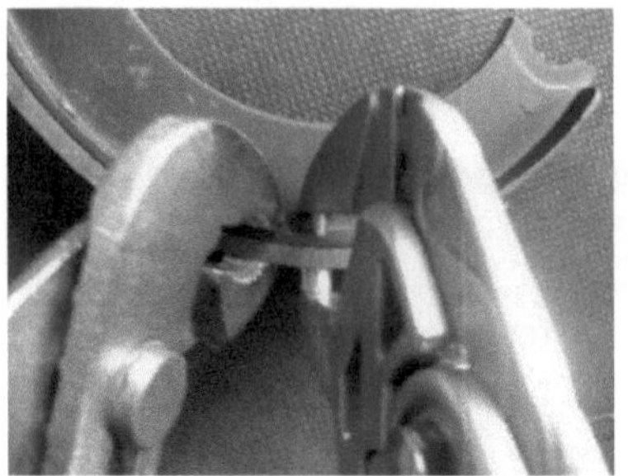

Mit einer Wasserpumpenzange (links) drükken wir den Belag an die Bremsbacke,. Mit der Parallelzange (rechts) stauchen wir den Niet.

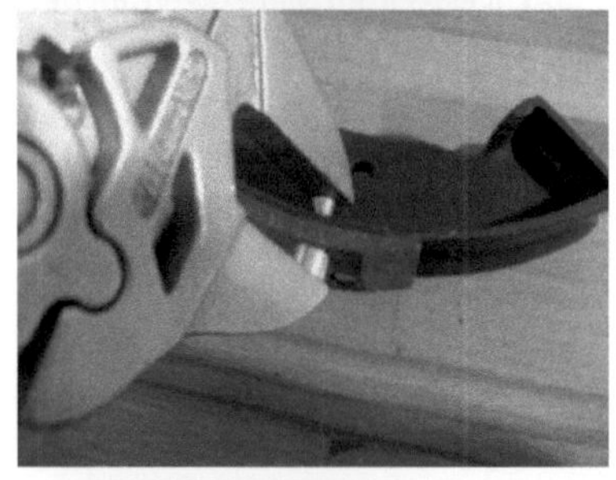

Hier sehen Sie, wie sich der Nietdurchmesser infolge der Stauchung vergrößert.

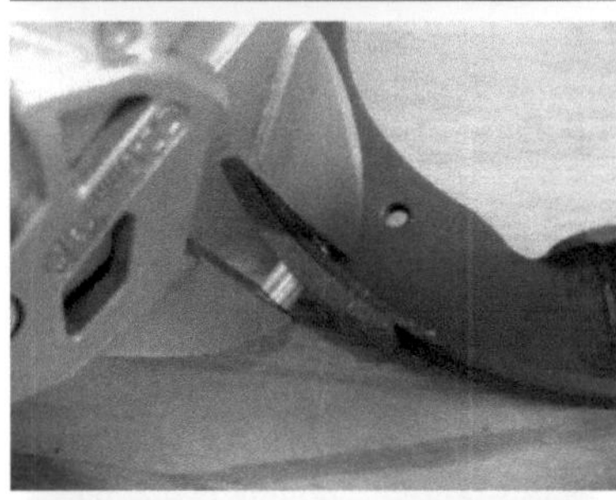

Die Kraft der Zange erlaubt es, den Niet so weit zu stauchen, dass ein wohlgeformter, runder und flacher Kopf entsteht.

Ein Blick auf die Innenseite zeigt als Ergebnis gleichmäßige, runde Nietköpfe. Zum Schluss überzeugen wir uns davon, dass Bremsbelag und Bremsbacke satt und lückenlos aufeinanderliegen. Dazwischen soll kein Lichtspalt zu sehen sein. Auch wenn der Vorgang des Bremsens nur die Umwandlung hochwertiger Geschwindigkeit in sinnlose Wärme ist, beruhigt es ungemein zu wissen, dass die Stopper in Ordnung sind. Manchmal braucht man sie ja doch.

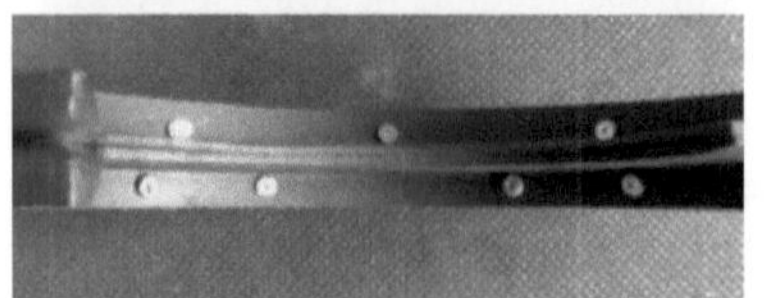

Bitte beachten Sie besonders bei Arbeiten an Bremsen den Haftungsausschluss am Anfang des Buches. Das gilt auch für die beiden nächsten Abschnitte, bei denen wir bei den Bremsen bleiben und uns der Hydraulik zuwenden. Zuerst werden wir einen Ate-Radbremszylinder erneuern, dann einen Schäfer-Radbremszylinder instandsetzen.

# 1.2.14    Radbremszylinder erneuern



Serienmäßig wurden BMW Isetta und 600 mit Bremszylindern zweier verschiedener Lieferanten ausgestattet: Ate (Alfred Teves) und Schäfer (FAG Kugelfischer). Die Schäfer-Radbremszylinder waren aufwendiger gefertigt als jene von Ate, denn sie verfügen über zwei äußere Gummimanschetten, die der Luftfeuchtigkeit den Zugang zu den Kolben verwehren. Festgerostete Kolben sind dadurch an den Schäfer-Zylindern weniger wahrscheinlich. Der Ate-Radzylinder hat hier unter seinen lose aufgesetzten Blechkappen nur simple dünne O-Ringe zu bieten, die nicht wirklich dichten können. Es verspricht also Vorteile, die Schäfer-Radzylinder zu verwenden. Wer sie neu erwerben will, findet sie bei Gosbert von Brunn.

Natürlich haben auch die Schäfer-Zylinder nicht das ewige Leben. Nach über fünfzigjähriger Nutzungsdauer (die inneren Dichtmanschetten wurden am hier gezeigten Fotomodell, einem BMW 600, vor zwanzig Jahren erneuert) kann es schon mal sein, dass ein solcher Radbremszylinder ganz sachte anfängt, undicht zu werden. Man bemerkt das an einem sehr langsam sinkenden Flüssigkeitspegel im Vorratsgefäß des Hauptbremszylinders. Dort sollte man tatsächlich lieber dreimal zu oft als nur einmal zu selten aufschrauben und reinschauen, zumal der Vorratsbehälter klein und undurchsichtig ist. Steht nur noch eine dürftige Pfütze darin, so fragt man sich: Wo ist sie hin, die Bremsflüssigkeit? Unterm Auto ist alles trocken, sichtbar herausgetröpfelt ist dort nichts. Und dennoch hat sich die Flüssigkeit klammheimlich irgendwohin verpieselt.

Mal nachdenken, ob es etwas Auffälliges gegeben hat. Ja, beim Bremsen war manchmal ein lautes *Muuuh*-Geräusch von hinten rechts zu hören. Irgendetwas in der Bremse geriet also in heftige Schwingungen. Das konnte kaum etwas anderes sein als die Bremsbacken, deren Beläge über die Bremstrommelinnenfläche vibrierten. Offenbar hatten sich die Reibeigenschaften der Beläge derart verändert, dass es zu einer Art Stick-Slip-Effekt kam. Auch neigte die Handbremse zum schlagartigen Festbeißen, wenn sie mal während der Fahrt auf ihre Eignung als Notbremse getestet wurde.

Schlussendlich waren auch die Prüfstandswerte beim letzten TÜV-Besuch nicht mehr ganz so prall wie gewohnt, obwohl sie die Anforderungen noch erfüllten. Die Vermutung lag also nahe, dass die Bremsbeläge Flüssigkeit aus einem undichten Radbremszylinder aufgesaugt hatten und damit nun sozusagen imprägniert waren. Wenn so viele Verdachtsmomente zusammenkommen, wird es höchste Zeit, die Hinterradbremse in Augenschein zu nehmen.

Nachdem Rad und Bremstrommel abgenommen sind, sehen wir die Bescherung. Der Radzylinder hat erkennbar Bremsflüssigkeit verloren. Diese hat oben rund um den Bremszylinder bereits den Lack der Bremsankerplatte angelöst. Bremsflüssigkeit eignet sich hervorragend als Abbeizer zur Lackentfernung, in diesem Fall unfreiwillig. Die sandfarbene 2K-Grundierung hat ihr jedoch erstaunlicherweise standgehalten.

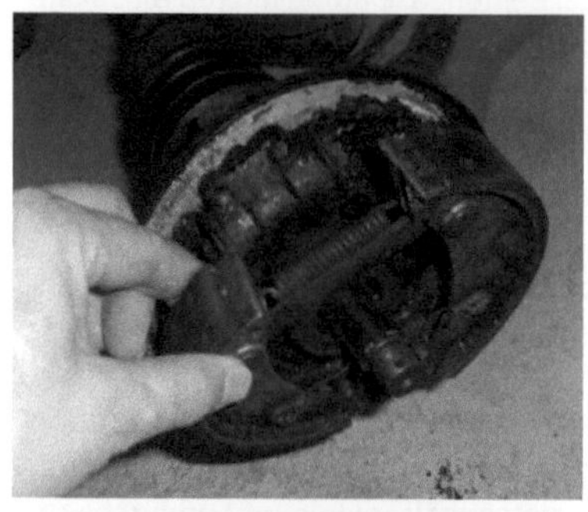

Um ungestört an den Radbremszylinder zu gelangen, nehmen wir die Bremsbacken ab. Das geht unproblematisch, wenn wir zuerst die Radnabe abziehen. Dazu haben wir vorhin, als das Rad noch dran war und auf dem Boden stand, die große Kronenmutter entsplintet und sie mit einem 30er Ringschlüssel oder mit einer Stecknuss gelöst. So können wir nun die Mutter ganz abschrauben und die Radnabe ohne weiteres von Hand abziehen.

Mit einem Schraubendreher hebeln wir ein wenig oben zwischen Radbremszylinder und Bremsbacke, so dass der Schlitz in der Bremsbacke vom Steg am Bremskolben freikommt. So können wir nacheinander beide Bremsbacken vom Zylinder weg nach außen heben. Unten sitzen die Backen derweil noch auf den beiden Kugelkuppen der Nachstellvorrichtung.

Wieder mit Hilfe einer Schraubendreherklinge hebeln wir nun auch unten die Kugelpfannen der beiden Bremsbacken aus den kugeligen Kölbchen des Bremsennachstellers. Danach können wir den ganzen Salat nach außen abklappen. Die Federn und die Handbremshebelei sind bis dahin noch immer montiert. Manchmal fallen sie freiwillig auseinander. Falls das geschieht, ist es kein Grund zur Panik, denn man bekommt sie ohne Mühe wieder zusammen. Als nächstes hängen wir den Nippel des Handbremszuges aus. Dazu müssen wir den Hebel, in den der Seilzugnippel eingehängt ist, ein wenig

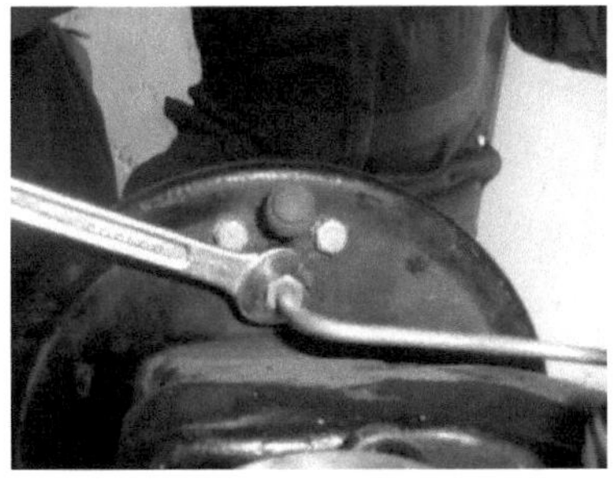

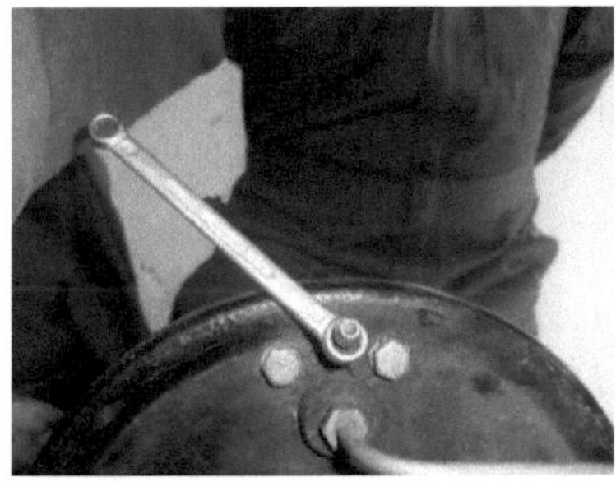

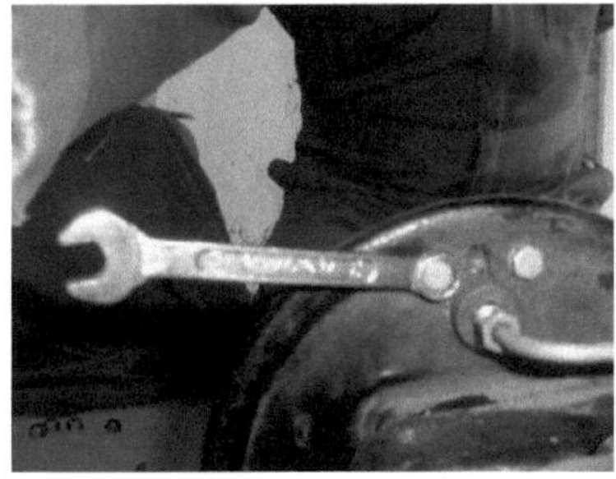

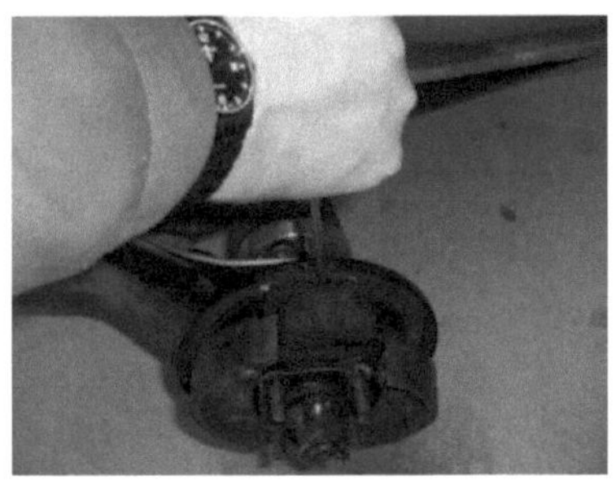

aus seiner Endlage bewegen, damit wir Bewegungsfreiheit für den Seilzugnippel gewinnen. Das geht problemlos durch einen sanften Fingerdruck auf den Hebel. So können wir den Nippel aushängen.

Nun kommen wir endlich ungestört an den Bremszylinder heran. Mit einem 11er Schlüssel lösen wir die Bremsleitungsverschraubung auf seiner Rückseite. Ist die Verschraubung stark verrostet und sehr fest, nehmen wir einen speziellen Bremsleitungsschlüssel, der einen nur durch einen schmalen Schlitz unterbrochenen Sechskant hat. Ist die Bremsleitung in gutem Zustand und das Anschlussgewinde M10x1 im Bremszylinder nicht festkorrodiert, reicht auch ein normaler 11er Maulschlüssel. Der Bremszylinder wird sich besser aus der Bremsankerplatte lösen lassen, wenn sein schrägstehender Entlüfternippel vorher entfernt worden ist. Also drehen wir ihn mit einem 7er Schlüssel heraus. Hier ist ein Ringschlüssel zu verwenden, denn mit einem Maulschlüssel verdirbt man im Nu den zart dimensionierten 7 mm-Sechskant des Entlüfternippels, dessen M6-Gewinde gern festrostet.

Mit Vorliebe reißt der Nippel beim Löseversuch glatt ab, ist er doch hohlgebohrt, dünnwandig und darum nur wenig widerstandsfähig. Ein abgerissener Entlüftungsnippel macht den Bremszylinder gewöhnlich schrottreif, denn Ausbohren oder Herausdrehen des Stumpfes mit einem Linksdrallausdreher gelingen nur selten. Ist der Entlüfternippel glücklich entfernt und die Bremsleitung gelöst, können wir die beiden M6-Halteschrauben mit einem 10er Ringschlüssel lösen und sie ganz herausdrehen.

Will der Bremszylinder danach nicht freiwillig seinen angestammten Platz räumen, hat sich zwischen seinem runden Bund auf der

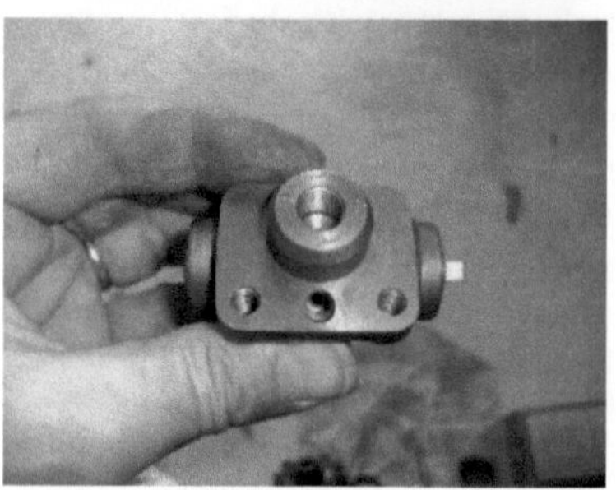

Rückseite und dem Loch in der Ankerplatte Rost eingenistet, der ihn festhält. Dann fassen wir mit einer Schraubendreherklinge hinter den Bremszylinder und hebeln ihn vorsichtig heraus.

Auch wenn der Schäfer-Zylinder (links im Bild) die schönen äußeren Dichtmanschetten hat und der Ate-Zylinder nicht, bauen wir in diesem Beispiel einen neuen Ate-Zylinder (in Bildmitte) ein, weil er gerade vorrätig ist. Der Frage, ob und wie der ausgebaute Schäfer-Zylinder instandgesetzt werden kann, werden wir uns anschließend nähern.

Hat der neue Bremszylinder schon einige Zeit im Regal gelegen, ist es nicht verkehrt, seine beiden Kolben herauszuziehen und deren Dichtmanschetten dünn mit Ate-Bremszylinderpaste zu bestreichen. Man greift dazu mit Daumen und Zeigefinger an die rechteckige Fläche, die im Bild rechts aus dem Zylindergehäuse herausschaut, und zieht den Kolben heraus. Nach dem Einsalben mit Bremszylinderpaste schiebt man die beiden Kolben vorsichtig wieder hinein.

Dies ist die Bremszylinderpaste von Ate. Sie ist ein Montagehilfs- und Schmiermittel speziell für Bremshydraulikteile. Manch einer nennt sie salopp „Bremszylinderfett", obwohl sie alles andere als ein Fett ist. Fett und Öl würden die Gummidichtungen nicht vertragen. Da eine große Tube dieser Paste für ungefähr fünf Leben eines Hobbyschraubers genügt, greife man zu einer kleinen Tube, die jahrelang reicht.

Damit die beiden M6-Schrauben nicht mit der Zeit in den Gewinden des Bremszylinders festkorrodieren, bestreichen wir ihre Gewinde mit etwas Abschmierfett. Wir achten peinlich genau darauf, dass nichts davon in Berührung mit Gummiteilen der Bremsanlage kommt. Auf Bremsbelägen hat Fett erst recht nichts zu suchen. Also bemühen wir uns um saubere Hände und waschen sie auch zwischendurch immer wieder einmal. Die Bremse wird es uns später danken.

In diesem Bild sitzt der neue Ate-Zylinder bereits an Ort und Stelle. Asche aufs Haupt des schludrigen Mechanikers, hat er doch die Bremsankerplatte nicht nachlackiert. Eine Schlamperei, die wir nicht durchgehen lassen können. Es gibt keinen Nachtisch.

Da die Bremse nun schon mal offen ist, nutzen wir die Gelegenheit, den beiden kleinen Schiebekölbchen im Bremsennachsteller ein wenig frisches Schmiermittel zu verpassen, denn ohne es korrodieren diese Kölbchen gern fest. Dazu eignet sich Kupferpaste, weil sie hitzebeständig ist und gut auf Metalloberflächen haftet. Auch die Lagerstellen der Handbremshebelei und die Berührflächen der Bremsbacken, mit denen diese an den Brems- und Nachstellerkolben anliegen, erhalten eine sparsame Portion davon.

Die Bremsennachstellkölbchen gibt es in zwei verschiedenen Ausführungen: Halbkugelig rund, im Bild links, oder mit einem balligen Steg, im Bild rechts.

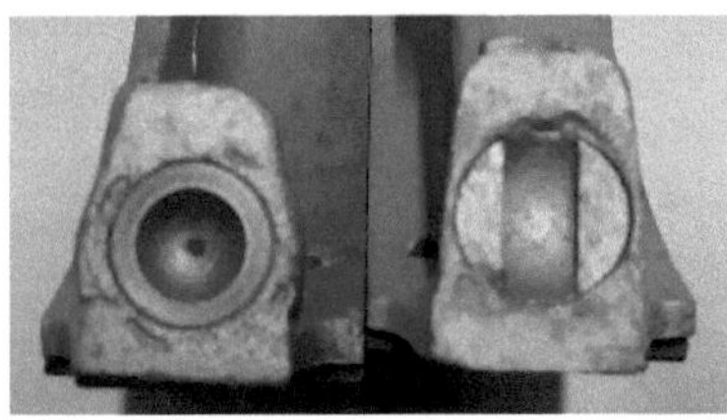

Dazu gehört jeweils eine Bremsbacke mit dem passend geformten Einsatz. Achten Sie also bitte darauf, dass die Kuppen der Nachstellkölbchen zu den Bremsbacken passen.

Die Bremsbacken mit ihren neuen Belägen montieren wir vor, wie es das Bild zeigt. Die offenen Seiten der Federösen sollen bei der oberen Feder nach oben zeigen. Der längere Schenkel der unteren Feder weist zum Handbremshebel. Wie Bremsbacken neu belegt werden, wurde bereits weiter oben beschrieben.

Es ist übrigens hoffnungslos, mit Bremsflüssigkeit in Berührung gekommene Bremsbeläge durch Bremsenreiniger oder andere Mittelchen wieder säubern zu wollen. *Ist der Belag erst mal getränkt, so ist die Bremswirkung verschenkt.* Ein durch Bremsflüssigkeit verunreinigter Bremsbelag funktioniert nie wieder so, wie er soll. Daher erneuert man ihn ohne langes Federlesen.

Den Bremsenreiniger aus der Sprühdose können wir trotzdem gut gebrauchen, nämlich zum Reinigen der Bremstrommel. Dabei bitte Vorsicht: Den Arbeitsraum gut durchlüften, Bremsenreiniger nicht in Arbeitsgruben verwenden. Das Zeug hat eine niedrige

Verdampfungstemperatur und die Dämpfe sind schwerer als Luft, sie sammeln sich also unten. Dann genügt ein Funke, etwa durch einen aus der Hosentasche ragenden Schraubenschlüssel, der mal kurz an der Wand der Arbeitsgrube entlangkratzt, und schon macht es *wumm*!

Wir nehmen den gesamten Bremsbacken-Zusammenbau in beide Hände und klappen die Innenseite nach außen, so dass wir den Einhängepunkt für den Handbremszugnippel sehen können. Als erstes hängen wir den Seilzugnippel ein, wie es das Bild verdeutlicht. Auch an dieser Stelle ist etwas Kupferpaste nützlich.

Den neuen Bremszylinder haben wir inzwischen wieder mit seiner Bremsleitung verbunden und die Verschraubung festgezogen. Damit die Kolben nicht herausrutschen, halten wir sie mit einem Kabelbinder fest. Nun klappen wir den Bremsbackenzusammenbau nach oben.

Bevor wir die Bremsbacken in ihre endgültige Position auf die Blechkappen der Bremskolben hebeln, kneifen wir mit einem Seitenschneider den Kabelbinder durch und ziehen ihn heraus.

Alsdann können wir mit einer Schraubendreherklinge die Bremsbacken in ihre Sollposition hebeln.

So soll die Bremsbacke sitzen.

Dies ist die Stelle, wo der Handbremszug eingehängt ist.

Bevor wir den Entlüfternippel einschrauben, bestreichen wir sein Gewinde mit Bremszylinderpaste, damit er beim nun folgenden Entlüften der Bremse nicht Luft über das Gewinde zieht.

Wir stellen sicher, dass genügend Bremsflüssigkeit im Vorratsbehälter ist.

Dann schließen wir ein Entlüftungsgerät am Radzylinder an. Das Bild zeigt eines aus dem Motorradzubehörhandel, das nicht Flüssigkeit in den Hauptzylinder drückt, sondern welche aus dem Radzylinder saugt. An den Scheibenbremsen moderner Motorräder funktioniert das zufriedenstellend. Der Haken der Vakuumtechnik ist aber, dass durch das Gewinde des Entlüfternippels und an den Topfmanschetten der Radbremszylinder Luft angesaugt werden kann. Darum ist die Verwendung derartiger Saugentlüfter an den Trommelbremsen unserer Fahrzeuge nicht das Wahre. Mehr dazu finden Sie im Kapitel 1.2.16 „Bremssystem befüllen und entlüften".

Vom Pumpen mit dem Bremspedal, wie die Reparaturanleitung der Isetta es beschreibt, ist bei einem nicht mehr ganz neuen Hauptbremszylinder ebenfalls abzuraten, weil dabei die Dichtmanschette im Hauptzylinder korrodierte Bereiche überfahren und dadurch undicht werden kann. Verwenden Sie deshalb besser ein mit Überdruck arbeitendes Befüllgerät, wie es im Kapitel 1.2.16 beschrieben ist. Wir entlüften so lange, bis im Schlauch keine Luftblasen mehr zu sehen sind.

Bevor wir die Radnabe wieder aufstecken, geben wir ihrer Dichtringlauffläche einen dünnen Fettfilm.

Isettafahrer haben beim Betrachten der Bilder längst bemerkt, dass die beschriebenen Arbeitsschritte auch auf die Isetta zutreffen. Sie hat zwar nur eine einzelne Hinterradbremse, die aber in gleicher Weise aufgebaut ist.

Nach dem Festziehen der Kronenmutter wird sie mit einem neuen Splint gesichert.

Anziehdrehmoment an der Isetta (Gewinde M14 x 1,5): 86 bis 96 Nm

Anziehdrehmoment am BMW 600 und 700 (Gewinde M20 x 1,5): 220 bis 240 Nm

Die Werte gelten für Muttern der Festigkeitsklasse 6.8 und trockene, ungeschmierte Gewinde. Manchmal gelingt es beim Anziehen der Mutter mit dem genannten Drehmoment nicht, ein Splintloch zur Deckung zu bringen. Dann ist der Hobbymechaniker geneigt, die Mutter ein Stückchen zurückzudrehen, bis der Splint sich durchstecken lässt. Dieser Versuchung sollte er nicht nachgeben. Die Mutter muss bombenfest sitzen, sonst schlagen sich die Keilverzahnungen von Nabe und Welle gegenseitig hoffnungslos aus. Bis der Fahrer das bemerkt, kann es schon zu spät sein. In Band 2 werden wir ein Beispiel dieses Grauens und auch eine Reparaturmöglichkeit zeigen. Wenn nach dem Anziehen mit den genannten Drehmomenten keines der Splintlöcher das zwanglose Durchstecken des Splints erlaubt, legen wir eine dünne Stahlscheibe unter die Kronenmutter und wiederholen den Versuch.

Bei der anschließenden Probefahrt stellen wir befriedigt fest, dass das hässliche *Muuh*-Geräusch verschwunden ist und sich auch die Handbremse wieder manierlich benimmt: Sie lässt sich jetzt schön feinfühlig bis an die Blockiergrenze dosieren.

Übrigens ist die Handbremse des BMW 600 in gutem Zustand hervorragend als Notbremse geeignet, denn man bringt mit ihr mühelos die Hinterräder zum Pfeifen. Es gibt vermutlich kein anderes Auto, bei dem die Hebelübersetzung der Handbremse derart üppig ist. Unsere österreichischen Freunde können das anhand der technischen Zeichnungen im Typenschein überprüfen. Dort wurde für die Handbremse eine Übersetzung von ungeheuren 96:1 ausgerechnet, während die Fußbremse zu den Hinterrädern nur mit dem Faktor 13,85 übersetzt ist.

Nebenbei: Während defekte Hinterradbremsen an BMW 600 und 700 spätestens bei der nächsten Hauptuntersuchung auffallen, ist an einer Isetta ein Nichtfunktionieren des hinteren Radbremszylinders kaum zu bemerken. Nicht mal beim TÜV, wo die Schmalspurhinterachse nicht auf die Rollen des Prüfstands passt und die Bremsen deshalb im Fahrversuch geprüft werden. Ziehen dabei die beiden Vorderradbremsen gut und gleichmäßig, merkt kein Mensch, dass die hintere Bremse keinen Beitrag mehr leistet. Die Handbremse arbeitet ja mechanisch und unabhängig von der Hydraulik. So bleibt an mancher Isetta ein festkorrodierter Radbremszylinder in der Hinterradbremse jahrelang unentdeckt. Solange keine Bremsflüssigkeit verlorengeht, schöpft niemand Verdacht, dass da hinten etwas defekt sein könnte. Es lohnt sich also, wenn die Hinterachse aus welchem Grund auch immer einmal aufgebockt ist, an den Hinterrädern zu drehen, während ein Helfer das Bremspedal niedertritt. So merkt ein vorsichtiger Mensch sofort, ob der hintere Bremszylinder seine Aufgabe noch erfüllt oder nicht.

Wer nur den leisesten Zweifel an seinen eigenen Mechanikerfähigkeiten hegt, lässt Arbeiten an Bremsen in einer fachkundigen Werkstatt erledigen, um sicher zu sein, dass die Isettabremse wirksamer ist als die Schuldenbremse der öffentlichen Haushalte … was kein allzu ehrgeiziges Ziel ist, denn diese Bedingung erfüllt sie auch noch im völlig verwahrlosten Zustand.

Weil die Ate-Radbremszylinder gegen eindringende Luftfeuchtigkeit schlecht abgedichtet sind, ist es ratsam, während längerer Betriebspausen einmal wöchentlich das Bremspedal einige Male zu betätigen, um die Kölbchen in den Radzylindern zu bewegen und sie auf diese Weise am Festkorrodieren zu hindern. Auch ein jährliches Erneuern der Bremsflüssigkeit lohnt sich.

Wenn Sie Lust haben, noch ein wenig bei der Bremse zu verweilen, schauen wir uns jetzt einmal die Instandsetzung eines Radbremszylinders an.


## 1.2.15    Schäfer-Radbremszylinder instandsetzen

Eine Fingerübung für nachhaltigkeitsapostolisch-militante Ressourcenschoner

Wie im vorangegangenen Beitrag über den Austausch des hinteren Radbremszylinders bereits erwähnt worden ist, zeichnen sich die FAG- (Schäfer-) Radbremszylinder gegenüber den Ate-Zylindern durch eine bessere Abdichtung gegen von außen eindringende Luftfeuchtigkeit aus. Dies ist ihren beiden außenliegenden Gummidichtungen zu danken. Eine Instandsetzung undicht gewordener Radbremszylinder ist möglich, solange die Oberfläche in der Bohrung des Zylinders keine nennenswerten Korrosionsspuren hat. Das ist zwar nur etwas für hartgesottene, notorische Selbermacher, die bei jedem Wurf in die Schrottkiste von Gewissensbissen geschüttelt werden. Schauen wir uns aber trotzdem einmal an, wie man dabei vorgeht.

Zuvor ist der unvermeidliche Warnhinweis fällig. Lesen Sie dazu bitte den Abschnitt „Haftungsausschluss" am Anfang des Buches.

Danach können wir endlich anfangen. Zunächst nehmen wir die Staubschutzkappen ab. Das sind die beiden großen Gummiformteile an den beiden Enden des Bremszylinders. Sie sitzen mit ihrem äußeren Rand in einer Nut des Bremszylindergehäuses und mit ihrem inneren Rand in einer Nut des beweglichen stählernen Druckstücks, das eine Verlängerung des Bremskolbens ist. Über längere Zeit unbemerkt herausgelaufene Bremsflüssigkeit hat an unserem Fotomodell Luftfeuchtigkeit an sich gebunden, so dass sich eine schmierige Rostbrühe gebildet hat. Mit einer Flachzange fassen wir die beiden Flächen des Druckstücks und ziehen es heraus. Bei einem in halbwegs gutem Zustand befindlichen Bremszylinder wird nur das Druckstück herauskommen, der Kolben aber noch nicht, weil der zylindrische Zapfen des Druckstücks mit Spiel in der Bohrung des Bremskolbens steckt.

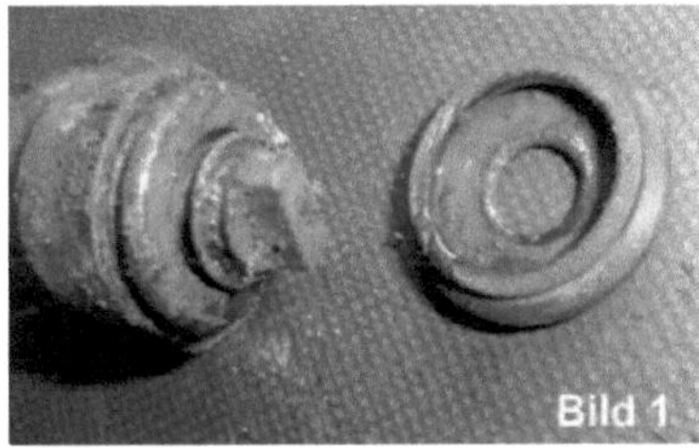


Die Druckstücke der Schäfer-Zylinder bieten gegenüber den Blechkappen der Ate-Zylinder den Vorteil, nicht bei jeder Gelegenheit herunterzufallen. Der Nachteil: Ist der Bremszylinder erst einmal so vergammelt wie in diesem Beispiel, so ist gewöhnlich der Zapfen des Druckstücks in der Bohrung des Kolbens festkorrodiert. Falls der Kolben noch im Zylinder beweglich ist, kommt er dank der Rostverbindung gleich mit heraus, wenn man am Druckstück zieht. Ist das der Fall, müssen wir Kolben und Druckstück voneinander trennen, ohne etwas zu beschädigen. Dazu spannen wir den Kolben am besten in die Spannzange einer Drehbank ein. Darin wird er an seinem gesamten Umfang umfasst, so dass keine Druckstellen entstehen können.

Ist der Radbremszylinder nicht soeben erst außer Betrieb gesetzt worden, sondern hat er schon einige Jahre des Stillstandgammelns in feuchter Scheunenatmosphäre hinter sich, so kann es gut sein, dass sich die Kolben überhaupt nicht zum Herauskommen bequemen, weil sie hoffnungslos in der Zylinderbohrung festkorrodiert sind. In einem solchen Fall hilft nur mehrtägiges Einweichen in Rostlöser und anschließendes Klopfen mit einem Alu- oder Kupferhammer auf die Druckstücke, immer abwechselnd von beiden Seiten. Weit kommen wir hier nicht, weil der Kragen des Druckstücks am

Gehäuse anschlägt. Bei den Schäfer-Zylindern sind wir also darauf angewiesen, zumindest erst einmal eines der beiden Druckstücke herauszuziehen, bevor wir die festkorrodierten Kolben mit einem Messingdorn herausschlagen oder besser herauspressen können.

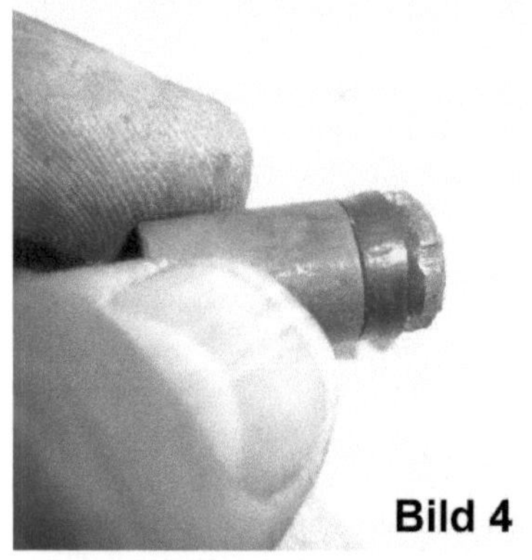

**Bild 4**

Die Dichtmanschette des herausgezogenen Kolbens hier im Bild zeigt Längsriefen. Sie sind durch das Überfahren von Rostnarben in der Zylinderbohrung entstanden. Der Bohrung im Gehäuse des Bremszylinders werden wir daher jetzt unsere ungeteilte Aufmerksamkeit schenken. Denn falls sie nicht zu retten ist, weil die Rostnarben darin zu tief sind, können wir unseren Reparaturversuch bereits an dieser Stelle getrost beenden. Es sei denn, wir hätten den Ehrgeiz, die Zylinderbohrung neu auszubuchsen. Wer das aber kann, braucht dazu keine Anleitung. So weit werden wir hier nicht gehen.

**Bild 5**

Ein Blick in die Zylinderbohrung offenbart die bereits erwarteten Rostspuren. Ein Versuch muss nun zeigen, ob sie herausgeschliffen werden können, ohne den Durchmesser der Bohrung unzulässig weit zu vergrößern. Er darf maximal 0,1 mm größer werden als das Nennmaß. Bei einem Nennmaß von ½ Zoll = 12,7 mm sind das also maximal 12,8 mm. An Isetten ab Baujahr 1960 trifft man hintere Radbremszylinder mit dem Nennmaß 9/16" = 14,29 mm an. Dort beträgt der maximal zulässige Durchmesser 14,29 + 0,1 = 14,39 mm. Bei den vorderen Radbremszylindern, deren Nenndurchmesser 11/16" = 17,46 mm ist, beträgt das zulässige Größtmaß 17,46 + 0,1 = 17,56 mm.

**Bild 6**

Bild 7

Als Polierdorn nehmen wir ein Messingrohr, das wir längs schlitzen, so dass im Schlitz ein Stück Polierleinen eingeklemmt werden kann. Der Durchmesser des Messingrohrs soll etwa 3 bis 4 mm kleiner sein als die Zylinderbohrung. Drehzahl etwa 1000 Umdrehungen pro Minute. Polierleinen mit Körnung 600, danach 800 bis 1000. Anstelle eines Messingrohrs kann auch ein Holzdorn benutzt werden. Die Drehrichtung ist selbstverständlich so zu wählen, dass das Schleifpapier sich straffzieht und sich nicht abwickelt. Bei diesem Bremszylinder war es noch möglich, die Rostnarben herauszuschleifen, ohne das zulässige Größtmaß zu überschreiten.

Bild 8

Da wir den Durchmesser nur um höchstens 0,1 mm vergrößern dürfen, brauchen wir ein Messmittel mit einer Genauigkeit von 0,01 mm. Ein Digitalmeßschieber genügt nicht, weil er mit seinen zur Schau getragenen zwei Nachkommastellen eine Präzision vorgaukelt, die seine Schiebemechanik gar nicht bringen kann. Die Auflösung ist zwar da, aber die Wiederholgenauigkeit nicht. Um den Innendurchmesser hinreichend genau zu messen, kommen in Frage: Innenmeßschraube, Innentaster mit Feinzeiger, Messdorn mit Induktiv- oder Inkrementaltaster. Ein Einstellring mit bekanntem Innendurchmesser ist als Maßverkörperung zum Kalibrieren des Messzeugs unverzichtbar, damit man keinen Mist misst.

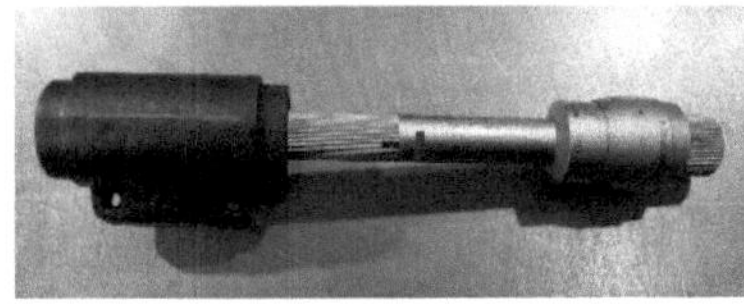

Eine gebrauchte, aber gut erhaltene Dreipunkt-Innenmeßschraube eines namhaften Herstellers wie Tesa oder Mitutoyo ist mit etwas Geduld und Glück für ungefähr 80 EUR zu finden. Dreipunkt deshalb, weil sich diese Bauart viel besser in der Bohrung zentriert als eine an nur zwei Punkten berührende Innenmeßschraube. Achten Sie darauf, dass ein mit seinem Istmaß beschrifteter Einstellring dabei ist. Die Messbereiche derartiger Innenmeßschrauben überstreichen je nach Größe einen Bereich von etwa 3 bis 5 Millimetern. Wer keine Innenmeßschraube hat, aber im Besitz einer Bügelmeßschraube und einer Drehbank ist, kann sich mit einem Lehrdorn helfen, dessen Außendurchmesser er auf das zulässige Größtmaß der Bohrung bringt, also je nach Bremszylinder 12,8, 17,56 oder 14,39 mm. Die letzten ein, zwei Hundert-stelmillimeter wird er nicht drehen, sondern mit um eine Flachfeile gewickeltem Schleifpapier herauskitzeln. Ein so hergestellter Lehrdorn, dessen Außendurchmesser die Bügelmeßschraube mit 12,80 mm anzeigt, darf <u>nicht</u> in die nachgearbeitete Boh-

Bild 9

rung des Bremszylinders passen. Lässt sich der Lehrdorn dennoch einschieben, ist der Bremszylinder schrottreif.

Die alte Dichtmanschette hebeln wir aus der Nut des Kolbens, ohne den Kolben zu zer-kratzen. Sie darf dabei ruhig zerreißen, wir werfen sie ohnehin weg. Anschließend reini-gen wir den Kolben sanft mit einer weichen Messingdrahtbürste und Spiritus.

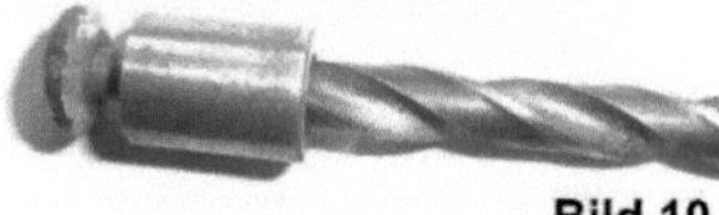

**Bild 10**

Das Oxid in der Bohrung des Kolbens schä-len wir mit einem passenden Bohrer von Hand heraus.

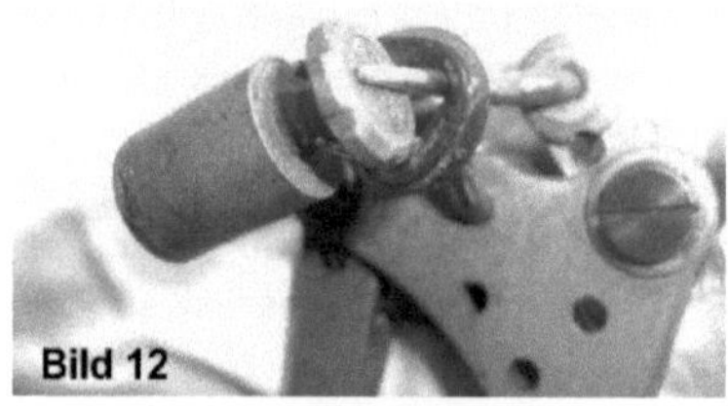

**Bild 12**

Um die neue Dichtmanschette über den Kopf des Kolbens zu fädeln, drängt sich die Verwendung einer Dreidornzange auf, wie man sie zum Aufdehnen von Kabeltüllen verwendet. Das sieht schlau aus, ist es aber nicht.

Bild 13

Denn es führt zum Problem, dass die drei Dorne nicht so recht mit dem dicken Kopf des Kolbens harmonieren wollen und wir die Manschette auf diese Weise nicht dar-überbekommen. Immerhin muss die Gum-mimanschette mit ihrem Mittelloch von nur 5 mm Durchmesser über einen Knubbel von 12,5 mm Durchmesser gezwängt wer-den. Das bedeutet nicht weniger als eine elastische Dehnung von 250% - und dies schon, wenn noch gar kein Zangendorn da-zwischensteckt! Man muss sich geradezu wundern, dass das Gummiformteil diese Ver-gewaltigung überhaupt aushält. Umso wichtiger ist es, bei der Montage die neue Gum-mimanschette nicht unnötig weit zu dehnen und ihre Dichtlippe nicht mit scharfkantigen Werkzeugen zu verletzen.

Bild 14

Mit einer Seegerringzange geht es recht gut. Sind der Kolbenknubbel und die Dichtmanschette mit Ate-Bremszylinderpaste eingesalbt, flutscht die Manschette besser drüber. Der Kolben ist währenddessen zweckmäßig in den V-Nuten eines Feilklobens eingespannt. Das letzte Stück hilft man mit dem Daumen nach. Der Daumennagel ist weich genug, um die Kante der Dichtmanschette nicht zu verletzen.

Bild 16

Schließlich schnappt die Gummimanschette willig in ihre Nut.

Die scharfe Dichtkante muss zu der Seite weisen, von der die Flüssigkeit drückt, also nach innen. Dadurch presst steigender Flüssigkeitsdruck die Manschette immer fester an die Zylinderbohrung.

**Bild 17**

Eine neue Dichtmanschette hat eine scharfe Kante, die kegelförmig nach außen steht. Längere Zeit benutzte Dichtmanschetten zeigen dieses Federungsvermögen kaum noch, weil sie im Lauf der Jahre an Elastizität verlieren. Deshalb diese Gummiteile im Zweifel bitte rechtzeitig ersetzen.

Wieder mit der Ate-Bremszylinderpaste eingestrichen, wird der Kolben in die zuvor mit Spiritus sorgfältig gereinigte Zylinderbohrung eingeschoben. Anschließend folgt das Druckstück.

Bild 18

Zum Schluss werden die außenliegenden Schutzmanschetten und der Entlüfternippel wieder montiert.

Es empiehlt sich, nach dem Wiedereinbau eines derart instandgesetzten Radbremszylinders, dem Befüllen und dem Entlüften der Bremsanlage einige Minuten lang festen Druck mit dem Bremspedal auszuüben, um anschließend zu kontrollieren, ob der Radbremszylinder auch tatsächlich dicht ist oder ob Flüssigkeit herausleckt. Alles trocken?

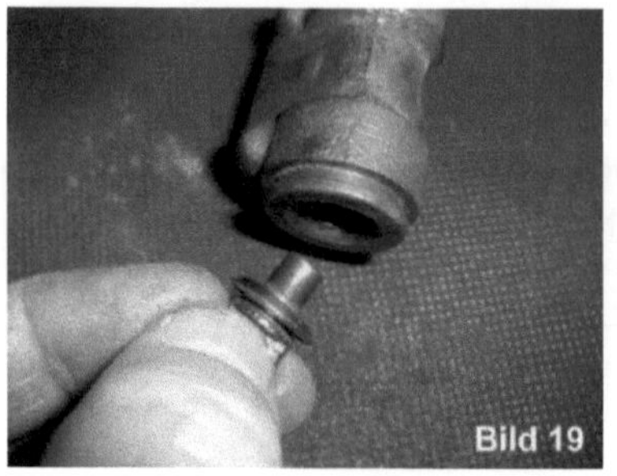

Dann die Bremse einstellen und fahren. Nach einigen Tagen nimmt man nochmals die Bremstrommel ab und gönnt dem Bremszylinder einen weiteren prüfenden Blick. Ist alles weiterhin staubtrocken und ist der Flüssigkeitsstand im Vorratsbehälter des Hauptbremszylinders nicht gesunken, so ist nach menschlichem Ermessen alles dicht.

Ein fabrikneuer Bremszylinder ist allemal sicherer und macht natürlich auch viel weniger Arbeit – wenn man ihn hat. Schauen wir jetzt einmal, wie wir die Bremshydraulik sachgerecht befüllen und entlüften.

### 1.2.16    Bremssystem befüllen und entlüften

Druckbetankung

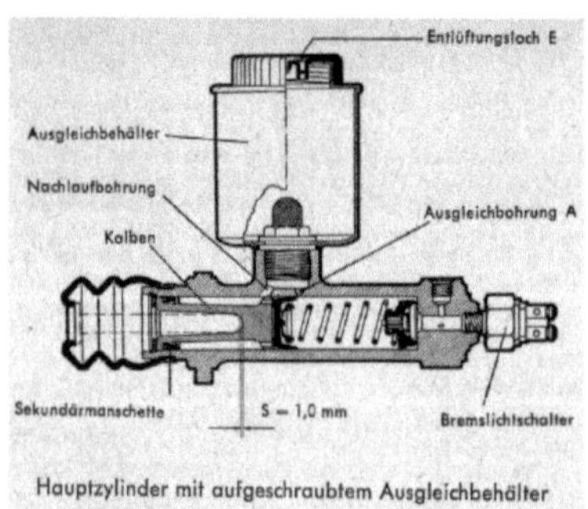


Hauptzylinder mit aufgeschraubtem Ausgleichbehälter

Der eine oder andere Isettafahrer hat schon einmal erfolglos versucht, nach dem Einbau eines neuen Hauptbremszylinders das Bremssystem mit frischer Bremsflüssigkeit zu befüllen und es zu entlüften. Das gelingt nicht immer auf Anhieb. Der Arbeitsgang birgt bei unseren Fahrzeugen gewisse Tükken. In diesem Kapitel beleuchten wir, warum das so ist und wie man es richtig macht.

Konventionelle Hauptbremszylinder weisen zwei Bohrungen zwischen dem Vorratsbehälter und dem Zylinderraum auf. Sie sind in der nebenstehenden Schnittzeichnung mit *Nachlaufbohrung* und *Ausgleichbohrung A* bezeichnet. Die Nachlaufbohrung links lässt Bremsflüssigkeit rund um den Kolben zwischen die Primär- und die Sekundärmanschette laufen. Die Ausgleichbohrung rechts

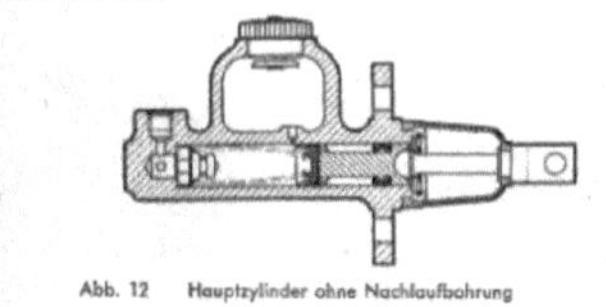


Abb. 12   Hauptzylinder ohne Nachlaufbohrung

zielt knapp vor die Dichtkante der Primärmanschette in den Raum, in dem die Druckfeder und das Bodenventil sitzen.
2 Bilder aus Ate-Broschüre „Hydraulische Bremsen", 6. Auflage 1959

Der Hauptbremszylinder der BMW Isetta und des BMW 600 hat zwar die kleine Ausgleichbohrung, jedoch nicht die größere Nachlaufbohrung. Dies begründete der Frankfurter Erstausrüster Alfred Teves (Ate) seinerzeit mit dem begrenzten Bauraum in Kleinwagen. Mit dem innenliegenden Pedalanschlag ist übrigens der Kugelkopf der Betätigungsstange gemeint, der ein Herausziehen der Druckstange verhindert und dadurch die obere Endlage des Bremspedals bestimmt. Ein nochmaliger Blick nach oben auf die erste Zeichnung zeigt uns links das Maß S = 1,0 mm. Dies ist der Abstand, der bei völlig gelöster Bremse zwischen der Kolbenstange und dem Kolben bleiben soll.

Die fehlende Nachlaufbohrung hat zur Folge, dass bei einer Neubefüllung des Systems die Bremsflüssigkeit von allein nicht zuverlässig überall dorthin läuft, wo sie gebraucht wird. Insbesondere läuft sie, auch wenn der Kolben im obigen Bild ein Stück nach links geschoben wird, durch die enge Ausgleichbohrung nicht von allein in den Raum zwischen Primär- und Sekundärmanschette, solange dort Luft eingesperrt ist. Zum Befüllen des Bremssystems schrieb Ate deshalb ein Befüllgerät vor, mit dem die frische Bremsflüssigkeit unter einem Druck von bis zu 2,5 bar in den Vorratsbehälter gepresst werden sollte. Eine Druckbetankung sozusagen.

Für Autowerkstätten gibt es ähnliche Befüllgeräte natürlich heute noch, auch von anderen Herstellern. Allen gemeinsam ist ein Vorratsbehälter für Bremsflüssigkeit, der von oben her mit Druckluft beaufschlagt wird. Die Druckluft treibt die Flüssigkeit vor sich her, durch ein Tauchrohr steigt sie nach oben und weiter durch einen Schlauch bis in den Hauptbremszylinder.

Während Sie diese Beschreibung lesen, könnten Sie je nach individuellem Fingerjuckgrad auf die Idee kommen, solch eine Vorrichtung selbst zu bauen. Ein Behälter, der 2,5 bar Innendruck mit einiger Sicherheit erträgt, ist relativ leicht zu finden. Etwas erschwert wird die Suche dadurch, dass man den Behälter öffnen können muss, um ihn zu befüllen und zu entleeren. Er muss also einen dazu geeigneten Verschluss mitbringen, etwa ein Gewinde an seinem Hals. Selbstverständlich muss auch der Deckel, der auf dieses Gewinde geschraubt wird, genügend druckstabil sein. Und er muss dicht und zuverlässig schließen. Würde man in den Deckel zwei eingedichtete Schlauchnippel setzen, in den einen Druckluft einblasen und den zweiten mit einem in die Flüssigkeit tauchenden Rohr ausstatten, hätte man schon fast alles Nötige. Zur Druckbeaufschlagung fehlt dann noch ein Stück Schlauch mit einem an ein Reifenventil passenden Schnellanschluss; so können wir als Druckluftquelle einen aufgepumpten Reifen verwenden und brauchen keinen Kompressor. Um die von der Druckluft ins Tauchrohr hochgetriebene

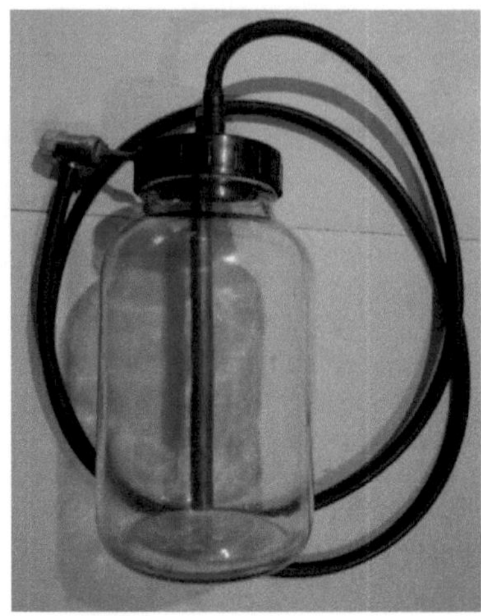

Bremsflüssigkeit zum Vorratsbehälter am Hauptbremszylinder zu leiten, benötigen wir einen Füllanschluss, der einerseits einen Schlauchnippel hat und andererseits in das Gewinde im Hauptzylinder passt.

Ein großes Laborglas erfüllt die grundlegenden Voraussetzungen. Dabei ist es von erheblicher Bedeutung, dass sein Schraubdeckel genügend dickwandig und formstabil ist, damit er sich unter Druckbeaufschlagung von innen her nicht hochwölben und plötzlich vom Gewinde springen kann. Geschieht das dennoch, entsteht schlagartig eine fürchterliche Sauerei durch herumspritzende Bremsflüssigkeit. So ein Ereignis ist schon im Motorraum eines konventionellen Automobils kein Vergnügen, weil Bremsflüssigkeit bekanntlich den Lack angreift. Im Innenraum einer Isetta oder eines BMW 600 ist ein vom Befüllgerät abspringender Deckel gar der größte anzunehmende Unfall. Bevor wir aber weiter überlegen, welchen besser geeigneten Druckbehälter es geben könnte, wenden wir uns erst einmal dem Füllanschluss für den Vorratsbehälter am Hauptbremszylinder zu, den wir so oder so brauchen werden.

Ate bot einst sogenannte *Entlüfterstutzen* an, die ihrer Funktion gemäß besser *Befüll*stutzen heißen sollten. Das für unseren Vorratsbehälter passende Gewinde ist M 30 x 1,5.

Nachdem Ate diese schönen Stutzen heute nicht mehr liefert, müssen wir uns selber helfen. Am einfachsten ist das möglich, wenn wir einen überzähligen Schraubdeckel von einem alten Hauptbremszylinder nehmen.

Die älteren Schraubdeckel bestanden aus schwarzem Bakelit, einem spröden, gern brechenden Duroplast, das für unsere Zwecke nicht so gut geeignet ist. Die jüngeren Ate-Deckel sind aus Zinkdruckguss. Einen solchen können wir verwenden.

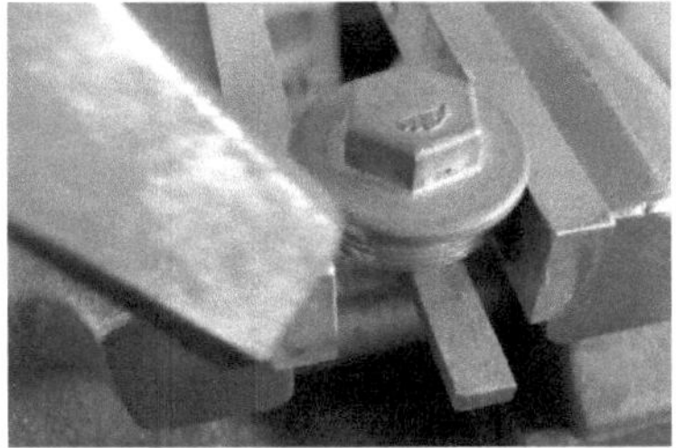

Auf seiner Unterseite zeigt er ein rundes Blechteil mit einem rechteckigen Dom. Das ist ein Spritzschutz, der das Herausspritzen der Bremsflüssigkeit aus dem Belüftungsloch vermeiden soll. Dieses Blechteil entfernen wir, um nach dem späteren Bohren des Anschlussgewindes die Späne restlos entfernen zu können. An drei Stellen ist der Blecheinsatz im Zinkdruckgussteil verstemmt. Diese drei Verstemmungen klopfen wir vorsichtig zurück, also in Richtung zum Außenrand. Falls der Blecheinsatz jetzt noch nicht von selber herausfallen will, stecken wir ein Stück Flachstahl durch seine eckige Öse, stützen den Schraubdeckel auf den Schraubstockbacken und klopfen zart mit dem Hammer auf den Flachstahl, um den Blecheinsatz zu lösen.

Die vom Blecheinsatz befreite Innenseite des Metalldeckels zeigt in der Mitte eine Ausdrehung. Sie ist der Belüftung des Vorratsbehälters zugedacht, denn von ihr führt – im Bild am Umfang der Ausdrehung unten gerade noch zu erahnen – eine kleine Querbohrung nach außen. Diese kleine Belüftungsbohrung verschließen wir, damit dort keine Bremsflüssigkeit austritt. In die Mitte des Schraubdeckels kommt später unser Anschlußstück für den Befüllschlauch.

Das in einer der Sechskantflächen mündende Belüftungsloch muss von außen dicht verschlossen werden, damit dort hindurch keine Flüssigkeit entweichen kann. Wir löten es mit weicher Flamme, Flussmittel und Weichlot zu.

Der erhaben eingegossene Ate-Schriftzug auf der Oberseite muss weichen. Wir benötigen

eine ebene Auflage- und Dichtfläche für unseren Schlauchanschluss. Darum drehen wir die Oberseite vollflächig plan.

Je nachdem, welches Gewinde unser verfügbarer Schlauchanschluss hat, bohren wir ein dazu passendes Gewinde in den Schraubdeckel. Meist wird es entweder M 10 x 1 oder R 1/8" sein, das größere R ¼" geht auch noch. Jetzt können wir einen Befüllschlauch aus Gummi (EPDM oder SBR) anschließen und den Befüllanschluss auf den Vorratsbehälter des Hauptbremszylinders schrauben.

Dabei legen wir einen Dichtring aus Fiber, Kupfer oder Weichaluminium zwischen den Rand des Schraubdeckels und den Vorratsbehälter. Ein Gummiring ist für diese Dichtstelle zu weich, er würde herausgequetscht. Während wir den Deckel an seinem 19 mm-Sechskant hineinschrauben, lockern wir die den Schlauchanschluss haltende Hohlschraube, damit sich der Schlauch nicht mitdrehen muss.

Nachdem unser Befüllanschluss nun einsatzbereit ist, kehren wir zur Frage zurück, welcher Druckbehälter wohl unsere Anforderungen erfüllen könnte. Er soll

- aus gegen Bremsflüssigkeit resistenten Werkstoffen bestehen,

- für einen Arbeitsdruck von mindestens 2 bar bemessen sein,

- ein bis zwei Liter Volumen fassen,

- ein robustes und dichtes Schraubgewinde haben,

- ein eingebautes, mit dem Ausgang verbundenes Tauchrohr zum Aufsteigen der Flüssigkeit aufweisen,

- von oben mit Druckluft beaufschlagbar sein,

- ein handbetätigtes Ventil zum Öffnen und Verschließen des Ausgangs haben.

Vorteilhaft wäre es, wenn er außerdem

- eine eingebaute Luftpumpe mitbrächte, um von einer externen Druckluftquelle unabhängig zu sein,

- ein eingebautes Manometer zum Ablesen des Innendrucks aufwiese und

- ein Druckentlastungsventil zum Ablassen des Restdrucks vor dem Öffnen hätte.

Das sind ziemlich viele Forderungen auf einmal. Wo mag es so einen Spezialbottich außerhalb des Kfz.-Werkstattbedarfs geben? Dies ist wieder einer der *denk*würdigen Augenblicke, in dem wir uns fragen sollten: Wo haben wir einen solchen Apparat schon mal gesehen? Überlegen Sie bitte erst selber, bevor Sie weiterlesen.

Die simple Antwort lautet: In der Gartengeräteabteilung unter dem Begriff *Drucksprüher* oder *Gartenspritze*. Da ist alles dran, was wir brauchen. Wer ohne eine bezaubernde Assistentin auskommen muss, klemmt eine Leimzwinge auf den Ventilhebel, um die Bremsflüssigkeit ständig unter einem Druck von 2 bar in den schwarzen Schlauch am Ausgang zu drücken. Dadurch sind beide Hände frei für die Arbeit am Entlüfternippel.

Man sollte es nicht für möglich halten: Während man uns im Motorradzubehörladen bereits für ein schnödes Plastikfläschchen nur zum Auffangen abgelassener Bremsflüssigkeit 25 Euronen abknöpfen will, gibt es einen funktionierenden Drucksprüher für einen einstelligen Euro-Betrag. Dieser hier kostete ganze drei Euro siebzig und erfüllt sämtliche (!) Forderungen unseres gar nicht kurzen Lastenhefts. Das einzige, was ihm fehlte, war ein passender Schlauchnippel.

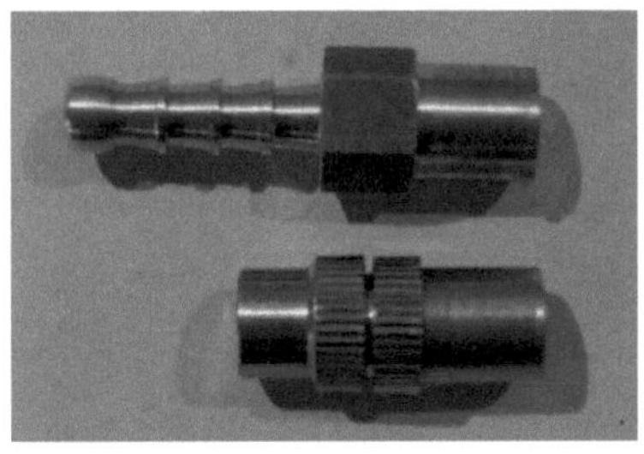

Den muss man sich dann eben drehen. Im Bild sehen wir unten die serienmäßige Sprühdüse für den Blumenfreund, die der austretenden Flüssigkeit Luft beimischt, um einen breit streuenden Sprühstrahl zu erzeugen. Darüber glänzt der aus einem 10 mm-Sechskantstab gefertigte Schlauchnippel mit seinem Tannenbaumprofil, das dafür sorgt, dass der aufgesteckte Gummischlauch nicht abrutscht.

Somit lohnt es sich sogar für die von einem gnädigen Schicksal begünstigten Leser mit überdurchschnittlichen Nettoeinkünften, eine halbe Stunde Arbeit in die Herstellung oder auch nur in die Anpassung einer Schlauchtülle zu investieren – vorausgesetzt, sie verfügen über ein Drehmaschinchen. Zur Not mag es auch mit Bohrfutter und Feile gehen.

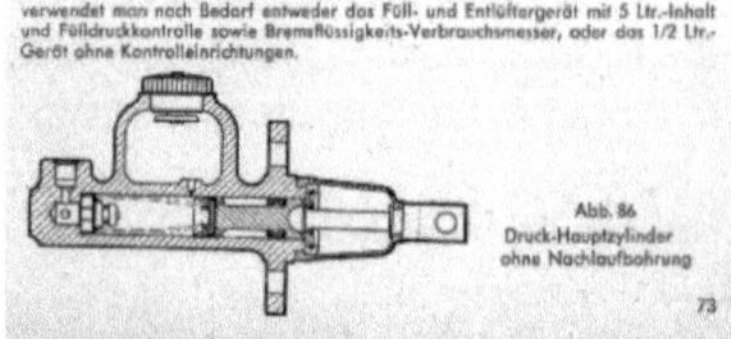



Die 1959er Ate-Bremsenbroschüre schrieb für BMW Isetta und 600 die Zwangsernährung des Bremssystems über ein Füllgerät explizit vor.

Darum sollte ein Bremsenbefüllgerät zu jeder ordentlich ausgestatteten Hobbywerkstatt gehören.

Die im Kapitel 1.2.15 gezeigte Saugpumpe aus dem Motorradbereich ist ein unbefriedigender Kompromiss, der zu Problemen führen kann. Eine neuralgische Stelle beim Entlüften mit der Saugpumpe ist das Gewinde des Entlüfternippels. Der Nippel dichtet tief unten an seinem Kegel und nicht oben im Gewinde. Ist der Entlüfternippel gelöst, so dass sein Dichtkegel nicht mehr anliegt, kann Luft durch das Gewinde eindringen. Saugt die angeschlossene Vakuumpumpe jetzt Bremsflüssigkeit per Unterdruck heraus, saugt sie auch über das Gewinde des Entlüfternippels Nebenluft an. Es sei denn, man dichtet das Gewinde provisorisch mit Bremszylinderpaste. Das Gewinde drängt sich als Übeltäter auf, weil es so offensichtlich ist.

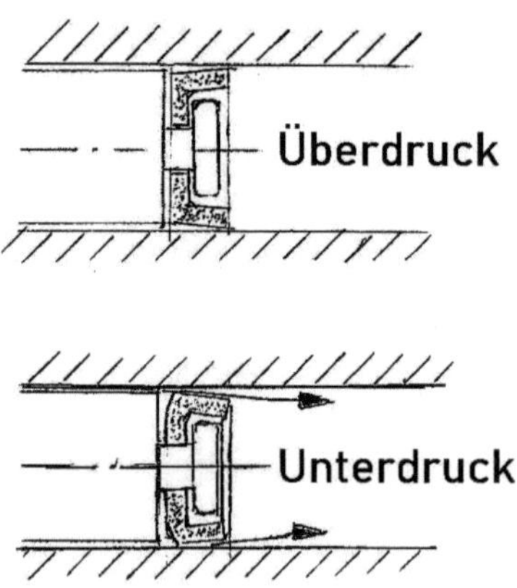



Als verborgene Eintrittspforte für störende Frischluft sind jedoch die Topfmanschetten der Kölbchen in den Radbremszylindern viel mehr zu verdächtigen. Denn ihre scharfe Dichtkante zeigt zur Flüssigkeitsseite, also zu jener Seite, auf der normalerweise der höhere Druck herrscht, oberes Bild. Wird dort mit kräftigem Unterdruck gesaugt (unteres Bild), können sich die Dichtmanschetten von der Zylinderwand abheben, wodurch Luft von außen (Pfeile) eingesaugt wird. Weil das nicht ohne weiteres erkennbar ist, rätselt ein saugpumpengeschädigter Trommelbremsentreter mitunter lange herum, woher wohl die Luft eindringen mag.

Drücken Sie dagegen vom Hauptzylinder her Bremsflüssigkeit mit Überdruck ins System, kann zwar ein wenig davon am Gewinde des Entlüfternippels austreten, das bringt aber keine Luft hinein und ist darum unschädlich.

Obwohl das Saugverfahren an Motorrädern mit Scheibenbremsen tadellos funktioniert, trifft man an der Bremse der Isetta oder des BMW 600 auf die seltsame Erscheinung, dass das Bremspedal sich nach einer ausgiebigen Saugpumpenentlüftung bis zum Bodenblech durchtreten lässt. Der ratlose Hobbyschrauber verdächtigt dann den

Hauptbremszylinder und argwöhnt, die Dichtmanschette des Kolbens darin habe korrodierte, rauhe Bereiche überfahren, sei infolgedessen nun beschädigt und könne keinen Druck mehr aufbauen. Eine solche Beschädigung ist aber kaum möglich, brauchte man doch das Bremspedal dank der Saugmethode gar nicht zu bewegen. Trotz Aussaugens der Bremsleitungen von den Radzylindern her bei stets rechtzeitiger Nachfüllung am Vorratsbehälter  - also ohne von dort oben her neue Luft anzusaugen - lässt sich anschließend das Bremspedal weich, fast widerstandslos bewegen.

Beim normalen Betrieb der Bremse presst der Druck der Bremsflüssigkeit die Dichtkanten der Topfmanschetten in den Radbremszylindern umso fester an die Zylinderwand, je stärker Sie aufs Bremspedal treten. Saugen Sie mit einer Pumpe an der Flüssigkeitssäule, wird der Innendruck auf der Flüssigkeitsseite geringer als der Umgebungsdruck auf der Luftseite. Die Tücke des Objekts liegt darin, dass jetzt an der Dichtlippe des Kölbchens im Radzylinder von außen Luft einströmen kann, und zwar an sämtlichen Radbremszylindern. Die Luft folgt allzugern dem Lockruf des Unterdrucks. Da sich hydraulische Trommelbremsen an Motorrädern nicht durchsetzen konnten, sondern die weit überwiegende Mehrzahl der Motorradfabriken gleich den Sprung von der mechanischen Trommelbremse zur hydraulischen Scheibenbremse wagte[19], tritt das Phänomen des Lufteinsaugens mit der Vakuumpumpe bei Motorradbremsen nicht auf. So kommt es, dass Saugpumpen zum Bremsenentlüften an Motorradfahrer zu deren Zufriedenheit verkauft werden. In den Radzylindern von Scheibenbremsen haben die Dichtringe einen massiven Rechteckquerschnitt. Dort gibt es keine nachgiebige Dichtlippe, die sich infolge des starken Unterdrucks von der Zylinderwand abheben könnte. Darum funktioniert die Saugmethode dort. An alten Automobil-Trommelbremsen hingegen kann man sich mit dem Saugpumpenverfahren zu Tode entlüften.

Muss noch erwähnt werden, dass nach der vorschriftsmäßigen Druckbetankung wieder alles in bester Ordnung war? Man verdächtige also nicht verfrüht den Hauptbremszylinder, er sei defekt. Und man sauge nicht die Flüssigkeit heraus, sondern drücke sie hinein.

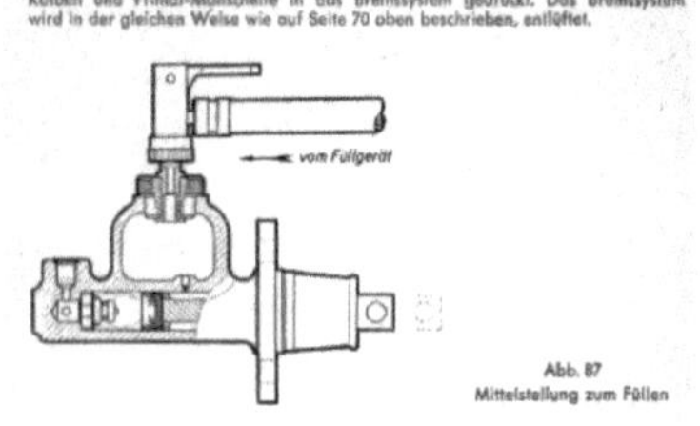

Zum Füllen und Entlüften ist es notwendig, den Hauptzylinderkolben in Mittelstellung zu bringen, wozu man zweckmässigerweise eine Pedalstütze verwendet. Die Hauptzylinder-Verschraubung wird durch einen entsprechenden Entlüfterstutzen ersetzt und auf diesen der Expressnippel des Entlüftergerätes aufgesteckt. (Abb. 87) Der Fülldruck darf 2,2 kg/cm² nicht überschreiten. Beim 1/2 Ltr.- Füll- und Entlüftergerät, das über kein eingebautes Manometer verfügt, ist am Manometer des Reifenfüllschlauches die Einhaltung des maximalen Fülldruckes zu kontrollieren. Die Bremsflüssigkeit wird über Ausgleichsbohrung, Füllbohrungen im Hauptzylinder-Kolben und Primär-Manschette in das Bremssystem gedrückt. Das Bremssystem wird in der gleichen Weise wie auf Seite 70 oben beschrieben, entlüftet.

Abb. 87
Mittelstellung zum Füllen

Für die erforderliche Mittelstellung des Bremspedals während der Druckbetankung hielt Ate eine metallene Pedalstütze mit Kurbel, Zahnrad und Zahnstange bereit. Auf sie wird im nebenstehenden Text von Ate verwiesen.

---

[19] Ausnahmen waren Triumph (TWN) BDG 250 L und DKW RT 350 S mit hydraulischer Trommelbremse im Hinterrad.

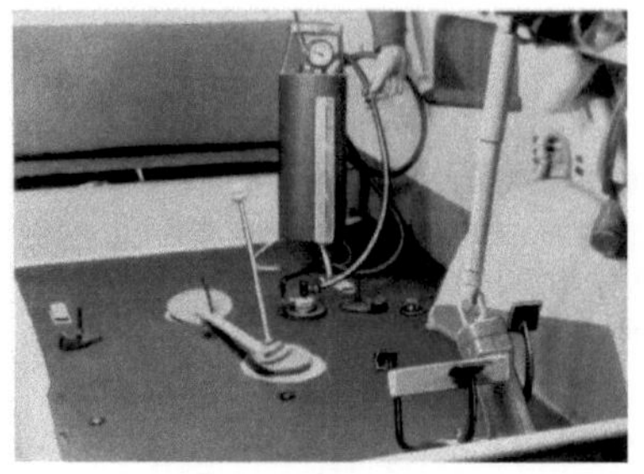

Doch genügt, um das Bremspedal in Mittelstellung zu halten, ein schlichtes Stück Holz, das zwischen Bremspedal und Lenkgetriebe eingeklemmt wird. Das zeigt uns die an dieser Stelle erfreulich pragmatische BMW-Reparaturanleitung. Es geht auch mit einer Verlängerung aus dem Steckschlüsselkasten.

Bild: Reparaturanleitung BMW 600

Weiter oben wurde der innenliegende Pedalanschlag erwähnt, der zwischen dem Kugelkopf der Kolbenstange und der vom Seegerring gehaltenen Anschlagscheibe stattfindet. Dazu ist – unabhängig vom Befüllgerät – eine Warnung angebracht:

Wird die Kolbenstange – also das Teil mit dem kugeligen Ende – aus der davor befindlichen langen, rohrförmigen Spannmutter zu weit in Richtung Hauptbremszylinder geschraubt, so drückt ihr Kugelkopf bereits in Ruhestellung des Bremspedals den Kolben ein Stück weit nach hinten, im folgenden Schnittbild also nach links. Das Spiel zwischen Kolben und Kolbenstange, das im ersten Bild mit einem Millimeter genannt worden ist, wird dadurch nicht nur zu Null, sondern sozusagen negativ. Der Kolben ist dann bereits in Ruhestellung des Bremspedals ein Stückchen weit in den Bremszylinder gedrückt. Dies kann zur Folge haben, dass die Kante der Primärmanschette die Ausgleichbohrung bereits in Ruhelage des Bremspedals überfährt.

Nach dieser Grobeinstellung kann der Ruhestellungs**anschlag** des Bremsfußhebels sowohl am Hebel selbst als auch zwischen Kolbenstange und Anschlagscheibe des Hauptbremszylinders erfolgen.

Durch Ein- oder Ausschrauben der Kolbenstange ist der Anschlag so einzustellen, daß die Kolbenstange noch etwa 1 mm von der Anschlagscheibe am Hauptbremszylinder entfernt ist, wenn der Bremsfußhebel an seinem Ruhestellungs-Begrenzungsanschlag anliegt. Dabei muß die Primärmanschette im Hauptbremszylinder mindestens noch etwa 2 mm von der Ausgleichbohrung im Hauptbremszylinder entfernt sein.
**Bild 356**

Die Bohrung darf keinesfalls von der Primärmanschette überdeckt werden (Prüfung mittels Prüfnadel).

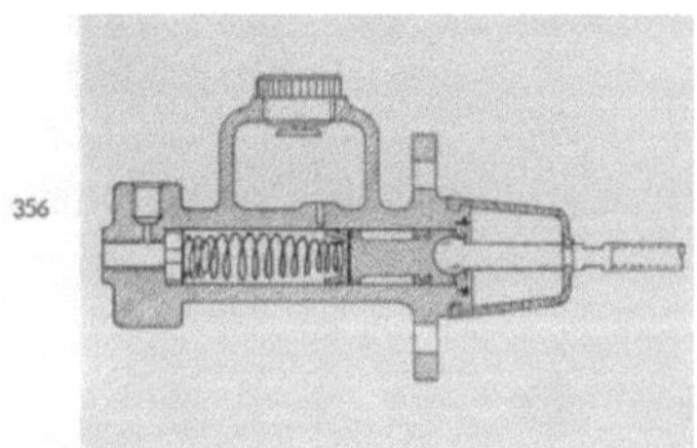

Das ist ein schwerer Fehler, denn die Ausgleichbohrung muss bei gelöster Bremse stets offen sein. Vor allem bei der Bremspedaleinstellung ist dies zu berücksichtigen. Ist die Ausgleichbohrung versperrt, kann weder Bremsflüssigkeit aus dem Vorratsbehälter nachlaufen noch kann welche aus dem Zylinder in den Vorratsbehälter aufsteigen. Das muss aber möglich sein, damit bei wärmebedingtem Volumenzuwachs Flüssigkeit in den Vorratsbehälter ausweichen kann. Darum heißt der Vorratsbehälter auch *Ausgleich*behälter und das kleine Löchlein *Ausgleich*bohrung.

208

Ist diese Bohrung blockiert, staut sich die Bremsflüssigkeit, weil ihr Rückzugsweg versperrt ist. Die Bremse löst nicht richtig und die Bremsbacken können ständig an der Trommel schleifen. Darum ist der oben wiedergegebene Einstellhinweis aus der Reparaturanleitung des BMW 600 lebenswichtig und unbedingt zu beachten. Er gilt gleichermaßen für die Isetta.

Gerade bei Arbeiten an Bremsen sollte man wissen, was man tut. Nicht nur zufällig beschreibt die Reparaturanleitung in ihrem Bremsenkapitel die Fallstricke ausführlich. Es ist gut, sich daran zu halten. Wer jederzeit bremsen kann, ist nicht feige, sondern ein vorsichtiger Mensch.

Genug gebremst. Wir müssen auch die unfreiwilligen Bewegungen unserer Isetta im Zaum halten, wenn wir sie mal auf einem Anhänger transportieren. Dazu genügt die Feststellbremse selbstverständlich nicht. Es ist von Vorteil, wenn die Isetta belastbare Zurr-Ösen hat.

## 1.2.17    Zurr-Öse für Isetta herstellen

Was zum Abschleppen

Ältere Fahrzeuge der Rolls Royce Motor Cars Ltd wie Silver Spirit und Silver Spur haben dem Vernehmen nach vorn keine Öse zum Abschleppen – offenbar, weil die Konstrukteure überzeugt waren, ihre hochwertigen Kraftwagen litten niemals unter einem Defekt und bräuchten deshalb nicht abgeschleppt zu werden.

Ob Abschleppösen an der Isetta aus dem gleichen Grund fehlen, ist nicht auszuschließen, aber das wollen wir hier nicht erörtern. Für jüngere Automobile sind sie in § 43 Abs. 2 StVZO vorgeschrieben, vorn ab Erstzulassung 1.10.1974, hinten dann, wenn nach der Betriebserlaubnis eine Anhängelast zulässig ist.

Vor dem Auge des Gesetzes sind für die Isetten also Abschleppösen weder vorn noch hinten notwendig. Müssen muss man nicht, aber dürfen darf man schon. Sehen wir's so: Wer seine Knutschkugel mit einer Seilwinde auf den Anhänger ziehen und sie darauf sicher verzurren möchte, wünscht sich solide Befestigungspunkte vorn und hinten.

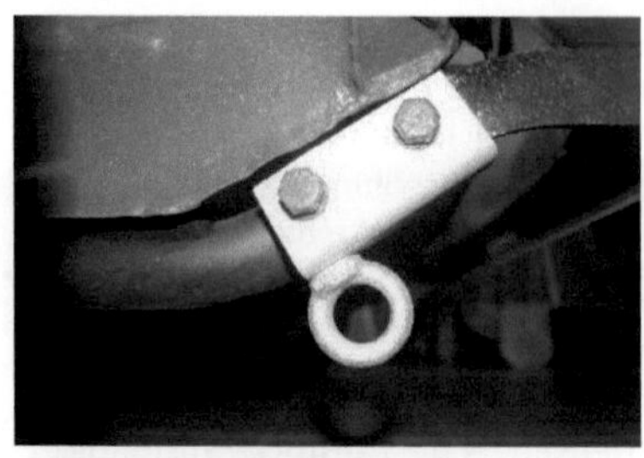

Vorn drängen sich die Schrauben der Stoßfängerbefestigung am Rahmen auf. Sie sind mit zweimal M10 solide genug dimensioniert, um dort ein Stück Winkelstahl mit einer M10-Ringschraube zu befestigen. Eine einzige rechts oder links sollte genügen. Aber wer gern Gürtel und Hosenträger kombiniert, kann auch auf beiden Seiten jeweils eine anbringen. Den Winkel legt man über den vorhandenen Stoßfängerhalter. Je nach Wanddicke des Winkels sind gegebenenfalls etwas längere Schrauben erforderlich.

Am Heck der Isetta ist es schwieriger, einen geeigneten Befestigungspunkt zu finden, weil hier kein Rahmenteil zur Verfügung steht und ins Blech des Karosseriehecks keine Zugkräfte eingeleitet werden dürfen – denn diese grazile Blechschale ist ja von innen her nirgendwo ausgesteift.

Dem mitfühlenden Liebhaber, der seinem schwachbrüstigen Isettchen keine am Fahrgestell befestigte Anhängerkupplung aufbürden mag, bleibt also nur die Hinterachse, um einen Stützpunkt für einen Zurrgurt zu befestigen. Es bietet sich an, hierzu zwei der M8-Schrauben zu benutzen, welche die drei Teile des Hinterachsgehäuses zusammenhalten, und zwar die am weitesten hinten sitzende und die darüber. Die beiden M8-Sechskantmuttern werden durch ein Stück 25 mm-Vierkantstahl ersetzt, das am unteren Ende eine M10-Ringschraube nach DIN 580 trägt. Ein solches Gebilde lässt sich leicht herstellen.

Die Kantenlänge des Vierkantstahls ist 25 mm, weil der Bund einer M10-Ringschraube diesen Durchmesser hat. Die beiden M8-Gewindelöcher liegen auf der Mittellinie des Vierkantstabs. Der Stab ist 130 mm lang.

Liegt im Ersatzteilvorrat eine zweite Hinterachse herum, legt man diese auf die Werkbank, um ohne krummen Rücken daran Maß nehmen zu können. Zweckmäßig bohrt man zuerst das obere M8-Gewindeloch im Abstand von 10 mm vom Ende auf die Mittellinie des Vierkantstabs und schraubt ihn dann provisorisch mit der serienmäßigen

Schraube M8x85 ans Hinterachsgehäuse. Dann wird mit einem spielfrei in das untere Durchgangsloch des Achstrichters passenden Bohrer (ausprobieren, welcher am besten passt, achtkommawenig) die auf dem Vierkant zuvor angerissene Mittellinie angeritzt. Sodann nimmt man den Vierkant wieder ab, körnt den angerissenen Kreuzungspunkt aus Mittellinie und Bohrerspitzenspur genau an und bohrt auf der Tischbohrmaschine das zweite Gewindeloch. Zuerst das Kernloch 6,8 mm und anschließend das Gewinde M8. Ästheten werden hier vielleicht ihren Ehrgeiz darein legen, zwei Sacklöcher zu bohren, weil das nutzbare Gewinde der Schrauben ja deutlich kürzer als 25 mm ist. Wem das wegen der Messerei zu aufwendig ist, darf die beiden M8-Gewinde kurzerhand durchgehend bohren. Man kann dann einen Gewindebohrer mit langem Anschnitt verwenden und hat den Vorteil, die Späne problemlos aus dem Gewindeloch entfernen zu können.

Für das M10-Gewinde ist freilich auf jeden Fall ein Sackloch nötig, damit es nicht das quer dazu verlaufende M8-Gewinde durchdringt. Das Gewinde der Ringschraube ist zwar gemäß Normblatt 17 mm lang, doch kann es je nach Hersteller auch mal 20 mm lang ausfallen. Somit genügt eine nutzbare Gewindetiefe von 22 mm und eine Bohrtiefe von 24 mm, wenn man einen Gewindebohrer mit kurzem Anschnitt benutzt. Dann bleiben bis zum M8-Gewinde gut 2 mm Platz. Solch eine Ringschraube M10 ist mit einer Zugkraft von 230 kp, Verzeihung, 2,3 Kilonewton belastbar.

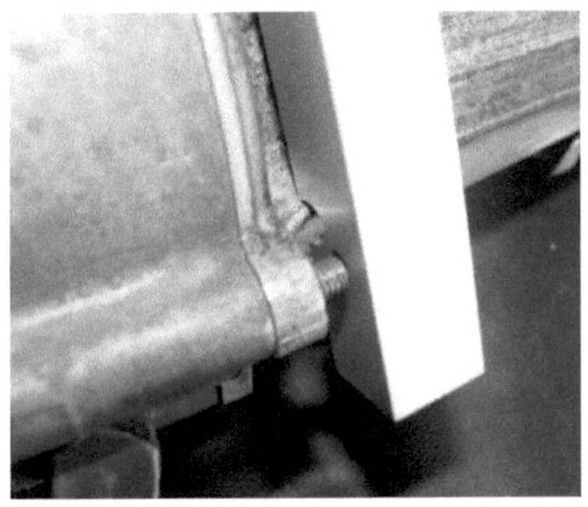

Die neben dem unteren M8-Gewinde sichtbare Aussparung schafft Platz für die Versteifungsrippe des Hinterachstrichters, die dort ein wenig im Weg ist. An der Gusskontur des Hinterachskörpers wollen wir nichts verändern. Wer zuletzt hinzukommt, hat sich den Gegebenheiten anzupassen, jedenfalls sollte es so sein. Was unter Menschen nicht immer klappt, ist für unseren Abschleppösenhalter unausweichlich. Darum erhält er diese Kerbe.

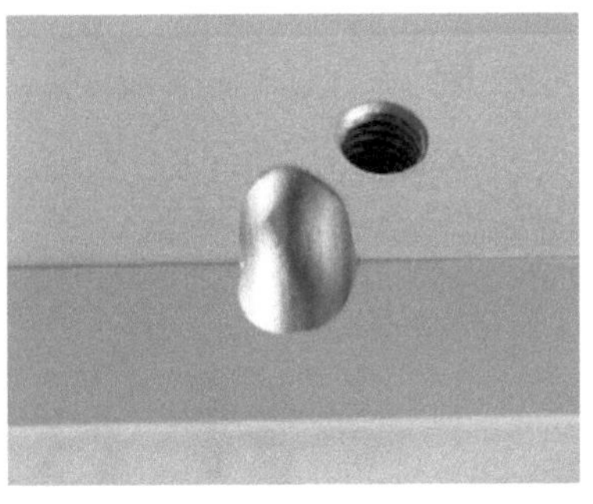

Die Aussparung wird unter 45° mit der Rundfeile so tief eingefeilt, dass beim probeweisen Montieren des Vierkants an den Achstrichter dessen Rippe nicht berührt wird. Die Aussparung ist ca. 9 mm breit, sie beginnt etwa 33,5 mm vom unteren Ende des Vierkants.

Steht kein Ersatz-Achstrichter als Bohrlehre zur Verfügung, setzt man die beiden Bohrungen im Abstand von 89,6 mm – gemessen am fertig gebohrten Vierkantstab. Dann sollte es passen.

Selbstverständlich sind andere Konstruktionen möglich. Ein Stück Flachstahl 25x10 tut's ebenso, dann muss die Ringschraube eben quer sitzen. Ebenso elegant wie aufwendig ist ein Halbkreissegment, das auch die dritte, obere M8-Schraube im Achstrichter zur Befestigung heranzieht. Um das zu bauen, muss entweder maschinell gebogen oder gedreht, anschließend noch geschweißt werden. Eine unnötige Mühe.

Der Charme des Vierkantstahls liegt darin, dass die Herstellung einfach ist, keinerlei Schweißarbeiten nötig sind und die Krafteinleitung günstig ist. Für die nächste große Reise entlang der Seidenstraße bleibt zu wünschen: *Flöhliches Zullen ohne Mullen und Knullen!*

Wir könnten noch lange so weitertüfteln und werden das in den Folgebänden 2, 3 und 4 auch tun, sollten aber dabei nicht vergessen, dass Automobile, auch ganz kleine, nicht nur zum Reparieren und Verfeinern, sondern vor allem zum Fahren gedacht sind. Räumen wir also das Werkzeug einstweilen beiseite, schauen ein wenig in den Rückspiegel und werfen einen Blick auf die Zeit, in der eine Isetta ausgesprochen preiswert zu haben war.


## 1.3 Fahrgeschichten

### 1.3.1 Wie man zu einem Miniaturautomobil kommt

Wie Sie zu Ihrer Isetta, Ihrem BMW 600 oder Ihrem BMW 700 gekommen sind oder noch zu kommen beabsichtigen, wissen Sie persönlich am besten. Eine Kaufberatung wollen wir hier nicht bieten; dazu gibt es bereits genügend viele Veröffentlichungen in den einschlägigen Oldtimer-Zeitschriften. Nur eine einzige Empfehlung sei ausgesprochen: Nehmen Sie zur Besichtigung als Begleiter einen kaltblütigen, schwer erregbaren Zeitgenossen mit, der Ahnung vom Objekt der Begierde hat. Diese Ahnung hat er sich idealerweise dadurch erarbeitet, dass er ein solches Fahrzeug mindestens einmal höchstpersönlich mit Sachverstand zerlegt, durchrepariert und erfolgreich wieder zusammengesetzt hat.

Selbst wenn Ihr Begleiter keinen blassen Schimmer davon hat, auf welche speziellen Einzelheiten es bei einer Isetta, einem BMW 600 oder einem BMW 700 ankommt, ist es nützlich, ihn als Gewissensverstärker dabei zu haben, sofern er sich wenigstens mit konventionellen älteren Automobilen anderer Fabrikate hinreichend auskennt. Denn allzuleicht nistet sich im Gemüt des Kaufinteressenten beim Anblick eines als schön und begehrenswert empfundenen Fahrzeugs eine spontane Verliebtheit ein, die sich in trockener Mundschleimhaut und unbewussten Kaufbereitschaftssignalen äußert[20]. Ein geübter Verkäufer weiß diese Signale zu deuten[21] und lässt alsbald seine Verhandlungsbereitschaft gegen Null sinken. Es gibt nicht die einmalige, niemals wiederkehrende Gelegenheit, schon gar nicht, wenn die Kaufpreiserwartung hoch ist.

Im Zeitalter des Retro-Designs können Sie selbstverständlich (zweckdienlich bewaffnet mit einem verwelkten Blumenstrauß und einer überlagerten Pralinenschachtel) Ihre Oma besuchen und ihr mit treuherzigem Hundeblick erklären, sie sei keineswegs eine Umweltsau, sofern sie sich entschließen könne, Ihnen zwanzigtausend Euronen zum Kauf eines Artega Karo oder eines Schweizer Microlino bis zur zinslosen Rückzahlung im Jahr 2120 zu pumpen. Falls es die Oma nicht irritiert, dass das Fahrgefühl im Elektromobil sich zu jenem der Original-Isetta ungefähr so verhält wie das Inhalieren aromatisierten Nassdampfes zum Rauchen einer guten Havanna-Zigarre, nehmen Sie sie zur Belohnung ein Stück mit.

Wie war das, als ich meine erste Isetta kaufte? Da war ich zarte 17 und nahm als Zweitgutachter meinen Vater mit. Er war damals 50 Jahre alt, selbständiger Feinmechanikermeister, leidenschaftlicher Motorradfahrer und von allem fasziniert, was einen Motor hatte. So wusste er einigermaßen genau, worauf bei einer Isetta zu achten ist. Dieses ungefähre Wissen genügte vollkommen. Umso mehr, als es in dieser Zeit beim Kauf solcher Fahrzeuge um keine große Investition ging: Die Preise durchschnittlich heruntergerittener Isetten lagen im Bereich weniger hundert D-Mark. Darum müsste die Überschrift dieses Kapitels eigentlich lauten: *Wie man zu einem Miniaturautomobil kam.*

So landen wir punktgenau im Spätsommer 1975. Es wird noch rund ein halbes Jahr dauern, bis ich den ersehnten Führerschein der Klassen 1 und 3 endlich in der Tasche haben darf. Für den nächsten Sommer habe ich bereits eine 200er Zündapp Norma vom Baujahr 1952 hergerichtet, nur für den Winter und den Autoführerschein fehlt noch ein erschwingliches Fahrzeug. Da macht mich mein alter Herr auf eine Verkaufsanzeige in der Tageszeitung "Hessische Allgemeine" aufmerksam: "*Verkaufe BMW Isetta 250, defekt, abgemeldet, Telefon 05605 / ...*".

*"Die wär' doch was für dich, so 'ne Isetta ist billig in der Unterhaltung, die braucht nicht viel. Als Schüler kannst du dir sowieso keine großen Sprünge leisten. Um zur Schule zu*

---

[20] *Oftmals paaret im Gemüte / Dummheit sich mit Herzensgüte ...*
[21] *... während höh're Geistesgaben / meistens böse Menschen haben.* Wihelm Busch

*kommen oder um abends mal in die Stadt zu fahren, reicht die allemal. Dein Opa hatte ja auch eine, wie du weißt, und der war damit ganz zufrieden."*

*"Ja"*, ergänzt meine Mutter, *"damals haben wir Opas Isetta sogar ab und zu ausgeliehen, wenn wieder mal Sauwetter war. Wir waren froh, dass wir da drin nicht nass wurden wie auf dem Motorrad. Und du lagst auf der Gepäckablage hinter uns."*

Tatsächlich, mein Opa war stolzer Isettabesitzer, wie dieses Bild beweist. Er nannte sogar eine 300er sein Eigen. Leider verkaufte er sie schon in den frühen 1960ern, um sich einen tomatenroten Lloyd Alexander TS anzuschaffen. Schließlich besaß er doch einen richtigen Führerschein der Klasse 3, war aber mit seiner kargen Rente gezwungen, sich mit wenig Hubraum zufriedenzugeben. Und nun, viele Jahre später, soll da also eine andere Isetta zum Verkauf stehen. Die Telefon-Vorwahlnummer zeigt uns, dass der Verkäufer ganz in der Nähe wohnt, nämlich in Nieste, der kleinsten selbständigen Gemeinde des Landkreises Kassel, die sich ähnlich wie das gallische Dorf von Asterix und Obelix allen gebietsreformerischen Vereinigungsversuchen erfolgreich widersetzt hat.

Dort angekommen, empfängt uns ein stumpenrauchender älterer Mann in Manchesterhose, Hosenträgern und Strickjoppe, wohlbeleibt, schlecht zu Fuß und mit Brillengläsern, so dick wie Glasbausteine. *"Joh, de Isedda äss norr doh"*, begrüßt er uns auf gut nordhessisch, *"die läufd abber nidd mähr, die äss nämlij gabudd. Äch weiß au' nidd genau, was dodermidde lose äss"*, erklärt er uns. Übersetzt für Leser, die mit dem nordhessischen Idiom nur wenig vertraut sind, bedeutet das schlicht: Die Isetta ist infolge eines technischen Defekts leider momentan nicht fahrbereit.

Ein jüngerer Mann, der sich als Schwiegersohn vorstellt, tritt hinzu. Er führt uns in einen Schuppen zu einer cortinagrauen 1957er Export-Isetta, deutet auf den daneben stehenden 250er Motor und bemerkt achselzuckend: *"Dänn Moder honn ich ussgebaud, weil irchendwas midder Gubblung in Maddsen wor, abber ich gomm' nidd dohinner, was es äss. Bim Otto Damm* (einem der beiden damaligen Kasseler BMW-Vertragshändler) *honn se for mij geschbrorren, Ärsaddsdeile for de Isedda gibbeds schonnd lange nidd mähr. Abber vääle was kann's eichentlich nidd sinn, ich glaub', es hodd irchendwie was mi'm Laarer ze dune."* Übersetzung: Aufgrund einer noch nicht näher identifizierten technischen Störung ist der Motor ausgebaut worden. Bald darauf wurden die Reparaturversuche abgebrochen. Schadhaft ist mutmaßlich das Kupplungsdrucklager, für das kein Ersatzteil zur Verfügung steht.

Mit gedämpfter Stimme ergänzt der Schwiegersohn: *„Im Verdrauen, uns is das ganz recht, wenn unser Obba nidd mähr dodermidde fahren duud. Hä siehd un hörd dorr schonnd so schlächd. Do is das gar nidd so ungünstich, wenn de Isedda gabudd äss un nidd mähr ze räbberieren gehd. Dann bruchen mäh uns au nidd mähr so vääle Sorjen ze marren, wann hä widder dodermidde im Felde rumaggert."* Übersetzung: Das rapide nachlassende Seh- und Hörvermögen des betagten Fahrzeughalters steht einer Fortsetzung seiner Kraftfahrerkarriere im Wege.

Im Felde? *"Joh, unser Obba hodd dorr norr 'n Gachduffelagger, un midder Isedda hodde immer de Gachduffeln heimegehold."* - Das hat der alte Herr nun doch gehört, und er bekräftigt: *"Jo, jo, dodermidde honn ich allzemoh so'n baar Sägge Gachduffeln uff eimoh gehold, hinnen uff'm Gebäggdrächer, ganz hohr bis oben henne geschdabeld."* Aha, deshalb also hängt diese Isetta hinten so verdächtig tief in den Federn, die sind vom hochstapelnden Kartoffeltransport ermüdet. Und ich dachte schon, sie sei sportlich tiefergelegt.

Der TÜV ist abgelaufen, abgemeldet ist sie auch. Eine Probefahrt ist mit ausgebautem Motor, wie jeder sofort einsehen wird, kaum möglich. Ob der Motor überhaupt laufen wird? *"Diss äss sogar 'n Ausdauschmoder, vor'n baar Johren orrechenool vum Bä Em Wä ninngegommen, do honn mer sogar norr 'n Beleech vonne, un der Obba is sittdäme gar niddemoh vääle dodermidde gefohren. Där Moder läuft guuud, das gönnder mer glaum!"*, beteuert der Schwiegersohn. Tatsächlich zaubert er eine wenige Jahre alte Bestätigung von BMW hervor, die den Einbau eines im Werk instandgesetzten Austauschmotors bescheinigt.

Vorn rechts hat der Kotflügel zwar eine kleine Delle, weil der Opa mal irgendwo angeeckt ist, aber rostmäßig ist die Karosserie ohne Befund. *"Ich honn se au' immer von unnen ochdentlich mit Schbrühöl inngeschbrühd, wie's vum Bä Äm Wäh vorgeschriem äss. Un dann bin ich richtich midd Gararro übber'n staubichen Feldweech gefohren, diss äss d'r besde Schudds gechen Rossd"*, verrät uns der alte Herr sein Hausrezept.

**Pflegedienst B**
alle 6000 km durchführen

**Bild 3**

1. Pflegedienst A
2. Getriebeöl kontrollieren, eventuell auffüllen;
3. Hinterachsöl kontrollieren, eventuell auffüllen;
4. Zündkerze säubern, Elektrodenabstand richtigstellen;
5. Zündung kontrollieren und eventuell richtigstellen;
6. Ventile kontrollieren und eventuell einstellen;
7. Bremsflüssigkeit kontrollieren, eventuell nachfüllen;
8. Bremse kontrollieren, eventuell nachstellen;
9. Sämtliche Scharniere und Gelenke ölen;
10. Vergaser säubern, eventuell einregulieren;
11. Sieb am Vergaser, Eingang der Kraftstoffleitung ausbauen und reinigen;
12. Luftfilter reinigen;
13. Hinterachsfedern und Fahrgestellunterseite mit Caramba oder Mischung 50 % Petroleum + 50 % Motorenöl absprühen.

Tatsächlich sah der von BMW seinerzeit empfohlene "Pflegedienst B" alle 6000 km vor: *"Hinterachsfedern und Fahrgestellunterseite mit Caramba oder Mischung aus 50% Petroleum und 50% Motorenöl absprühen".* Wovon Hardyscheiben und Bremsschläuche gar nichts halten.

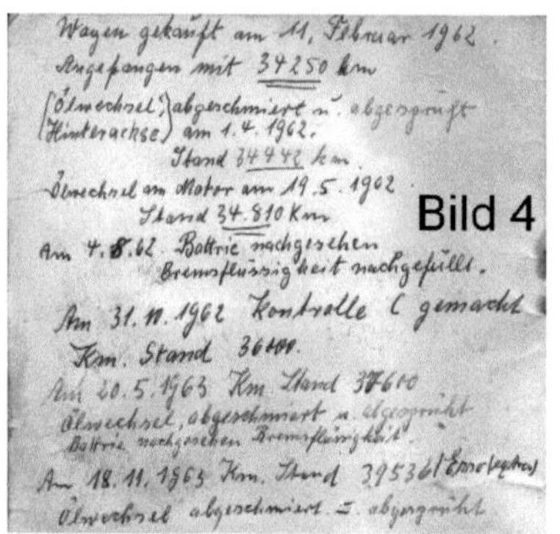



Der wohlmeinende Isettabesitzer hat nach dem Motto "viel hilft viel" sogar alle 2000 bis 3000 km *abgesprüht*, dies stolz in der Betriebsanleitung verewigt und sodann die Ölschicht liebevoll mit Ackerbodenstaub bepudert.

Na dann, wenn der Preis angemessen ist, riskieren wir's und nehmen die Isetta. Was soll sie denn kosten? Nach kurzer Verhandlung einigen wir uns auf den Betrag, der auf dem Nummernschild steht. Das ist übrigens noch das erste von 1957, nicht aus Aluminium, sondern aus Stahlblech mit aufgenieteten schwarzen Lettern. KS-S 240 steht drauf. Wer nun denkt: "Was denn, nur 240 D-Mark?", dem sei versichert, dass dies damals ein ganz normaler Preis für eine leicht reparaturbedürftige Isetta war, keineswegs besonders billig. Immerhin erhielt man um die gleiche Zeit einen VW Käfer oder einen Renault 4  -  beide mit mehreren Monaten TÜV und funktionierender Ersatzteilversorgung  -  für jeweils 100 DM, so dass man fast sagen könnte, alles über 100 DM für einen älteren, ausgelutschten und verwohnten Gebrauchtwagen sei schon ein Liebhaberzuschlag gewesen. Auch Brot- und Butter-Motorräder der fünfziger Jahre, etwa reparaturbedürftige, aber durchaus komplette 200er oder 250er Zweitakter waren regelmäßig für 50 bis 100 DM zu haben. Wer da ein paar Jahre zu spät kam, den bestrafte in der Tat das Leben.

So schleppten wir die Isetta also heim. Dort angekommen, begab ich mich sofort an die Bestandsaufnahme: Es waren tatsächlich nur das Kupplungsdrucklager und die Druckstange defekt. Also schnell zum BMW-Händler Otto Damm nach Kassel gefahren und ein Drucklager für die R 27 verlangt, eine Druckstange passender Länge angefertigt, den Motor eingebaut, rundherum das Öl gewechselt, die Batterie geladen, und schon lief sie! Dabei gab es zu lernen, dass schon 1975 ein durchschnittlicher Ersatzteil-Lagerist nichts mehr über die Gleichteile zwischen Isetta und Motorrad wusste. Die Sprühöl-Staubmethode hatte unübersehbar ihre Spuren hinterlassen: Im Heckbereich der Isetta, besonders dort, wo die Hinterräder ihren Dreck hinwerfen, war buchstäblich kiloweise die Ackerkrume zu entfernen. Vom Tank, seinen Spannbändern und vom Benzinhahn gab es überhaupt nichts mehr zu sehen, da musste erst eine dicke Erdkruste bergmännisch abgebaut werden.

Zu diesem Zweck lupften wir die Isetta mit der Hinterhand auf eine stabile Holzkiste, so dass, bewaffnet mit Spachtel, dickem Schraubenzieher, Drahtbürste und vielerlei weiteren Kratzwerkzeugen alle Wonnen herabrieselnden Staubes im Liegen ausgekostet

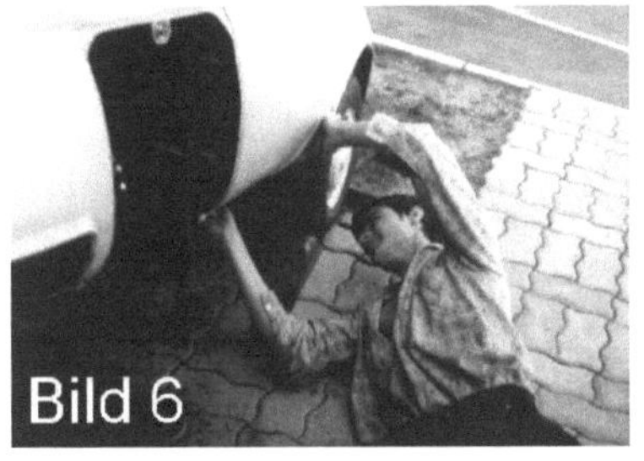

Bild 6

werden konnten. Von kräftigen Flüchen untermaltes Husten und Spucken, am Ende des Tages der dringende Wunsch nach einer Dusche waren die Folgen dieses Tuns. Ich ruhte nicht, bevor der gesamte Unterboden gereinigt und mit Bitumenfarbe gestrichen war.

Durch die Schmiernippel an der Vorderachse ließ sich kein Fett mehr drücken; da war schon seit Jahren geschludert worden. Mit viel Geduld zog ich die Achsschenkelbolzen heraus, fertigte aus 20 mm-Rundstahl neue an und drehte Lagerbuchsen aus Bronze dafür. Diese selbstgefertigten Ersatzteile waren zugleich Übungsstücke zum Verfeinern des Umgangs mit den Dreh- und Fräsmaschinen in Vaters Werkstatt. Nach Reinigung der Fettkanäle wurde alles wieder zusammengebaut.

Der Ate-Hauptbremszylinder erhielt einen Reparatursatz (Kolben, Manschette und Bodenventil), den es im Kraftfahrzeugteile-Großhandel Fikentscher in Kassel problemlos als Ersatzteil zu kaufen gab. Die Bremsanlage erhielt frische Ate-Bremsflüssigkeit, die seinerzeit ähnlich blau eingefärbt war wie das Aral-Benzin. Die Bremsen wurden eingestellt und die (wie so oft) zerfledderten Gummigelenke zwischen Getriebe und Kettenkasten erneuert. Ondrak in München, sonst auf ältere BMW-Motorräder spezialisiert, konnte sie problemlos liefern. Erst später sollte ich herausfinden, dass der Kraftfahrzeugteilegrossist Eugen Trost sie auch direkt beim Hersteller Goetze in Opladen bestellen konnte ... wenn man zwei Türmchen zu je 8 Stück auf einmal abnahm.

Der Tank benötigte eine gründliche Reinigung, außen wie innen. Vom zentimeterdicken Dreck befreit, erwiesen sich die Tankspannbänder als derart mürbe gerostet, dass es keine andere Wahl gab, als ihre kümmerlichen Reste ganz zu entfernen. Stattdessen schlang ich zwei dicke, mit grünem Kunststoff ummantelte Stahldrähte um den Tank, die in zwei Spannschlössern endeten. Schließlich hatten wir doch kurz zuvor einen grünen Maschendrahtzaun errichtet, von dem ein paar Teile übrig geblieben waren. Draht und Spannschlösser wurden auf diese Weise einer unorthodoxen Verwendung zugeführt, an der später auch der TÜV nichts auszusetzen hatte. Dort passte die Isetta ohnehin nicht über die Grube, so dass von einer sorgfältigen Prüfung der Fahrzeugunterseite keine Rede sein konnte.

Ach ja, der TÜV: Er verlangte eine Warnblinkanlage, die noch nicht dran war. Woher nehmen? Statt lange zu forschen, ob es etwas Seriöses zum Nachrüsten gibt, wählte ich die Räubermethode und baute einen Kippschalter ein, mit dem wahlweise beide Blinker auf den (dann allerdings heftig überlasteten) Hitzdrahtblinkgeber geschaltet werden konnten. Zwar blinkte es dann arg langsam und eine separate Kontrolleuchte gab's auch nicht, aber der pragmatische TÜV-Mann war zufrieden und meinte, wer in einem so kleinen Fahrzeug sitze mit Blinkern in der Mitte, der sehe schon von innen, ob's draußen blinkt. Er müsse nur einen langen Hals machen. So ging die Isetta anstandslos durch die Hauptuntersuchung und wurde, obwohl ich noch immer 17 war, im Herbst angemeldet. Denn der geschäftstüchtige Versicherungsvertreter hatte uns darauf aufmerksam gemacht, dass dadurch gleich im nächsten Kalenderjahr die Anfängerprämie von 125% auf 100% sinken würde.

Zu Weihnachten 1975, es lag hoher Schnee, holten wir mit der Isetta unseren Weihnachtsbaum. Die schmalspurige Hinterachse wühlte sich wacker durch die weiße Pracht, nachdem mir inzwischen ein netter alter Herr aus dem Bekanntenkreis, bei dem noch eine (damals unverkäufliche) Ur-Standard-Isetta von 1955 herumstand, ein Paar Schneeketten mit Querriegeln aus Gummi geschenkt hatte.

Für seine fabrikneue Standard-Isetta hatte der gute Mann im Jahr 1955 übrigens ein herrliches R 66 -Vorkriegsgespann mit 30 PS in Zahlung gegeben, ... aber das ist eine andere Geschichte.

Voller Überzeugung erklärte mir der freundliche Schneekettenschenker, notfalls genüge eine einzige Kette auf nur einem der beiden Hinterräder, *„weil die beiden Räder ja auf einer starren Welle sitzen und das andere Rad, das keine Schneekette trägt, nicht durchdrehen kann."* Artig nickend nahm ich diesen Waidmannstrick zur Kenntnis, folgte ihm aber nicht, weil ich mir ausmalte, wie zwei starr verbundene Räder unterschiedlichen Umfangs auf trockener Straße herumradieren und die Welle tordieren würden.

Als ich im Januar 1976 die Führerscheinprüfung ablegte, war es ausgerechnet gerade Freitag. Mit der Bescheinigung über die in Kassel bestandene Prüfung eilte ich nach Hause, um meinen Vater zu bitten, mich mit seinem Renault 4 nach Göttingen zu bringen, wo ich bei der Führerscheinstelle der Landkreisverwaltung die Erweiterung auf die Klassen 1 und 3 in meinen 4er eintragen lassen musste. *"Mutter ist mit dem R4 beim Einkaufen, ein Motorrad habe ich im Winter nicht angemeldet, also nehmen wir deine Isetta."* - *"Glaubst du wirklich, dass wir es damit rechtzeitig bis nach Göttingen schaffen werden? Es ist schon fast zwölf, und die Behörden machen früh dicht, besonders am Freitag."* - *"Na, das schaffen wir schon, wär' doch gelacht."* Sprach's, schwang sich in die Isetta und fuhr dem Teufel ein Ohr ab.

Der gute 250er Austauschmotor lief tatsächlich wie Schmitz' Katze: Nach Tacho 85 km/h mit dem Gaspedal vor dem Druckpunkt. Wenn man dann den Choke zog, ging sie noch 5 km/h schneller, die Nadel kletterte bis auf unglaubliche 90 und gar etwas darüber, dann wurde es allerdings laut. Die Gemischanfettung bei Vollast entlockte dem kleinen Einzylinder eine Extraportion Leistung und dem Fahrer ein befriedigtes Schmunzeln.

Als wir um zehn vor eins mit quietschenden Reifen auf den Parkplatz der Kreisverwaltung Göttingen jagten, kamen uns schon die ersten Beamten mit Aktentasche und Thermosflasche entgegen. Sie eilten in ihren sicher wohlverdienten Feierabend. Ich hetzte die Treppe hinauf und erreichte das Dienstzimmer der Führerscheinstelle. Es war unverschlossen, aber niemand da. Alle Bediensteten hatten ihren Wirkungskreis fluchtartig verlassen, nur eine einsame Putzfrau ging im Flur mit dem Wischmop ihren Amtsgeschäften nach. Für einen Augenblick erwog ich, die Stempel, die da so reichlich auf den Tischen standen, kurzerhand selber in meinen Führerschein zu drücken, ließ das dann aber doch lieber bleiben. Zwei elektrische Kugelkopfschreibmaschinen in Luxusausführung hätte ich ohne weiteres aus der verwaisten Amtsstube als Entschädigung für den vergeblichen Weg mitgehen lassen können, bezwang aber auch diese niedere Regung und wünschte stattdessen der Belegschaft des Amtes von ganzem Herzen ... ein gesegnetes Wochenende.

Das wurde mir sehr lang: Die Fahrprüfung hatte ich bestanden und vor der Tür ein versichertes, versteuertes und vollgetanktes, wenn auch winziges Kraftfahrzeug, aber dennoch durfte ich *nicht* fahren. Unmenschliche Qualen, diese endlosen Stunden, bis es Montag wurde!

Weil ich nun meine ersten Erfahrungen mit dem Fahrverhalten der Isetta im eisigen Winter sammeln musste, blieb mir eine unverhoffte Pirouette auf der Kasseler Moritzstraße nicht erspart. Sehr anschaulich machte mir die Isetta klar, dass sie zwar grundsätzlich gutmütig ist, dass man aber von einem *vier*spurigen Fahrzeug mit derart kurzem Radstand keine Wunder an Geradeauslauf und Spurtreue erwarten darf. Nur gut, dass niemand entgegenkam, brauchte ich doch in einer abschüssigen Linkskurve auf glattgefrorenem Kopfsteinpflaster die gesamte Straßenbreite und fand mich anschließend entgegen der ursprünglichen Fahrtrichtung wieder. Um die Peinlichkeit diese Darbietung zu mindern, setzte ich mit betont gelangweiltem Gesicht die Fahrt in der Richtung fort, aus der ich gekommen war. So konnte der unfreiwillige Schleuderkurs für weniger aufmerksame Beobachter als beabsichtigtes Wendemanöver durchgehen.

Die Vorzüge dieses im Jahr 1976 bereits fast völlig aus dem Straßenbild verschwundenen Miniaturfahrzeugs mussten den verblüfft, mitunter auch mitleidig dreinschauenden Klassenkameraden anschaulich demonstriert werden, um letzte Zweifel an der Alltagstauglichkeit auszuräumen. So zum Beispiel, dass ein Wagenheber entbehrlich ist. Weniger Ballast bedeutete bessere Beschleunigung.

Mitfahren galt als Mutprobe, wurde jedoch versüßt durch Rockmusik von Cream, den Stones, CCR, Eric Burdon und Frank Zappa aus dem eingebauten Cassettendeck, dessen zwei Kugellautsprecher alle Mühe hatten, den Motorenlärm zu übertönen.

Die Isetta musste nun unbedingt individualisiert werden. Als Erstes kamen zwei von Vaters altem Heckflossen-Diesel übriggebliebene lautstarke Fanfaren vorne drunter,

Bild 8

die ein bisschen so aussahen, als stecke der Beifahrer seine Füße durchs Bodenblech. Und die große hellgraue Fläche der Fronttüre war so todlangweilig, dass sie förmlich nach Auflockerung schrie. Nachdem die Isetta ohnehin weiblichen Geschlechts war, konnte nichts besser darauf passen als das *Lips 'n' Tongue Design*[22].

In solchen Fällen ist es vorteilhaft, einen künstlerisch begabten Bruder zu haben. Er malte das Leckermäulchen virtuos auf die Tür. Worauf Boaz L., ein Israeli aus Ramat Gan und passionierter BMW-Motorradfahrer, der seinerzeit bei uns zu Gast war, sofort seine Kamera zückte und begeistert ausrief: *"Wow, what a sexy car!"*

Nebenbei lässt das Foto erkennen, dass eine Dienstanweisung für Kraftfahrzeug-Zulassungsstellen, *unsittliche* Buchstabenkombinationen nicht zu verwenden, im Jahr 1975 nicht existierte; es galt noch die alte StVZO. Das abgebildete Kennzeichen war kein Wunschkennzeichen; der Fahrzeughalter hieß nicht Hans-Jürgen. Inzwischen ist es üblich geworden, § 8 Absatz 1 der Fahrzeugzulassungsverordnung in gesinnungsastrologischem Gehorsam zu interpretieren. Dort heißt es: "*Die Zeichenkombination der Erkennungsnummer sowie die Kombination aus Unterscheidungszeichen und Erkennungsnummer dürfen nicht gegen die guten Sitten verstoßen.*" So ändern sich die Sitten mit den Zeiten.

Bald darauf besuchte ich mit der derart aufgebrezelten Isetta meinen Klassenkameraden Bernd S. in Heckershausen. Dort wollten wir in der Kneipe des Gemeindezentrums einen Hopfenblütentee zu uns nehmen, wie wir das Biertrinken euphemistisch nannten. Vor diesem Gemeindezentrum gab es einen Parkplatz und zwischen dem Parkplatz und der Straße eine ausgerundete Rinne für Regenwasser, die in einen Gully mündete. Was uns dort widerfuhr, hat sich tief ins Gedächtnis eingegraben, obwohl es sich vor vielen Jahren und innerhalb weniger Sekunden abspielte.

---

[22] Eine Hommage an den Designer John Pasche. Sein 1971 handgefertigtes Originalgemälde befindet sich heute im Victoria & Albert Museum, London.

Um Bernd zu demonstrieren, wie toll die Isetta läuft, lasse ich den Einzylinder ordentlich drehen, beschleunige im Zweiten hoch, schalte bei 40 in den Dritten, lasse das Gas stehen und biege im spitzen Winkel von der Straße in den Parkplatz ein in der Absicht, dort eine elegante Linkskurve zu drehen und priestermäßig direkt vor der Eingangstür zu parken.

Bernd ist eben im Begriff, sich eine Zigarette anzuzünden, als Isettas linkes Vorderrad durch die Rinne geht. Das fühlt sich noch ganz harmlos an. Als kurz darauf die beiden Hinterräder durch die Rinne schnüren, geht so ein merkwürdiges seitliches Schaukeln durch das Fahrzeug. Bernd nimmt das nicht so richtig wahr und sagt deshalb nichts dazu. Er ist abgelenkt, denn er sucht ein Streichholz. Ich selber erkenne ebenfalls nicht, was sich da zusammenbraut, und drücke nach wie vor munter aufs Gas. Jetzt geht Isettchens rechtes Vorderrad durch die Rinne, rechts federt's ein, links federt's aus, und plötzlich, was ist das denn? Die Isetta wird links ganz leicht, sie hebt ihr linkes Vorderrad einfach in die Luft, immer höher! Das gibt's doch gar nicht, schließlich sitze ich doch links und wiege mehr als nichts, sowas darf doch einfach nicht wahr sein! Bernd fällt mit all seinen Bruttoregistertonnen nach rechts gegen das Seitenfenster, blickt auf (er hat sein Streichholz noch immer nicht gefunden), starrt nach vorn durch die Windschutzscheibe, erkennt, dass die Welt draußen ganz schief steht, und sagt nur: *"Oh, oh, oh!"*

In diesem Moment wird mir schagartig klar, was ich für ein Hornochse bin: Obwohl die Isetta, wenn ich allein darin saß, beim schnellen Nach-links-um-die-scharfe-Ecke-abbiegen schon ein paarmal warnend das linke Vorderrad gelupft hatte, habe ich völlig missachtet, dass ein schwerer Passagier das durch den rechts sitzenden Motor sowieso vorhandene Übergewicht der rechten Seite bedeutend erhöht und damit Fahrmanöver wie dieses noch viel kritischer macht. Die Saftrinne in der Straße besorgte den Rest: Als der rechte Vorderreifen aus der Rinne wieder herausklettern sollte, hatte er nach

**Bild 9**

rechts hin so gut wie keinen Halt mehr, denn eine solche Rinne fällt ja beidseitig schräg zur Mitte hin ab. So hat sich die Isetta also fröhlich aufgeschaukelt und hebt nun das linke Bein wie ein Straßenköter, der seinen Baum gefunden hat. Etwa so, wie das im Bild skizziert ist. Als mir diese prekäre Situation endlich klar wird, ist Isettchens Schräglage schon so groß, dass irgendetwas auf dem Asphalt kratzt.

Auf zwei Rädern wankt die Isetta in einem Linksbogen dahin. Jetzt fehlt nicht mehr viel, und sie kippt vollends um. Das macht Ondraks teuer bezahlte Hardyscheiben gleich wieder kurz und klein, schießt es mir durch den Kopf. Wie kriege ich die gelupften linken Räder auf den Boden zurück? Durch Lenken nach rechts, logisch. Das geht aber nicht, denn rechts und geradeaus parken Autos. Will ich in die nicht reinkrachen, muss ich wohl oder übel den Eiertanz auf zwei Rädern noch ein Stück weit fortsetzen. Das muss von außen etwa so ausgesehen haben, wie es im Foto nachgestellt ist. *"Ich brauch' das Gewicht links und sonst nirgends"*, ist der rettende Gedanke.

Mit dem rechten Arm greife ich nach Bernd, der wie ein nasser Sack am rechten Seitenfenster klebt, seine unangezündete Zigarette zwischen die Lippen gepresst hat und aus weit aufgerissenen Augen wortlos nach vorn starrt, sein Schicksal erwartend. Ich ziehe ihn mit einem Ruck zu mir heran, werfe mich selber nach links, so weit es nur geht. So müssen sich Segler bei Seitenwind fühlen, denke ich, immer gegenlehnen, was das Zeug hält. Das Kratzgeräusch hört nun zwar auf, aber es reicht dennoch nicht, die linken Räder bleiben noch immer in der Luft. So geht das nicht mehr lange weiter, der Platz ist gleich zu Ende.

Jetzt hilft nur noch eine Lenkkorrektur nach rechts, wenn das mal gut geht, denn da ist eine Mauer. Zeit zum Überlegen bleibt nicht, die parkenden Autos sind glücklich umschifft, also endlich sachte nach rechts lenken. Dumpf plumpsen die Räder auf die Straße. Höchste Zeit aber auch, jetzt voll auf die Bremse, sonst kriegt die Tür noch eins auf den Bauch. Puuuh, gerade noch mal gutgegangen. Gut, dass die Bremse in Ordnung war.

Und Bernd? Der sagt nochmal *"Oh, oh!"*; sonst ist er vollkommen sprachlos. Er braucht seine Zigarette nun wirklich ganz dringend zur Beruhigung der Nerven.

Wir haben uns hinterher halbtot gelacht. Dass die Isetta nicht auf der Seite liegenblieb (wie es einst bei einem von Otto K.s Treffen in Störy eine Heinkel-Kabine durch zu heftiges Slalomfahren tat) oder seitlich über das Dach abrollte (wovor die Bedienungsanleitung des Messerschmitt-Kabinenrollers eindringlich warnte), ist wohl nur dem Umstand zuzuschreiben, dass ihre kartoffelgeschädigte Hinterachse so tief in den Federn hing und Bernd schwer genug war, um die rechte Fahrzeugseite weit einfedern zu lassen. Dadurch konnte die Ausbuchtung des Motordeckels als Stützkufe dienen. Denn dort, am Motordeckel unter dem Lufteinlassgitter, stellten wir hinterher deutliche Kratzspuren fest.

Autofahren auf zwei Rädern hab' ich einst bei den *Canadian Hell Drivers* gesehen, aber die trieben ihre waghalsigen Spielchen nicht mit einer Isetta, sondern mit dicken Amischlitten, denen sie erst eine Differentialsperre verpassen mussten, damit nicht das Rad in der Luft mit doppelter Drehzahl drehte und das Rad mit Bodenkontakt überhaupt keinen Antrieb mehr abbekam. Mit der Isetta auf zwei Rädern fahren geht ohne weiteres, weil sie ja von Haus aus starr verbundene Hinterräder hat.

Man kann sagen, dass ich nach dieser strengen Erziehung durch die Isetta geläutert war und fortan gesitteter fuhr. Das war auch sicher gut so. Die Isetta blieb unfallfrei.

Eines Tages machte sie Elektriksorgen: Die rote Lampe fing bei höheren Drehzahlen wieder an zu glimmen. Der alte Freund mit der Ur-Standard bot mir an, die Lichtmaschine durchzumessen und mir derweil eine andere zu borgen. Ausbauen müsse ich sie aber selber.

Das konnte ja kein Problem sein, schließlich hatte ich das oft genug an Motorrädern geübt: Die Anker-Halteschraube herausdrehen, einen Metalldorn in den Kurbelwellenstumpf stecken, die Halteschraube in das Gewinde im Anker wieder hineindrehen und festziehen, schon springt der Anker von seinem Wellenzapfen. Denkste. Auf der Suche nach einem passenden Dorn fand ich gerade keinen aus Stahl, sondern nur einen aus Messing. Und statt vor dem Schlossern das Gehirn einzuschalten, steckte ich Unglücksrabe diesen Messingdorn in den Kurbelwellenstumpf und knallte die Schraube an. So merkwürdig weich und nachgiebig hatte sich das noch nie angefühlt, irgendwas stimmte da nicht. Als ich das merkte, war schon alles zu spät: Ich hatte den Messingdorn im Kurbelwellenstumpf platt- und krummgedrückt, ihn regelrecht vernietet. Der sperrige Anker saß nach wie vor an seinem Platz. Mir war, als grinse er mich höhnisch an.

So stellte ich unfreiwillig die Geduld meines Vaters, des erfahrenen Feinmechanikermeisters, auf eine harte Probe. Viele Stunden bis in den späten Abend dauerte es, den dreimal verdammten Messingdorn, der sich immer dann mitdrehte, wenn er das nicht sollte, ganz vooorsichtig auszubohren. Und dies, ohne das Gewinde im Anker oder in der Kurbelwelle zu beschädigen. Seit dieser zeit- und nervenraubenden Übung habe ich eine heftige Abneigung gegen in Bohrungen versenkte Losteile und fertige lieber eine Abdrückschraube mit festem Zapfen an. Das geht *viel* schneller als eine ungeplante Tiefbohraktion.

Frühjahr 1976. Regelmäßig sah ich im Straßenbild Kassels eine birkengrüne Isetta, die von einem grauhaarigen alten Herrn gelenkt wurde und auf deren Gepäckablage stets ein kleiner Hund saß. Aber ein echter, lebendiger, nicht nur so ein künstlicher Wackeldackel. Eines Tages, die Tachowelle meiner Isetta hatte soeben ihren Geist aufgegeben, beschloss ich, diesem Herrn mal nachzufahren, um ihn zu fragen, ob er nicht vielleicht eine Tachowelle übrig habe.

*"Nein, junger Mann, Ersatzteile habe ich nicht, aber versuchen Sie's mal im Paradies. Dort wohnt jemand, der auch eine Isetta hat." - "Wo wohnt der, im Paradies??" - "Ja, so heißt die Straße, hier in Lohfelden. Dieser Herr hat auch eine Isetta und viele Teile dazu, ich glaube, er fährt gar nicht mehr damit, ich hab' ihn schon seit Monaten nicht gesehen."*

Höflich bedankte ich mich und fuhr stracks ins Paradies, klingelte am beschriebenen Haus. Eine resolute Frau öffnete. Ich trug mein Anliegen vor und wurde eingelassen. Ihr Ehemann, der Isettabesitzer, war schwer krank, abgemagert und bettlägerig. Ein Bild des Jammers, was besonders deutlich wurde, als er mich auf ein Foto aufmerksam machte, das auf einer Kommode stand und ihn im Vollbesitz seiner Gesundheit zeigte, dick und rund, lächelnd und zigarrenrauchend. Und das war noch gar nicht so lange her gewesen.

Nein, mit dem Isettafahren sei es nun wohl vorbei, die Ärzte gäben ihm nur noch wenige Monate, erzählte er. Ich hätte auch eine Isetta? Das sei aber schön. Was denn für eine? Eine 250er Export von 1957. Ach, das sei aber auch schön, seine sei eine 300er Export, auch von 57, sogar zweifarbig. Er habe auch noch eine 250er, aber vollkommen zerlegt, als Ersatzteilspender, alles sei noch da außer der Karosserie. Was ich denn nun eigentlich auf dem Herzen hätte?

Nun, ich suche eine Tachowelle, antwortete ich, denn meine sei kaputt. Ich wisse zwar, dass man sich bei VDO welche anfertigen lassen kann, aber ich dächte, vielleicht habe er zufällig eine übrig.

Ja klar doch, er selber brauche die ja doch nicht mehr, und wenn er's recht bedenke, dann bräuchte er die übrigen Isettateile ebensowenig. Ob ich daran wohl Interesse hätte?

Na ja, sage ich, einen Ersatzmotor in der Ecke stehen zu haben, wäre sehr beruhigend. Nein, mein Lieber, ich meine, ob Sie meine Isetta mit allen Teilen kaufen wollen? Ich habe nämlich das Gefühl, bei Ihnen wäre sie in guten Händen. Ich hasse es, wenn die Leute gutes Zeug kaputtschlossern. Ich hab' ja immer alles selber gemacht an meiner Isetta. Dabei hab' ich aber den Hammer grundsätzlich ganz weit weg gelegt und mir lieber erst ein passendes Werkzeug gebaut, Abzieher und so. Ich bin nämlich Schlosser von Beruf, müssen Sie wissen.

Das war der Moment, als ich dachte, ich sei *wirklich* im Paradies. Bietet mir der Mann doch einfach so seine 300er an, die im Originallack (weinrot und cortinagrau) abgemeldet und rostfrei im Schuppen stand.

Nur über den Preis hatten wir noch nicht gesprochen. Ich erzählte ihm, dass ich meine 250er für 240 DM gekauft hätte, demnach müsste nach der Rechenregel „eine Mark pro Kubikzentimeter" seine 300er so ungefähr für 300 DM zu haben sein, zuzüglich irgendein Betrag für die Teile. Er stimmte sofort zu. Es war deutlich zu spüren, dass es ihm überhaupt nicht ums Geld ging, sondern vielmehr darum, seine liebgewonnene Isetta bei jemandem zu wissen, der sie weiterhin gut behandeln würde, nachdem er eines nicht mehr fernen Tages dieser Welt adieu sagen müsste.

Ich fühlte mich also ausgesprochen paradiesisch, doch vor den Erfolg hat der liebe Gott bekanntlich die Arbeit gesetzt. So einfach sollte ich es nun doch nicht haben, denn jetzt meldete sich die resolute Ehefrau zu Wort: *"Amand! Du hast wohl vergessen, dass Määx die Isetta unbedingt haben will! Du weißt genau, wie oft er das schon gesagt hat! Und du wirst ihn doch nicht enttäuschen wollen?! Was soll er denn denken, wenn er demnächst herkommt und die Isetta ist weg?! Nein, junger Mann, so geht das nicht!"*

Ich schaute betreten drein, der alte Herr ebenso. Das war in der Tat ein Problem, diese Frau hatte hier die Hosen an. Wer zum Teufel war Määx? Als seine Frau das Zimmer verlassen hatte, fragte ich den freundlichen alten Mann, gegen wen ich da konkurrierte.

*"Määx? Der heißt eigentlich nur Max, aber weil er ein Amerikaner ist, spricht meine Frau das so komisch gedehnt aus. Er ist mein Schwiegersohn. Die Isetta ist aber a nice and funny bubble car, hat er gesagt, der Spinner. Ich will Ihnen mal was sagen, mein Junge: Der Mann hat keine Ahnung, aber davon ganz viel! Der drischt nur leeres Stroh. Es wäre ein Jammer, wenn meine Isetta dem in die Hände fiele. Der macht mit seinen ungeschickten Fingern alles kaputt ..."* usw. usf.

Immer diese Schwiegersöhne, die sich mit den Isetten nicht auskennen! Das ist nun schon das zweite Mal, dachte ich. Wie kann eine Frau nur so einen heiraten?

Es schien, als sei ich mitten in einen Familienzwist hineingeraten. Da war wohl im Augenblick nicht viel zu machen. Ein Rückzug schien mir klüger. Ob ich denn wenigstens den Ersatzmotor kaufen dürfe, fragte ich die Dame des Hauses bescheiden. Da sie nicht genau wusste, was man mit einem Ersatzmotor macht, stimmte sie gnädig zu. Der Preis? 50 DM. Lacht bitte nicht gequält auf, liebe Leser. Nennt es meinetwegen die Gnade der frühen Geburt. Aber die war's auch nicht wirklich, denn sonst hätte ich 1970 einen fahrbereiten BMW 328 für 10.000 DM oder eine R 68 für 1.200 DM an Land gezogen. Leider war ich da erst zwölf und denkbar knapp bei Kasse.

Entmutigt fuhr ich nach Hause. Da Mütter ihre Kinder gut kennen, fragte die Meine mich sofort, was denn heute schiefgelaufen sei. Ich erzählte ihr die Story von der schönen 300er Isetta und von Määx. *"Ach, lass' nur, das klappt schon noch. Wenn du willst, sprech' ich mal mit der Dame."* - *"Du? Was willst denn du da erreichen?"* - *"Na ja, so'n Gespräch von Frau zu Frau, weißt du, die Dame ist doch auch schon älter, da kann ich*

Da irrte ich. Meine Mutter lief zur Höchstform auf. Sie überzeugte die renitente Ehefrau
des betagten Isettafahrers mit einem Pfund Kaffee, einer Schachtel Pralinen und einem
Redeschwall, bei dem Gisela Schlüter vor Neid erblasst wäre. Die Wundergeschichten
über ihren herzensguten Sohn wollten gar kein Ende nehmen. Er wünsche sich nichts
sehnlicher als eine 300er Isetta, weil die doch ein ganzes PS mehr habe als die 250er.
Und der bedauernswerte Amand könne sicher sein, dass sein geliebtes Fahrzeug in gute
Hände komme. Denn mein Vater besitze selbst ein altes BMW-Motorradgespann von
1952 und obendrein eine gut ausgerüstete Werkstatt. Da sei die Liebe zur weißblauen
Marke doch geradezu schon in den Genen festgelegt und generationenübergreifend
vorhanden. Es würde alles so fachgerecht repariert und instandgehalten werden, wie
sich das ein Isettaliebhaber nur wünschen könne. Und überhaupt, eine Isetta in Amerika, so ein klitzekleines Autochen in einem derart riesigen Land, da würde sie ja von
den dicken Straßenkreuzern plattgedrückt, das darf man ihr doch nicht antun! Wo sollen die denn in Amerika überhaupt Ersatzteile herkriegen, wenn es schon in Deutschland kaum noch welche gibt. Nein, das hat doch keinen Sinn. Und so weiter ...

"Meinen Sie wirklich?" fragte der weibliche
Haushaltsvorstand schwach und kapitulierte
vor so viel zwingender Logik. Tags darauf holten wir die Isetta heim, nebst einem schwer
beladenen Anhänger voll mit Teilen und
Werkzeugen. Die selbstgemachten Werkzeuge hatte der gute Amand fein säuberlich
mit dem Jahr der Herstellung gestempelt,
meist 1960. Hier beispielhaft ein Abzieher für
das Nockenwellenrad.

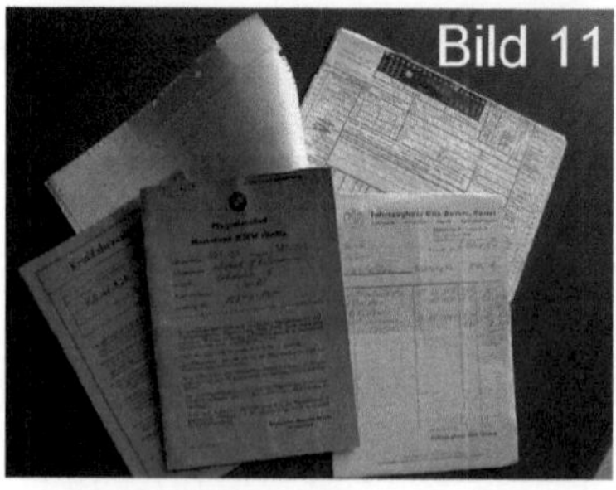


Selbstverständlich war der originale braune
Papp-Kraftfahrzeugbrief dabei, dazu das
farblich passende Pflegedienst-Scheckheft,
die Prüfberichte sämtlicher jemals absolvier-
ter TÜV-Besuche, alle Quittungen über ent-
richtete Kfz.-Steuer und Rechnungen über Er-
satzteilkäufe. Amand hatte seiner Isetta stets
das gute *Castrol*-Öl gegönnt, das er beim
BMW-Händler in Literdosen zum Apotheken-
kurs von stattlichen 4,80 DM je Dose erstand.
Früher gab's am Öl *noch* mehr zu verdienen als heute, Rockefeller wusste das.

Nun, da ich stolzer Besitzer zweier Isetten geworden war, reifte der Plan, die 250er zu verkaufen und die 300er zu fahren, weil sie in jeder Hinsicht besser war: An keiner einzigen Stelle vermurkst, keine rundgewürgten Sechskante, keine festgerosteten Gewinde, sondern die gesamte Mechanik in bestem Pflegezustand. Man sah, dass der Vorbesitzer sein Handwerk verstanden und sein Fahrzeug gemocht hatte.

Der Verkauf der überflüssig gewordenen 250er Isetta zu 750 DM an den Besitzer eines alten Führerscheins IV (vor 1954, für Fahrzeuge bis 250 cm³) schien mir ein gutes Geschäft zu sein, schließlich war das doch dreimal so viel wie ich selber dafür bezahlt hatte. Bei mir tanzte sie also nur einen Sommer. Heute sehe ich das freilich etwas anders. Hätt' ich sie bloß behalten ... aber ich hatte jahrelang sowieso keinen geeigneten Stellplatz dafür.

Mit einer Träne im Knopfloch bleibt anzumerken, dass Hugo B., der glückliche Erwerber der 250er, ihr bald danach einen Unfallschaden zufügte und sie daraufhin abmeldete. Später wurde sie dem Vernehmen nach von spielenden Kindern einen Bahndamm hinuntergeschoben und dabei böse eingedellt.

Nachdem sie viele Jahre lang ihr trauriges Dasein in einer Lagerhalle gefristet hatte und schon einige Teile (Motordeckel, Vergaser etc.) abhanden gekommen waren, küsste sie ein unerschrockener Enthusiast aus Rendsburg wach und baute sie wieder auf. Was ich nur weiß, weil der gute Mann – ein pensionierter Ingenieur – viel später an die alte Adresse aus dem Papp-Brief eine nette Nachricht schrieb und als Lebenszeichen diese Fotos beilegte:

Vorher: Ernst, aber nicht hoffnungslos

Nachher: Schöner als je zuvor

Woran Sie sehen: Eine Isetta stirbt nicht, sondern sie reift. Zumindest diese. Heute ist sie also zweifarbig. Erlaubt ist, was gefällt.

Amand P., der freundliche Isettaschlosser, starb wenige Monate später. Noch bevor ich mich seiner 300er richtig widmen konnte, machte mich im August 1976 erneut mein alter Herr auf eine Zeitungsannonce aufmerksam: "*Verkaufe BMW 600, 1400 DM ...*" - Ihr vermutet richtig, liebe Freunde: Die Preise waren schon so ein bisschen im Steigen begriffen. Und ja, ich kaufte ihn. Diese Geschichte wird im nächsten Kapitel erzählt.

Amands Isetta ist nach nunmehr 44 Jahren noch immer bei mir; ich habe Wort gehalten

und sie nicht weiterverkauft. Sie steht adrett in ihrer zweifarbigen Erstlackierung an einem trockenen Plätzchen und blinzelt mir bei jedem Öffnen des Garagentores zu. Als Kosmetik habe ich ihr neue Niro-Stoßfänger und einen neuen Sitzbezug gegönnt. Ihrem Vorbesitzer zu Ehren nenne ich sie Amanda. Es könnte ja sein, dass der Himmel eine Abteilung für Isettafahrer unterhält, wo man sich irgendwann zum Klönschnack wiedertrifft.

1975 ist tatsächlich schon eine Weile her. Das wird einem dann bewusst, wenn man sich an alte Isettageschichten erinnert. Wenn das kein Beweis is' für die Midlife Crisis?!

Etwas weiter oben war die Rede von einem BMW 600, der 1976 in der Zeitung inseriert stand. Der Umstieg von einer Isetta in einen BMW 600 fühlt sich fast so an, als werde man aus einer behelfsmäßigen Fahrmaschine in einen halbwegs kultivierten Personenwagen umgetopft. Daher liegt es auf der Hand, dass unbedingt ein 600er angeschafft werden musste, als die Infektion mit dem Isettavirus noch kaum ein Jahr her war.

## 1.3.2 Wiedersehen

*"Das gibt's doch nicht!"* lautete die spontane Antwort, als ich eines schönen Tages im Jahr 2004 den früheren Besitzer meines BMW 600 anrief, um ihm mitzuteilen, dass sein ehemaliges Autochen noch lebe.

Im alten Papp-Brief stehen sie alle versammelt: Der BMW-Händler Adam R., der den BMW 600 mit der Fahrgestellnummer 147544 und dem amtlichen Kennzeichen ZIG-J 425 am 2. Juni 1959 als Vorführwagen anmeldete. Der Schneidermeister Heinrich A., der den Wagen erwarb, als dieser sechs Monate alt war, und der ihn genau ein Jahr später an den Zimmermann Herbert H. verkaufte. Dieser Holzfachmann sollte zu dem bis dahin ausdauerndsten Eigentümer des BMW werden: Er behielt ihn von Ende 1960 bis Anfang 1976, also über 15 Jahre lang. Eine bemerkenswerte Beständigkeit, die vermuten lässt, dass es da einiges zu erzählen geben wird. Danach kommt noch die Krankenschwester Susanne J. mit einer Ausdauer von lediglich sechs Monaten, und dann bin ich an der Reihe.

Tatsächlich weiß der sympathische Zimmermann einiges zu erzählen. Gemütlich an seinem Wohnzimmertisch sitzend, kommen zahlreiche Erinnerungen auf: *"Drei Kurbelwellen habe ich verbraucht. Beim ersten Kurbelwellentausch habe ich dem Mechaniker genau über die Schulter geschaut. Beim zweiten Mal konnte ich es dann selber."* - *"Hatten Sie denn alle Werkzeuge? Abzieher für Fliehkraftregler, Lichtmaschinenanker, Räderkastendeckel, Kurbelwellenzahnrad und so weiter?"*

*"Na klar"*, erinnert sich Ehefrau Käthe, *"die Werkzeuge hast du doch damals selbst angefertigt."* - *"Das stimmt"*, erklärt Ehemann Herbert, *"so was liegt mir. Wenn ich's mir hätte aussuchen können, hätte ich einen Metallberuf erlernt. Leider gab's 1954 kaum Lehrstellen, so dass ich froh war, Zimmermann lernen zu dürfen. Ja, die Kurbelwelle. Diese Ölschleuderbleche waren ewig mit Schlamm zugesetzt. Kein Wunder, dass die Pleuelfußlager nicht lange hielten. Dabei habe ich regelmäßig das Öl gewechselt, sogar eine Grube für solche Wartungsarbeiten in meine Garage gebaut. Leider habe ich die Länge der Grube damals für den BMW 600 bemessen. Wenn ich heute unter meinen Opel Corsa sehen will, ist die Grube entweder zu kurz für das ganze Auto, oder wenn ich in der Grube bin und den Corsa darüber hinschiebe, komme ich nicht mehr aus der Grube heraus. Aber an diesen modernen Autos kann man ja sowieso kaum noch etwas selber machen, schade eigentlich."*

*"Mensch, ist der aber klein. Den hatte ich viel größer in Erinnerung."* Das sagt nicht nur Frau Käthe, sondern auch ihr Schwager, der inzwischen aus dem Nachbardorf herbeitelefoniert worden ist, weil auch er früher mal einen BMW 600 besaß. Sogar zweifarbig, grau mit rot, wie er sich erinnert. Bevor er ihn verkaufte, baute er die abschließbaren Motorhaubenknebel aus und schenkte sie seinem Schwager Herbert. *„Die sind von mir"*, sagt er und streichelt versonnen über die Chromknubbel. Später besaß er dann

einen BMW 700 und seitdem viele andere Autos, immer BMWs, zur Zeit einen Fünfer mit einem M hinten dran. Den Sechshunderter will er am liebsten gleich mitnehmen, 20 Riesen bietet er spontan. Aber nein, schließlich habe ich doch Schwager Herberts 15 Besitzjahre mit meinen damals 28 (heute 44) längst getoppt und währenddessen Tausende von Arbeitsstunden in diesen BMW versenkt, da werde ich doch nicht des schnöden Mammons wegen schwach werden!

Ja, der BMW 600 ist tatsächlich kleiner als man denkt. Der Motorjournalist Werner Oswald traf den Nagel auf den Kopf, als er in "Der Motor-Test" 11/1959 schrieb: *"Der BMW 600 täuscht das Auge. Er sieht viel größer, stattlicher aus als er ist und erst, wenn jemand daneben oder wenn er selbst neben einem anderen Fahrzeug steht, wird man dieses gewahr. Kein Mensch schätzt auf Anhieb, dass der BMW nur gleich lang ist wie ein Goggomobil 300 und sogar noch kürzer als der Fiat 500."*

Soeben hat Herbert eine Probefahrt mit mir gemacht und zeigt, dass er mit der Fronttür noch immer umgehen kann. Nur selber fahren will er nicht, denn *"mit geliehenen Sachen, nee, wenn da was drankommt ..."* Während der Testfahrt kam uns ein Ehepaar entgegenspaziert. *„Halten Sie doch mal an, die beiden fuhren nämlich früher auch eine Isetta"*, dementsprechend großes Hallo, Tür auf, Tür zu. Hier muss irgendwo ein Nest von Fronttürliebhabern sein.

Herbert ist Jahrgang 1938 und als kleiner Junge mit seinen Eltern aus Schlesien nach Hessen gekommen. Beim Kauf des BMW 600 war er also gerade mal 22 Jahre alt. *"Den BMW haben wir mit Wechseln abgestottert, jeden Monat 200 D-Mark"*, sagt Herbert. *"Das Auto war eine gewaltige Anschaffung, die Löhne waren knapp und es gab noch so viele andere Dinge, die ebenso wichtig waren."* Im Jahr unseres Gesprächs 2004 ist er dreimal so alt, 66 Jahre. Sohn Klaus kam 1963 zur Welt. *"Die Seitentür gehörte unserem Klaus"*, bemerkt Mutter Käthe. Ein Teil von Klaus' Jugendzeit war untrennbar der BMW

600. Mit 12 durfte er ihn dann auch selber mal fahren. *"Wir haben so viele ruhige asphaltierte Feldwege hier, da konnte ich das Wägelchen gefahrlos ausprobieren"*, schmunzelt Klaus. Die Urgewalt der 19,5 PS selber spielen zu lassen, entschädigte ihn für die Irritationen, die zuvor dümmliche Kinderfragen wie *"Was'n das für'n komisches Auto?"* in ihm hervorgerufen hatten.

*"Du hast doch noch ein Ersatzrad für den BMW"*, wendet sich Klaus an seinen Vater, der inzwischen das Familienalbum hervorgeholt hat und alte Bilder zeigt: BMW 600 im Schnee, BMW 600 beim Familienausflug, BMW 600 in der Garage. *"Ich hatte sogar drei Ersatzräder, aber zwei davon, mit runderneuerten Reifen drauf, die noch die Gummistacheln trugen, die hab ich dem Soundso für seinen Anhänger gegeben, da waren doch vorher Isettaräder dran und die waren hinüber. Übrigens, die Räder konnte damals kein einziger Reifenfritze dynamisch auswuchten; die sagten alle, das Mittelloch in der Felge sei zu klein, sie hätten keinen passenden Zentrierkegel für die Auswuchtmaschine."*

Das vom Sohn herbeigeholte Ersatzrad wird natürlich sofort anprobiert, und Herbert staunt, dass die heutigen Gürtelreifen 145 R 10 doch deutlich kleiner im Durchmesser sind als die alten Diagonalreifen 5.20-10. *"À propos Stacheln"*, erinnert sich Sohn Klaus: *"Wenn der 600er unterwegs bockte und nicht mehr richtig laufen wollte, dann nahm unser Papa immer eine Stecknadel, die in der Sonnenblende steckte, ging damit nach hinten zum Motor, nahm eine Düse aus dem Vergaser und stach mit der Nadel durch."*

*"Meinen Sie die Leerlaufdüse, die mit dem Messingsechskant, die von oben eingeschraubt wird?"* *"Ja, genau die. Das Biest hat sich immer mal wieder mit einem Fussel zugesetzt."* - *"Aha"*, bemerkt nun meine Frau, die das Problem der gern verschmutzenden Leerlaufdüse gut kennt: *"Der Herr H. hat richtig Ahnung."* Und auch das authentische Einstichloch der Nadel im Kunststoffbezug der Sonnenblende ist noch da.

*"Die übriggebliebenen Ölfilterpatronen hab ich damals meinem Schwager gegeben, der hatte ja den 700er, wo die auch reinpassen. Aber halt, eine hab' ich noch, die schenk' ich Ihnen."* Sogar das Preisschild ist noch drauf: 3,45 DM. Und wie das so ist, wenn jemand einmal mit dem Suchen anfängt, dann findet sich auch noch so mancherlei anderes: Ein Aschenbecher, ein Wagenheber. Aber kein originaler, sondern einer vom VW, der durch

Anschweißen eines passenden Dorns an die Wagenheberaufnahme des BMW 600 angepasst wurde und den Herbert sofort eigenhändig ausprobiert, ob er denn noch passt, und damit den 600 im Nu hochwuchtet, dass es eine Freude ist.

Einen abschließbaren Tankdeckel mit eingeprägtem BMW-Emblem, gut im Chrom und mit sorgfältig drangebundenem Schlüssel findet er auch noch, da lacht das Herz. Sohn Klaus, der in der Feuerschutzbranche arbeitet, will uns nicht ohne einen aus der FCKW-sorglosen Zeit übriggebliebenen Halon-Löscher wegfahren lassen, denn *"auf so einen schönen Motor sprüht man doch kein Pulver drauf"*.

*"Ha, sogar der Türkontakt ist noch dran, den hab ich damals gebaut"*, sagt Vater Herbert. Weil der Schalter in einem lackierten Holzgehäuse sitzt, hatte ich bereits vermutet, dass jemand mit einem Holzberuf der Erbauer war. Das bestätigt sich jetzt.

*"Weite Auslandsreisen haben wir nie gemacht, aber wenn ich beim Brückenbau auswärts zu tun hatte, etwa in Hanau oder im Siegerland, dann bin ich immer mit dem BMW 600 hingefahren. Im Winter, wenn hier in Hessisch-Sibirien ordentlich Schnee lag und der Frost klirrte, dann war mit der Heizung im BMW natürlich nicht viel los. Ständig musste ich die Frontscheibe wischen, damit sie nicht beschlug. Der Weg für die Warmluft war ja auch so lang ... - Ach, und erst der ständige Ärger mit den Gummigelenken! Was war das für 'ne Viecherei, die Dinger einzubauen, besonders dann, wenn das Spannband schon ab war, dann kriegte ich kaum die Schrauben durch! Und wie oft hab' ich den Wärmetauscher schweißen und hartlöten lassen. Da musste ich viele gute Worte geben, um überhaupt jemanden zu finden, der das machen wollte und es auch einigermaßen konnte."* Der Mann kennt sich tatsächlich aus, nachdem er so manches typische Leiden dieses Fahrzeugs bis zur Neige ausgekostet hat.

*"Und dann diese elenden Gummibuchsen in der Spurstange und in der übrigen Lenkhebelei, immer gab's beim TÜV Probleme deswegen. Wenn die Graukittel anfingen, am Vorderrad rumzuwackeln, wusste ich schon Bescheid, was als nächstes kommt ..."* Er kennt sich abermals aus. *"Damals hab' ich für 100 Mark einen zweiten türkisgrünen 600er gekauft, weil da eine bessere Lenkung drin war. Aus dem hab' ich dann bei Bedarf Teile ausgebaut. Als wir unseren Golf kauften, hab' ich dem Autohändler gesagt, ich kauf' den Golf nur unter einer Bedingung: Du musst den halb geschlachteten BMW 600 bei mir vom Hof holen. Da kam er mit dem Hydraulikgreifer und hat ihn gepackt, zerdrückt und auf seinen Lkw geladen ... Nee, aber dass der hier noch da ist ...! Nur damals war er blassgelb, und nun ist er rot."*

*„Wenn ich die Gebläsebleche einmal im Jahr ausbaute und entrostete, sie neu anstrich und zum Trocknen an die Wäscheleine hing, dann tippten sich die Nachbarn immer bedeutungsvoll an die Stirn. Der Kerl spinnt, haben sie wohl gedacht, macht sich 'nen Haufen Arbeit mit der alten Karre. Aber wenn ich das nicht getan hätte, wären sie längst*

*durchgerostet."* Und dann entdeckt er eine Schweißperle am linken Gebläseblech. *"Genau an dieser Stelle hab' ich das Blech mal repariert, Mann o Mann, das ist genau dieses Teil, aber wirklich, ich fass' es nicht, dass das noch da ist ..."*

Inzwischen hat Sohn Klaus seinen Freund Hartmut N. aus dem Nachbarort angerufen. Hartmut hatte mir im Jahr 1976 den BMW 600 verkauft, denn von Januar bis Juli 1976 war das Wägelchen im Besitz seiner damaligen Braut gewesen, der bereits erwähnten Krankenschwester. *"Die hat ihn trocken gefahren, weil sie versäumt hat, regelmäßig nach dem Ölstand zu sehen"*, stellt Vater Herbert tadelnd fest, um dann milde hinzuzufügen: *"Aber eigentlich war das ja auch kein geeignetes Auto für 'ne junge Frau."*

Aber nicht doch, beteuert Hartmut, ihr heutiger Ehemann. Im Gegenteil, seine Frau sagt immer, das war das tollste Auto, das sie jemals gefahren hat. Nie hätte sie es verkaufen dürfen. Zum Beweis alter Zuneigung hat er zuhause eine Fotosammlung von der Wand genommen, die er uns nun zeigt.

Darauf ist die Fahrzeuggeschichte der Familie zu sehen. Auch der BMW 600, als Erinnerungsfoto aufgenommen an dem Tag, als ich ihn abholte und von meinem Vater nach Hause schleppen ließ. Wir waren nämlich damals der Meinung, man dürfe abgemeldete Fahrzeuge über öffentliche Straßen schleppen. Nun ja, das ist längst verjährt.

Das nicht immer ganz stilsichere Farbempfinden der späten 50er Jahre hatte diesem BMW 600 ab Werk eine blassgelbe Lackierung beschert, die im Verbund mit milchkaffeebrauner Innenausstattung einem scharfzüngigen Jugendfreund spontan den bissigen Kommentar „Außen Kirmesbierurin, innen Babyschiss" entlockte. Weil des Verfassers Farbgeschmack nicht gestattete, diese ebenso freche wie wahre Charakterisierung vollumfänglich zurückzuweisen, nahm er sich die Freiheit, das Wägelchen nach der Restaurierung purpurrot RAL 3004 lackieren zu lassen und ihm dazu eine graue Innenausstattung mit einem karierten Sitzpolsterstoff von der Marke mit dem Stern zu gönnen. Nachgefertigte Stoffe in der rasch verschleißenden Originalwebart waren zu dieser Zeit noch nicht auf dem Markt.

Am Schluss des Wiedersehenstages stellen sich Herbert und Hartmut einträchtig und stolz vor ihren ehemaligen BMW 600. Nur wer damals das Stück Zink-Dachrinne zwischen dem vorderen rechten Radlauf und dem Seitentürschweller eingenietet und dieses Kunstwerk unter einer dicken Spachtelschicht versteckt hat, darüber wollen sich die beiden nicht einig werden. Keiner will's gewesen sein.

Die damalige Braut Susanne ist im Jahr 2004, 28 Jahre später, übrigens schon Oma. Heute, im Jahr 2020, 44 Jahre später, könnte sie durchaus Uroma sein. Die Zeit vergeht, die Autos werden älter und die Menschen auch. Geschlechter kommen, Geschlechter vergehen, doch Fronttürautos bleiben bestehen.


## Nachwort

Wer neu in das Thema Isetta & Co. eingestiegen ist oder in naher Zukunft einzusteigen erwägt, hat nach der Lektüre dieser Sammlung von Schraub- und Fahrgeschichten einen weitreichenden Eindruck aus der Welt der luftgekühlten BMW-Kleinwagen gewonnen und kann nun besser einschätzen, ob dieses Segment der Oldtimerei ihn faszinieren kann.

Wer schon längere Zeit dabei ist, hat sich an der einen oder anderen Stelle ein wissendes Schmunzeln sicher nicht verkneifen können. Das war durchaus die Absicht des Verfassers, der selbst nur ungern staubtrockene Lehrbücher liest.

Der Autor hofft, mit der Mischung aus Fahren und Schrauben den Geschmack der Leser getroffen zu haben. Falls Sie sich fragen, wie man so viel Stoff derart zubereiten und darbieten kann, lautet die simple Antwort: Mit einer großen Portion Idealismus und neben der Arbeit griffbereit liegender Kamera, Stift und Papier.

Ein hohes Maß an Idealismus ist erforderlich, weil die Zielgruppe, für die dieses Buch einen hohen Nutzen bietet, etwa im Vergleich zu den Heerscharen der VW-Fans deutlich überschaubarer ist und noch nie jemand durch das Schreiben solcher Bücher wohlhabend geworden ist. (Es sei denn, er war vorher noch wohlhabender.)

Die Kamera muss zum Einsatz kommen, weil ein Bild häufig mehr sagen kann als tausend Worte. Als hinderlich dabei erweist sich immer wieder die Unverträglichkeit empfindlicher fotografischer Geräte mit ölgeschwärzten Dreckpfoten. Da müsste noch so eine Art Unterwassergehäuse her.

Notizen auf Papier wollen sofort nach, manchmal sogar noch während der Arbeit niedergeschrieben werden, wenn nichts Wichtiges vergessen werden soll. Denn es ist nicht zu fassen, wie unzuverlässig und lückenhaft das menschliche Gedächtnis ist.

Warum beschäftigen sich erwachsene Leute mit einem unvollkommenen Fortbewegungsmittel wie einer Isetta, die zur Zeit ihrer Entstehung eine der Not gehorchende Lösung war?

Das Fahren mit einer Isetta erdet den Menschen, der darin sitzt. Dies in mehrerlei Hinsicht:

Dieses Fahrzeug ist nichts zum Protzen. Im Gegenteil führt es dem wohlstandsverwöhnten Gegenwartsmenschen vor, mit wie wenig die Altvorderen zufrieden waren ... oder in schwierigen Zeiten sein mussten.

Es ist so einfach aufgebaut, dass wir zuversichtlich sein dürfen, uns unterwegs auch bei einer eventuellen Panne so gut wie immer selbst helfen zu können.

Zwar ist es überall „*very basic*", aber nirgendwo beklagenswert primitiv oder gar unzulänglich konstruiert – wenn wir einmal vom hier und da etwas übertriebenen Zutrauen der Konstrukteure zum Werkstoff Gummi absehen wollen.

Im Innenstadtverkehr ist es bei der Parkplatzsuche eine wahre Wohltat und nur von einem Motorrad zu übertreffen – solange das Motorrad keine Gold Wing mit Seitenwagen ist.

Seine Fahrleistungen sind nominell so bescheiden, dass man staunend zur Kenntnis nimmt, welche bemerkenswerten Durchschnittsgeschwindigkeiten sich damit verwirklichen lassen.

Isettafahren ist Ausdruck einer Lebenseinstellung. Es demonstriert, wenn man so will, eine Neigung zum Understatement und erfüllt die Sehnsucht nach Entschleunigung.

All das gilt auch für den BMW 600, wenn auch in deutlich vermindertem Maße, weil ihm die Harmonie der Tropfenform und das drollige Kindchenschema der Isetta fehlen. Als reines Zweckfahrzeug konzipiert, schaut der 600 eher drein wie eine grinsende Bulldogge.

Für den BMW 700 gilt das „*Ist der aber süüüß*"-Prinzip überhaupt nicht, ist er doch schon vom Konzept her ein ernstzunehmendes, *richtiges Auto* mit *richtigen* Türen und einem *richtigen* Stufenheck, männlich, zweifellos und erwiesenermaßen sogar sportlich zu nennen. Darum hat er sich so gut verkauft. Ohne ihn gäbe es das Unternehmen BMW heute nicht mehr.

Allen drei Fahrzeugen gemeinsam ist ihre Eigenschaft, Kontakte unter zahlreich daran interessierten Menschen rasch und unkompliziert herzustellen. Denn bei Fahrzeugen dieser Größen- oder besser Kleinheitsklasse gibt es keinen Sozialneid und kein Bonzengehabe. Ganz anders als in Hazy Osterwalds Konjunktur-Cha-Cha von 1961:

> *Man ist, was man ist, nicht durch den inneren Wert.*
> *Den kriegt man gratis, wenn man Straßenkreuzer fährt.*

Ich hoffe, das Buch hat Ihnen gefallen. Wenn ja, erzählen Sie es weiter oder schreiben Sie eine freundliche Rezension. Und freuen Sie sich auf die folgenden drei Bände. Sollte es Ihnen nicht gefallen haben, erzählen Sie es mir oder schreiben Sie eine E-Mail an BMW-Isetta@kabelmail.de.

Mit freundlichen Grüßen und allen guten Wünschen für eine stets störungsfreie Freude am Fahren bin ich Ihr nach dem Schreiben auch mal wieder schraubender

Ralf Heiligtag


## Über den Autor

Ralf Heiligtag, Jahrgang 1958, ist Diplom-Ingenieur der Fachrichtung Maschinenbau. Über Führungspositionen in Konstruktion, Projektierung, Verkauf und Marketing führte ihn sein Werdegang in die Geschäftsleitung mehrerer mittelständischer Unternehmen der chemischen Industrie. Neben dem Beruf pflegte er seit 1975 sein Hobby Oldtimertechnik und setzt dies bis heute fort.

# Literaturhinweise

Die alphabetisch nach den Namen der Verfasser geordnete Liste gilt für alle Bände dieser Buchreihe. Sie nennt weiterführende Literatur, die zum Verständnis dieses Buches nicht erforderlich ist, aber den interessierten Leser tiefer in die historische Kraftfahrzeugtechnik eindringen lässt, falls er das möchte. Einige der genannten Titel (L. Apfelbeck, B. Kierdorf, E. Klaiber, H.-J. Mai) sind in ihrer Kombination aus Praxisnähe und fundiertem Wissen von kaum einem später erschienenen Werk übertroffen worden, aber nur noch antiquarisch zu haben. Carl Hertwecks Werke sind als Nachdruck erhältlich. Die Liste umfasst nicht nur Fachbücher, sondern für weniger angespannte Lesestunden auch populärwissenschaftliche Darstellungen (hier speziell E. Heinze, K. Hünninghaus und A. Spoerl) und unterhaltsame Automobilgeschichten (O. Bierbaum, F. Busch, H. Mönnich, A. Neubauer). Wer einen umfassenden Restaurierungsleitfaden für die Isetta 300 ab Baujahr 1957 sucht und die englische Sprache versteht, beschaffe sich das Buch *Isetta Restoration* von John Jensen.


Ludwig Apfelbeck, Wege zum Hochleistungs-Viertaktmotor, 8. Auflage 1985, Motorbuch Verlag Stuttgart, ISBN 3-87943-578-2

Ludwig Apfelbeck, Hermann Weichsler: Ventilsteuerungen für Hochleistungsmotoren, 1. Auflage 1991, Motorbuch Verlag Stuttgart, ISBN 3-613-01272-3

ASK-Kugellagerfabrik Artur Seyfert GmbH, 70825 Korntal, Produktkatalog 2009, Askubal Gelenkköpfe

Atlanta Antriebssysteme E. Seidenspinner GmbH & Co., 74321 Bietigheim-Bissingen, Produktkatalog Verbindungselemente 1/2018

Otto Julius Bierbaum: Eine empfindsame Reise im Automobil. Deutsche Buch-Gemeinschaft C. A. Koch's Verlag Nachf., Darmstadt 1954

Otto Julius Bierbaum: Die Yankeedoodle-Fahrt. VEB F. A. Brockhaus Verlag, Leipzig 1984

BMW AG, München: Reparaturanleitungen, Ersatzteilkataloge, Kundendienstrundschreiben und Betriebsanleitungen für Isetta Standard und Export, 600, 700, R 26, R 27, R 51/3 und R 67

Helmut Werner Bönsch, Einführung in die Motorradtechnik, 2. Auflage 1980, Motorbuch Verlag Stuttgart, ISBN 3-87943-571-5

Helmut Werner Bönsch: Motorradtechnik, Analysen und Tests, 1. Auflage 1983, Motorbuch Verlag Stuttgart, ISBN 3-87943-900-1

Robert Bosch GmbH, Stuttgart, historische Datenblätter und Produktdokumentationen, abrufbar unter http://www.bosch-classic.com/de/internet/bosch_classic/technisches_archiv/historische_prueftechnik/historische_prueftechnik.html

Fritz B. Busch: Einer hupt immer. Motor Presse Verlag Stuttgart, 1968

Fritz B. Busch: Lieben Sie Vollgas? Motorbuch Verlag Stuttgart, 1965

Dubbel: Taschenbuch für den Maschinenbau, berichtigter Neudruck der 13. Auflage 1974, Verlag Springer, Berlin, Heidelberg, New York, ISBN 3-450 06389-7

Karl-Heinz Edler & Wolfgang Roediger: Die deutschen Rennfahrzeuge. Fachbuchverlag Leipzig 1956, Reprint 1990, ISBN 3-343-00435-9

Fachkunde Elektrotechnik, 1. Auflage, Verlag Willing & Co. Europa-Lehrmittel OHG, Wuppertal-Barmen 1964

Fachkunde Kraftfahrzeugtechnik, 18. Auflage, Verlag Europa-Lehrmittel Nourney, Vollmer & Co. OHG, Wuppertal-Barmen 1976, ISBN 3-8085-0018-2

FAG Kugelfischer Georg Schäfer KGaA, Erzeugnisbereich Wälzlager, Schweinfurt, Katalog WL 41 510/2 DB, Ausgabe Februar 1987

Fakra-Handbuch, Normen für den Kraftfahrzeugbau, Beuth-Vertriebs-GmbH, Berlin 1961

Richard von Frankenberg: Hohe Schule des Fahrens. Motor-Presse-Verlag Stuttgart, 4. Auflage 1958

Ulrich Giersch & Ulrich Kubisch: Gummi, die elastische Faszination. Dr. Gupta Verlag, Ratingen, 2. Auflage 1995, ISBN 3-9803593-1-X

R. Gomeringer, M. Heinzler, R. Kilgus: Tabellenbuch Metall, 47. Auflage 2017, Verlag Europa-Lehrmittel Nourney, Vollmer GmbH & Co. KG, 42781 Haan-Gruiten, ISBN-10: 3808517271, ISBN-13: 978-3808517277

Karl-Heinrich Grote & Jörg Feldhusen (Hrsg.): Dubbel, Taschenbuch für den Maschinenbau, 24. Auflage 2014, Verlag Springer, Berlin, Heidelberg, , ISBN 978-3-642-38890-3

Edwin P. A. Heinze: Du und der Motor. Verlag des Druckhauses Tempelhof, Berlin 1950.

Carl Hertweck: Der Kupferwurm & Besser machen. Nachdruck mit Hardcover. Motorbuch-Verlag Stuttgart, ISBN Nr. 3-613-02548-5, EAN-Nr. 9783613025486

Fritz Hintermayr GmbH, BING Vergaser Einstelltabellen, Nürnberg 1957

Kurt Hünninghaus: Geliebt von Millionen. Büchergilde Gutenberg, 1961.

Helmut Hütten: Schnelle Motoren seziert und frisiert, 8. Auflage 1985, Motorbuch Verlag Stuttgart, ISBN 3-87943-974-5

Helmut Hütten: Motoren, Technik, Praxis, Geschichte, 5. Auflage 1980, Motorbuch Verlag Stuttgart, ISBN 3-87943-326-7

Ludwig Hunger Werkzeug- und Maschinenfabrik GmbH, München, Bedienungsanleitung zum Ventilsitz-Drehgerät VDS 1

John Jensen: Isetta Restoration. A guide for restoring the BMW Isetta 300 US export sliding window model. Edition 2.0, 2007. ISBN 978-0-9629963-1-3

Bruno Kierdorf: Praxis der Auto-Elektrik, 2. Auflage ohne Angabe des Erscheinungsjahres, Krafthand-Verlag Walter Schulz, Bad Wörishofen

Bruno Kierdorf: Service-Fibel Kfz-Elektrik. 6. Auflage 1977. Vogel-Verlag Würzburg, 1977. ISBN 3-8023-0305-9

Erich Klaiber: Die Zündung. Automobiltechnische Bibliothek Bd. XIII, Die elektrische Ausrüstung des Kraftfahrzeugs, 1. Teil, 3. Auflage 1950. Technischer Verlag Herbert Cram, Berlin W 35

Dieter Klauke: Der Wankelmotor – da war doch mal was? BoD – Books on Demand, 2019. ISBN 978-3-7460-2665-7

Krafthand: Zu Ende denken. Historische Praxisfälle aus 80 Jahren Werkstattalltag, Band 1. Krafthand Verlag Walter Schulz GmbH, Bad Wörishofen, 2008. ISBN 978-3-87441-095-3

Bernd Künne, Günter Köhler: Köhler / Rögnitz, Maschinenteile 1,; 10. Auflage 2007, Verlag Vieweg+Teubner, ISBN-10: 3835100939, ISBN-13: 978-3835100930

Dr. Karlheinz Lange: BMW Projekte und Produkte der 50er Jahre. Vom Kochtopf zur Neuen Klasse. 1. Auflage 2010. Verlag Johann Kleine Vennekate, Lemgo. ISBN 978-3-935517-51-5

Hans-Joachim Mai: 1000 Tricks für schnelle BMWs. 10. Auflage 1987. Motorbuch Verlag Stuttgart, ISBN 3-87943-266-0

Hans-Ulrich von Mende & Matthias Dietz: Kleinwagen. Benedikt Taschen Verlag, Köln 1994. ISBN 3-8228-8910-5

Meyers Technik-Lexikon "Wie funktioniert das? Die Technik im Leben von heute", Bibliographisches Institut Mannheim 1978, ISBN 3-411-01732-5

Horst Mönnich: BMW - Eine deutsche Geschichte. Paul Zsolnay Verlag, Wien & Darmstadt 1989, ISBN 3-552-04124-9

Alfred Neubauer: Männer, Frauen und Motoren. Hans Dulk Verlag, Hamburg. Lizenzausgabe Deutscher Bücherbund, ohne Jahresangabe.

Nymphius & Vollmer: Die Fachprüfung für Kraftfahrzeugmechaniker, 3. Auflage 1964, Verlag W. Girardet, Essen

Werner Oswald: Alle BMW Automobile 1928 bis 1978. 4. Auflage 1982. Motorbuch Verlag Stuttgart, ISBN 3-87943-584-7

Reparaturanleitung Nr. 508, BMW Serie 5 + 6, ab 1970 bis 1976, Verlag Bucheli, CH-6301 Zug / Schweiz, ISBN 3-7168-1334-6

Siegfried Rauch: 60 Jahre Zündapp-Technik, Zündapp-Werke München 1977

Siegfried Rauch, Günter Sengfelder: Zündapp KS 750, Reprint 1996 nach der Originalausgabe des Motorbuch Verlages 1978. Schrader Verlag, München. ISBN 3-613-87156-4

Wolfgang Roediger: Hundert Jahre Automobil. Urania-Verlag Leipzig, Jena, Berlin, 3. Auflage 1990, ISBN 3-332-00035-7

Hermann Roloff, Wilhelm Matek: Maschinenelemente, Verlag Vieweg & Sohn, 7. Auflage, Braunschweig 1976, ISBN 3 528 1 4028 3

Hanns Peter Rosellen: Deutsche Kleinwagen. Bleicher Verlags-KG, Gerlingen. 1. Auflage 1977. ISBN 3-921097-38-X

Winfried M. Schnitzler: Sieg in tausend Rennen – Die BMW Story. Copress-Verlag München 1967

Halwart Schrader: BMW Isetta und ihre Konkurrenten, Schrader Automobil-Bücher, München 1986, ISBN 3-922617-10-7

Manfred Seehusen & Andy Schwietzer: BMW Isetta – ein Auto bewegt die Welt, 1. Auflage 2004, Bodensteiner Verlag, Wallmoden, ISBN 3-9806631-2-4

Georg Seeliger: BMW Kleinwagen Isetta, 600 & 700, 1. Auflage 1993, Motorbuch Verlag Stuttgart, ISBN 3-613-01500-5

Paul Simsa: Dies alles fuhr auf unsern Straßen. Motorbuch Verlag Stuttgart, 1. Auflage 1969.

SKF Katalog 3288 T, Nadellager, 1983

Andrea & David Sparrow: Das Knutschkugel & Co – Album. Motorbuch Verlag, Stuttgart. 1. Auflage 1997. ISBN 3-613-01805-5

Alexander Spoerl: Der Mensch im Auto. R. Piper & Co. Verlag, München 1965.

Alexander Spoerl: Der Panne an den Kragen. R. Piper & Co. Verlag, München 1962.

Alexander Spoerl: Mit dem Auto auf du. R. Piper & Co. Verlag, München 1955.

Alexander Spoerl: So kam der Mensch aufs Auto. Fackelträger-Verlag Schmidt-Küster GmbH, Hannover, ohne Jahresangabe.

Alexander Spoerl: Teste selbst. Droste Verlag Düsseldorf, Lizenzausgabe Bertelsmann Lesering, ohne Jahresangabe.

Tabellenbuch und Formeln Kraftfahrzeugtechnik, 7. Auflage 2008, Verlag Europa-Lehrmittel Nourney, Vollmer GmbH & Co. KG, 42781 Haan-Gruiten, ISBN 978-3-8085-2136-6

Alfred Teves Maschinen- und Armaturenfabrik KG, Frankfurt am Main: Ate Lockheed, Hydraulische Bremsen, Übersicht und Wirkungsweise, 6. Auflage 1959

Dieter Weidenbrück: Isetta – Eine Anleitung für Anfänger und Fortgeschrittene. Thema: Motorinstandsetzung. Januar 1992. Zu beziehen vom Isetta-Club unter Bestell-Nr. 08/24.

Marcus Popplow: Motor ohne Lobby? Medienereignis Wankelmotor 1959 bis 1989. Verlag Regionalkultur, Heidelberg - Ubstadt-Weiher - Basel 2003. ISBN 3-89735-203-6

Walter Zeichner: Kleinwagen international, Motorbuch Verlag Stuttgart, 1999. ISBN 3-613-01959-6